高等职业教育系列教材

变频技术及应用

石　磊　申利燕　编著

机械工业出版社

本书以西门子 SINAMICS G120 变频器的组成、安装、调试、运行、维护为主线，介绍了通用变频器的基本知识，G120 变频器的基本调试、运行、通信，通用变频器的维护与保养、故障处理等内容。每一个项目后都配有思考和练习题，供学生复习和巩固所学内容。

本书以实用性、操作性、创新性为特色，以项目为载体，采用任务驱动的教学方式，从基础知识、硬件的安装接线、面板操作、软件操作、联网运行到点检维护，深入浅出地介绍了变频器相关的知识和实践操作，以培养学生实际应用变频器的能力。

本书可作为高等职业院校、职业本科院校、应用型本科院校电气自动化技术、机电一体化技术、工业生产自动化技术、机械制造与自动化等相关专业的教材，也可供在企业生产线从事技术、管理、运行等工作的相关技术人员参考使用。

本书配有二维码微课视频、电子课件、习题解答等资料，教师可登录 www.cmpedu.com 免费注册，审核通过后下载，或联系编辑索取（微信：13261377872，电话：010-88379739）。

图书在版编目（CIP）数据

变频技术及应用 / 石磊，申利燕编著. -- 北京：机械工业出版社，2024.9. --（高等职业教育系列教材）. -- ISBN 978-7-111-76492-2

Ⅰ. TN77

中国国家版本馆 CIP 数据核字第 2024D82K87 号

机械工业出版社（北京市百万庄大街 22 号　邮政编码 100037）

策划编辑：李文轶　　　　　责任编辑：李文轶　韩　静
责任校对：郑　雪　张　薇　责任印制：刘　媛
涿州市般润文化传播有限公司印刷
2025 年 1 月第 1 版第 1 次印刷
184mm×260mm · 16 印张 · 413 千字
标准书号：ISBN 978-7-111-76492-2
定价：65.00 元

电话服务　　　　　　　　　网络服务

客服电话：010-88361066　　机 工 官 网：www.cmpbook.com
　　　　　010-88379833　　机 工 官 博：weibo.com/cmp1952
　　　　　010-68326294　　金 书 网：www.golden-book.com
封底无防伪标均为盗版　机工教育服务网：www.cmpedu.com

前　言

随着电力电子技术、计算机技术、交流调速理论、半导体变流技术、控制手段和电力半导体器件的发展，变频器已经广泛应用于工业生产、交通运输、建筑、能源等领域，变频技术已经逐渐取代了直流传动系统，成为现代工业生产中不可或缺的重要技术。为此，编者结合多年的工厂实践和教学经验编写了此书。

党的二十大报告指出，"统筹职业教育、高等教育、继续教育协同创新，推进职普融通、产教融合、科教融汇，优化职业教育类型定位"。为职业教育的发展明确了方向。本书以社会需求为导向，以西门子 SINAMICS G120 变频器为例，将课程按项目分为"变频器基础知识、认识变频器、变频器的基本调试、G120 变频器的运行调试、G120 变频器的通信技术、G120 变频器的维护"六个学习情境。对接岗位能力要求、"1+X"职业技能等级认证标准，以创新与挑战并存的任务为主线，以交流传动的新产品为载体，学习变频器的各种硬件、软件、通信及故障诊断处理，使学生能够在掌握交流传动技术的基础上，掌握变频器的调试方法和调试能力。

"学习情境 1 变频器基础知识"介绍了电力拖动系统的认识、电力电子器件的选择与检测、变频器的组成原理。

"学习情境 2 认识变频器"介绍了通用变频器、西门子 SINAMICS 变频器及 G120 变频器的安装与接线。

"学习情境 3 变频器的基本调试"介绍了使用 BOP-2 面板、IOP 面板和 STARTER 软件对 G120 变频器进行调试。

"学习情境 4 G120 变频器的运行调试"介绍了 G120 变频器的主要功能、变频器的基础调试、多段速装调和本地／远程控制的装调。

"学习情境 5 G120 变频器的通信技术"介绍了 PROFIBUS 和 PROFINET、G120 变频器的通信协议、G120 变频器与 S7-300 PLC 的通信。

"学习情境 6 G120 变频器的维护"介绍了变频器的点检和维护、G120 变频器的数据备份、故障和报警。

本书由石磊、申利燕编著。其中，学习情境 1、2 由申利燕编写，学习情境 3~6 由石磊编写。全书由石磊统稿。

本课程在国家职业教育智慧教育平台开有 MOOC，课程名称为"变频调速系统运行与维护"，欢迎来此学习和研讨。

本书在编写过程中参考了许多专家和学者的著作，在书后的参考文献中均已列出。在这里向参考文献的作者表示衷心的感谢。由于作者的水平有限，本书的不妥之处在所难免。希望同行和广大读者提出批评和修改意见，以便修订时及时改正。

编著者

目 录 Contents

前言

学习情境 4 / G120 变频器的运行调试 ………… 123

学习情境 5 / G120 变频器的通信技术 ………… 189

学习情境 1 变频器基础知识

变频器是交流电动机驱动器，它能将三相工频交流电转变成频率可调的三相交流电来驱动交流电动机（主要是异步电动机），从而使电动机实现宽范围的无级调速。因此，异步电动机及其所带负载的特性对变频器的正常工作有着极大的影响，也可以说异步电动机及拖动系统的相关知识是应用变频器的基础，本学习情境将从应用变频器的角度进行变频器与电动机的连接复习和拓展，内容包括电力拖动系统的组成，异步电动机调速方法及负载的类型，各种电力电子器件的结构、原理及主要参数，整流电路、逆变电路及 SPWM 调制技术等。

任务 1.1 电力拖动系统的认识

【任务引入】

1．工作情境

（1）工作情况

在电力拖动领域，广泛推广变频调速具有十分重要的现实意义，变频器能够大幅提高工艺水平和产品质量，减少设备冲击和噪声，延长设备使用寿命。采用变频控制后，可以使机械设备简化，操作和控制更具有人性化，有的甚至可以改变原有的工艺规范，从而提高整个设备的性能。本任务属于变频器基础知识学习情境下的子任务。具体包括电力拖动系统的组成、异步电动机调速方法及负载的类型。

（2）工作环境

1）生产机械运行时常用转矩表示其负载的大小。在电力拖动系统中，存在着两个主要转矩，一个是生产机械的负载转矩 T_L，另一个是电动机的电磁转矩 T_L。由于电动机和生产机械是紧密相连的，它们的机械特性必须适当配合，才能得到良好的工作状态。

2）相关连接。异步电动机结构、工作原理及机械特性，为学习异步电动机调速做好知识储备。

3）相关设备。异步电动机、传动机构及负载。

2．任务要求和工作要求

本任务包括电力拖动系统的组成、异步电动机调速方法及负载的类型。电力拖动系统部分包括系统组成、传动机构的作用及系统参数折算。异步电动机调速方法部分包括调速指标及各种调速方法的特点。负载部分包括三种类型的负载转矩特性及电动机的工作制。

【任务目标】

1．知识目标

1）明白电力拖动系统的组成；

2）明白传动机构的作用；

3）明白异步电动机的调速方法及调速指标；

4）掌握各种负载的特点及电动机工作制。

2. 能力目标

1）会查阅有关异步电动机的相关文献；

2）能分析电力拖动系统构成；

3）能根据调速指标选择异步电动机调速方法；

4）会根据生产机械选择拖动系统传动比；

5）具有工作现场和紧急事件处理能力。

3. 素质目标

1）具有科技报国的社会责任感和职业认同；

2）为我国电气传动的发展贡献力量；

3）培养安全意识；

4）培养标准意识；

5）培养团队协作意识。

【任务分析】

电力拖动系统在我国工业生产中扮演着极为重要的角色。随着我国工业化进程的加速，这种系统为建筑、制造、物流、机械、钢铁、采矿等领域的各种生产设备提供了动力。它可以减少设备损坏、提高生产效率、节省能源、降低工人劳动强度并提高工作安全性。同时，电力拖动系统还具有高效、环保、灵活和可控等优点，成为我国工业发展必不可少的组成部分。

1.1.1 电力拖动系统

电力拖动系统的运行状态可分为稳定运行状态（静态）和不稳定运行状态（动态或过渡状态）两种。电动机工作的运行状态，取决于电动机的机械特性和生产机械的负载转矩特性，即取决于电动机所产生的电磁转矩与负载转矩是否平衡。为了分析和研究电动机的静态特性和动态特性，

码 1-1　电力拖动系统

需要用数学模型来描述，应用动力学平衡条件建立系统运动方程式，作为分析系统运行状态的工具。

1. 电力拖动系统运动方程式

根据牛顿第二定律，直线运动中力的平衡方程式为

$$F - F_L = m\frac{\mathrm{d}v}{\mathrm{d}t} \tag{1-1}$$

式中　F ——作用在直线运动部件上的拖动力（N）；

　　　F_L——作用在直线运动部件上的阻力（N）；

　　　v——直线运动部件的线速度（m/s）；

　　　m ——直线运动部件的质量（kg）。

与直线运动相似，在旋转运动中，电动机产生的电磁转矩总是由负载转矩及由速度变化引起的惯性转矩所平衡。运动方程式为

$$T - T_L = J\frac{\mathrm{d}\Omega}{\mathrm{d}t} \tag{1-2}$$

式中 T ——电动机的电磁转矩（N·m）；

      T_L ——生产机械的负载转矩（N·m）；

      J ——转动部分的转动惯量（kg·m²）；

      Ω ——转动部分的机械角速度（rad/s）。

式（1-2）用来分析和说明问题比较方便，但工程计算中一般不用转动惯量而用飞轮矩，不用角速度而用转速。

系统的转动惯量越大，改变其角速度就越困难。转动惯量可用下式表示：

$$J = m\rho^2 = \frac{GD^2}{4g} \tag{1-3}$$

式中 m ——系统转动部分的质量（kg）；

      G ——系统转动部分的重力（N）；

      ρ ——系统转动部分的回转半径（m）；

      D ——系统转动部分的回转直径（m）；

      g ——重力加速度，可取 $g=9.81\mathrm{m/s}^2$。

将式（1-2）和式（1-3）代入式（1-1），可得

$$T - T_L = \frac{GD^2}{375}\frac{\mathrm{d}n}{\mathrm{d}t} \tag{1-4}$$

式中 GD^2——系统转动部分的总飞轮矩（N·m²）；

      n——电动机的转速（r/min）；

      t——时间（s）。

式（1-4）就是电力拖动系统的基本运动方程式。它表明电力拖动系统的转速变化 $\mathrm{d}n/\mathrm{d}t$（即加速度）是由作用在转轴上所有转矩的代数和 $T-T_L$ 决定的。

当 $T>T_L$ 时，$\mathrm{d}n/\mathrm{d}t>0$，系统加速；当 $T<T_L$ 时，$\mathrm{d}n/\mathrm{d}t<0$，系统减速。这两种情况，系统的运动都处在过渡过程之中，称为动态或过渡状态。

当 $T=T_L$ 时，$\mathrm{d}n/\mathrm{d}t=0$，转速不变，系统以恒定的转速运行，或者静止不动。这种运动状态称为稳定运转状态或静态，简称稳态。

必须注意，T、T_L 及 n 都是有方向的，假如规定：转速 n 对观察者而言逆时针为正，则转矩 T 与 n 的正方向相同为正；负载转矩 T_L 与 n 的正方向相反为正。在代入具体数值时，如果其实际方向与规定的正方向相同，就用正数，否则应当用负数。掌握了这一点，就可以正确应用基本运动方程式了。

2. 电力拖动系统的组成

由电动机带动生产机械运行的系统称为电力拖动系统；一般由电动机、传动机构、生产机械、控制设备等部分组成，如图 1-1 所示。

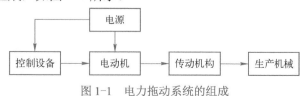

图 1-1 电力拖动系统的组成

（1）生产机械

生产机械是电力拖动系统的服务对象，对电力拖动系统工作情况的评价，首先取决于生产机械的要求是否得到了充分满足。同样，我们设计一个拖动系统，最原始的数据也是由生产机械提供的。

（2）电动机及其控制系统

电动机是拖动生产机械的原动力。控制系统主要包括控制电动机的起动、调速、制动等相关环节的设备和电路，在变频调速系统中，用于控制转速的就是变频器。

（3）传动机构

传动机构是用来将电动机的转矩传递给工作机械的装置。大多数的传动机构都具有变速功能，常见的传动机构有带与带轮、齿轮变速箱、蜗轮与蜗杆、联轴器等。

（4）系统飞轮矩

众所周知，旋转体的惯性，常用转动惯量来量度，在工程上，一般用飞轮矩来表示。拖动系统的飞轮矩越大，系统起动、停止就越困难。可以看出，飞轮矩是拖动系统动态过程的一个重要参数。适当减小飞轮矩对拖动系统的运行是有帮助的。

3. 传动机构的作用及参数折算

大多数传动机构都具有变速的功能，如图 1-2 所示。改变的多少由传动比（用 λ 表示）来衡量：

$$\lambda = \frac{n_{\max}}{n_{1\max}} \tag{1-5}$$

式中　$n_{\max}$——电动机的最高转速；

　　　$n_{1\max}$——负载的最高转速。

$\lambda > 1$ 时传动机构为减速机构；$\lambda < 1$ 时传动机构为增速机构。

拖动系统的运行状态是通过对电动机和负载的机械特性进行比较而得到的，但是传动机构却将同一状态下电动机和负载的转速值变得不一样了，使它们无法在同一个坐标系里进行比较。为了解决这个问题，需要将电动机的电磁转矩、负载转矩、飞轮矩折算到同一根轴上，一般是折算到电动机的轴上。折算的原则是保证各轴所传递的机械功率不变和储存的动能相同。在图 1-2 中，如忽略传动机构的功率损耗，则传动机构输入侧和输出侧的机械功率应相等，根据式

$$T = \frac{9550P_{\mathrm{M}}}{n} \tag{1-6}$$

式中　P_{M}——电动机轴上的总机械功率（kW）；

　　　n——转子转速（r/min）。

根据式（1-6）可知：

$$\frac{T_{\mathrm{M}}n_{\mathrm{M}}}{9550} = \frac{T_{\mathrm{L}}n_{\mathrm{L}}}{9550}$$

可得

$$\frac{T_{\mathrm{M}}}{T_{\mathrm{L}}} = \frac{n_{\mathrm{L}}}{n_{\mathrm{M}}} = \frac{1}{\lambda}$$

若用 n_{L}'、T_{L}' 来表示负载转速、转矩折算到电动机轴上的值，在数值上它们应该与 n_{M}、T_{M}

相等，因此可以得到

$$n'_L = n_L \lambda$$

$$T'_L = \frac{T_L}{\lambda}$$

按照动能不变的原则，可以得到负载飞轮矩的折算值 $(GD^2_L)'$ 为

$$(GD^2_L)' = \frac{GD^2_L}{\lambda}$$

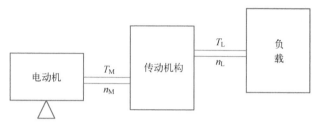

图 1-2　电动机与负载的连接

传动机构在拖动系统中的作用主要有两点：

（1）变速

通过传动机构改变来自电动机的转速。

（2）转矩、飞轮矩的传递和变换

由于拖动系统使用的传动机构绝大部分都是减速机构，即 $\lambda > 1$，不仅折算到电动机轴上的负载转矩变小了，折算后的飞轮矩也大幅度减小。因此选择一个合适的传动比，就可以用较小的动力转矩驱动一个较大的负载转矩，同时也使拖动系统的动态性能得到优化。

在变频调速系统中，如果拖动的是恒转矩或恒功率负载，多数情况下是保留传动机构的，因为使用传动机构可以减小电动机和变频器的容量，在满足负载要求的前提下，降低了成本。对风机、水泵等二次方律负载来说，除联轴器外，一般不采用其他的传动机构。

1.1.2　异步电动机调速

根据异步电动机的转速表达式：

$$n = n_1(1-s) = \frac{60 f_1}{p}(1-s) \tag{1-7}$$

式中　f_1——定子磁场频率；

　　　p——电动机极对数；

　　　s——电动机转差率。

码 1-2　电动机变频后机械特性

由式（1-7）可知，要实现异步电动机速度的调节有三种方法：

● 改变供电电源的频率 f_1，进行变频调速。

● 改变定子极对数，进行变极调速。

● 改变电动机的转差率进行调速——如定子调压调速、绕线转子电动机转子串电阻调速、串级调速及电磁离合器调速等。

由异步电动机的工作原理可知，从定子传递到转子的电磁功率 P_M 可以分成两部分，一部分为机械功率 $P_\Omega = (1-s)P_M$，另一部分为转差功率 sP_M，从能量转换的角度看，调速过程中转差

功率是否增大,是消耗掉还是得到回收,显然是评价调速系统效率高低的重要标志,从这点出发,上述调速方法又可以分成三类。

● 转差功率消耗型调速系统——全部转差功率都转换成热能的形式消耗掉。上述的定子调压调速、绕线转子电动机转子串电阻调速以及电磁离合器调速等都属于这一类。在三类之中,这类调速系统的效率最低,它是以增加转差功率的消耗来换取转速的降低(恒转矩负载时),越向下调速效率越低。可是这类系统结构最简单,所以还有一定的应用场合。

● 转差功率回馈型调速系统——转差功率的一部分消耗掉,大部分则通过变流装置回馈电网或者转换为机械能加以利用,转速越低回收的功率也越多。上述串级调速属于这一类。这类调速系统的效率显然比第一类要高。但增设的变流装置总要多消耗一部分功率。

● 转差功率不变型调速系统——转差功率中转子铜损部分的消耗是不可避免的,但在这类系统中无论转速高低,转差功率的消耗基本不变,因此效率最高。上述变极与变频调速方法属于此类,其中变极调速方法只有有级调速,应用场合有限,只有变频调速可以构成宽调速范围、高效率、高动态性能的调速系统。

变频调速是 20 世纪 80 年代以后,伴随着电力电子技术、计算机技术以及控制技术的发展而发展起来的。在此之前,尽管异步电动机和直流电动机相比,具有结构简单、运行可靠、维护方便等一系列优点,但其调速性能无法和直流电动机相比,所以在高控制性能、可调速的控制系统中大都采用直流电动机。近年来,随着变频装置性能价格比的逐年增高,在变速传动领域中,交流传动已逐步取代直流传动,上述的串级调速以及电磁离合器调速应用也已不多,本节将重点讨论变频调速以及还有一定应用场合的变极调速、定子调压调速和绕线转子电动机转子串电阻调速等。

1. 绕线转子异步电动机转子串电阻调速

当转子串有不同附加电阻时电动机的机械特性曲线如图 1-3 所示。

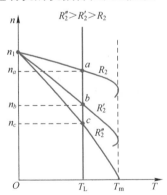

图 1-3   绕线转子异步电动机转子串电阻调速

从机械特性上看,转子所串附加电阻增大时,n_1、T_m 均不变,但临界转差率 s_m 增大。此外,当负载转矩一定时,电动机的转速随转子所串附加电阻的增大而降低。因而,可以达到调节异步电动机的转速的目的。

这种调速方法的主要优点是方法简单,易于实现。缺点是低速运行时损耗大,这是因为异步电动机运行时转子的铜耗 $P_{\text{Cu2}} = sP_m$ 随 s 的增大而增加,所以运行效率低,同时,在低速时,由于机械特性较软，当负载转矩波动时，引起的转速波动比较大，即运行稳定性较差，或者说，低速特性的静差率比较大则限制了它的调速范围。但是，此调速方法简便，在调速要求不高的场合及拖动容量不大的生产机械（如桥式起重机）上应用仍十分普遍。

2. 改变定子电压调速

（1）调速原理及调速性能

改变异步电动机定子电压时的机械特性如图 1-4 所示。在不同定子电压时，电动机的同步转速 n_1 是不变的，临界转差率 s_m 也保持不变，随着电压的降低，电动机的最大转矩按二次方比例下降。如果负载转矩为通风机负载，改变定子电压，可以获得较低的稳定运行速度，如图 1-4a 中特性 1。如果负载为恒转矩负载，如图 1-4a 中特性 2，则其调速范围只能在 $0<s<s_m$ 区域内，这种较窄的调速范围，往往不能满足生产机械对调速的要求。为了扩大在恒转矩负载时的调速范围，需要采用转子电阻较大、机械特性比较软的高转差率电动机，该电动机在不同定子电压时的机械特性如图 1-4b 所示，显然，机械特性太软，其静差率、运行稳定性又不能满足生产工艺的要求。由此可见，单纯地改变定子电压的调速效果很不理想。为了克服这个缺点，现代的调压调速系统通常采用测速反馈的闭环控制。

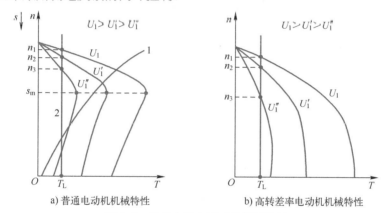

a) 普通电动机机械特性   b) 高转差率电动机机械特性

图 1-4　改变定子电压时的机械特性

（2）调压调速的闭环控制原理

图 1-5 给出了调压调速的闭环控制原理图，当系统工作时，首先速度给定器 5 送出给定信号，其大小和极性决定了电动机的转速和转向。给定信号与测速发电机 4 反馈信号的差值 ΔU 送至调节器 6，调节器的输出送至触发器 7，使其输出有一定相移的脉冲，晶闸管调压装置 1 则输出一定的电压，使电动机转速与给定值相适应。

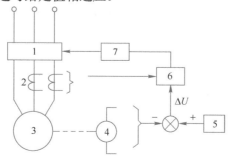

图 1-5　调压调速的闭环控制原理图

1—晶闸管调压装置　2—电流互感器　3—电动机　4—测速发电机　5—速度给定器　6—调节器　7—触发器

当系统的实际转速由于某种原因低于要求的数值时，测速发电机的输出电压下降，调节器的输入和输出增大，迫使晶闸管调压器的输出电压上升，转速升高并稳定在一定的数值上。反之，如果电动机的转速由于某种原因高于所要求的数值，调节器输出减小，晶闸管装置的输出电压下降，从而使电动机转速下降。这样，只要速度给定器的给定值保持不变，电动机的转速也就基本上保持不变。

在图 1-5 的闭环控制系统中，还引入了电流负反馈环节，它通过电流互感器检测主电路电流的大小。如果主电路电流过大，则调节器的输出减小，晶闸管调压装置的输出电压降低，保证了主电路电流不会超过最大允许值，起到了过电流保护的作用，从而获得了良好的稳态和动态特性。有关闭环控制系统的深入研究，系统中各个环节的具体线路和元器件的选用等，读者将通过后续课程的学习，获得更为系统和完整的理论知识。

（3）调压调速闭环控制系统的静态特性

采用闭环控制调速系统，可以使电动机的机械特性硬度大幅提高，如图 1-6 中实线所示。图中虚线画出了异步电动机在不同定子电压下的机械特性。设负载转矩为 T_L'，定子电压为 U_1'，电动机的稳定转速为 n_L，如果此时系统为开环系统，当负载转矩增加至 T_L 时，电动机的转速将沿原来的机械特性下降为 n_2'。很显然，转速的降落很大。倘若采用闭环调速系统，当负载增加而引起转速 n 下降时，晶闸管的输出电压会随即升高，即定子电压由原来的 U_1' 升高为 U_1，此时转速为 n_L'，减小了转速下降。其相应的机械特性变为图 1-6 中实线 1 所示。有时，为了调节转速，可以改变速度给定器的输出电压，从而可得到一组基本平行的特性曲线簇，如图 1-6 中实线 1、2、3 所示。

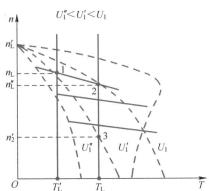

图 1-6　调压调速闭环系统的机械特性

为了进一步扩大调速范围，还可以采用将变极与调压相结合的调速方法。"粗调"用变极调速，"细调"用调压调速，两者互补，这样既可实现平滑调速，又能扩大调速范围。

（4）定子调压调速的优缺点

优点：调速平滑，采用闭环调速系统，其机械特性很硬，调速范围宽，可达到 10∶1（即 $D=10$）。

缺点：由于是变转差率调速，因此，低速时转差功率 sP_m 大，效率低。采用变极调压调速可以克服这一缺点，但其控制装置及定子绕组的接线都比较复杂。

3. 改变定子极数调速

改变异步电动机定子的磁极对数 p，可以改变其同步转速 $n_1 = 60f_1 / p$，从而使电动机在某一负载下的稳定运行速度发生变化，达到调速目的。

由电机学原理可知，只有定、转子的极数相同，定、转子磁动势在空间才能相互作用产生恒定的电磁转矩，实现机电能量的转换。因此，在改变定子极数的同时，必须相应地改变转子的极数。绕线转子异步电动机要满足这一要求是十分困难的，而笼型异步电动机的转子极数能自动地跟随定子极数变化，所以，变极调速适用于笼型电动机拖动系统中。

改变电动机定子磁极对数，是靠改变定子绕组接线而实现的。下面用图 1-7 说明某一相绕组的改接方法，图中用两个线圈表示一相绕组，即两个线圈代了两个极相组。图 1-7a 中，两个极相组的线圈顺向串联（即头尾相接），每个极相组线圈中的电流方向都是头进尾出。

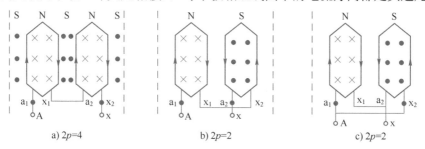

a) 2p=4   b) 2p=2   c) 2p=2

图 1-7   改变极对数时   相绕组的改接方法

根据线圈内电流方向可以确定磁通的方向，即 "×" 表示磁通穿入纸面，"●" 表示磁通穿出纸面，显然，此时电动机形成四个磁极（2p=4）。若将两个极相组线圈的联结改成图 1-7b 或图 1-7c 的联结方式，使其中一个极相组线圈中电流的方向改变，于是电动机变成两极（2p=2），则定子极数减少一半，电动机的同步转速升高一倍。由此可见，改变磁极对数的有效方法之一，在于使定子每相绕组中一半绕组的电流改变方向，即改变半相绕组的电流方向，使磁极对数减少一半，从而使转速上升一倍。

必须指出，当改接定子绕组的接线时，应该同时将三相绕组中 V、W 两相绕组的出线端交换一下，以保证调速前后电动机转向一致。因为，在电动机的定子圆周上，电角度是机械角度的 p 倍，极对数改变后，引起三相绕组的相序变化，这是变极调速中的一个特殊问题，在设计电动机的控制电路时务必注意。

4. 变频调速

异步电动机的转速 $n = (60f_1 / p)(1-s)$，当其转差率 s 变化不大时，电动机转速 n 基本上与电源频率 f_1 成正比。因此，连续地改变供电电源频率，就可以平滑地调节异步电动机的运行速度。

（1）变频调速的基本控制方式

由异步电动机定子绕组感应电动势公式可知，若忽略定子漏阻抗压降影响，$U_1 \approx E_1 \approx 4.44 f_1 N_1 k_{\omega 1} \Phi_m$，则 $\Phi_m \infty \dfrac{U_1}{f_1}$，该式说明，调节供电电源的频率时，如保持 U_1 不变，则气隙磁通将发生变化。考虑到变频装置半导体元件及电动机绝缘的耐压限制，在额定频率以上和额定频率以下，电压和频率之间采用不同的控制方式。

1）额定频率以上

当运行频率超过额定频率时，维持 $U_1 = U_N$ 不变。随着运行频率的升高，U_1 / f_1 比值下降，气隙磁通随之减小，进入弱磁控制方式。此时电动机转矩大体上反比于频率变化，做近似恒功率运行。

2）额定频率以下

当运行频率低于额定频率时，电压和频率之间协调控制的方式有以下几种：

- 恒电压/频率比（$u_1/f_1 = c$）控制，此时 Φ_m 近似不变；
- 恒气隙电动势/频率比（$E_1/f_1 = c$）控制，此时 Φ_m 保持恒定；
- 恒转子电动势/频率比（$E_r/f_1 = c$）控制，此时，转子绕组总磁通保持不变。

以上三种控制方式适用于恒转矩负载，在实际应用中还有一种按恒功率进行调速运行的方式。为了确保异步电动机在恒功率变频运行时具有不变的过载能力 λ_T，不同性质负载、电压频率之间有不同的协调控制关系。

（2）变频调速时电动机的机械特性

1）恒电压/频率比（$u_1/f_1 = c$）控制

恒电压/频率比（又称恒压频比）控制时，三相异步电动机机械特性的参数表达式为

$$T = m_1 p \left(\frac{u_1}{\omega_1} \right)^2 \frac{s\omega_1 r_2'}{(sr_1 + r_2')^2 + s^2\omega_1^2(L_1 + L_2')^2} \tag{1-8}$$

式中 m_1——相数；

$\quad p$ ——极对数；

$\quad u_1$ ——定子电压；

$\quad \omega_1$ ——定子磁场角频率；

r_1, L_1 ——电动机定子每相绕组电阻和漏抗；

r_2', L_2' ——电动机转子每相绕组电阻和漏抗的折算值。

由该式可以绘出 $u_1/f_1 = c$ 时的机械特性如图 1-8 所示，它具有以下特点：

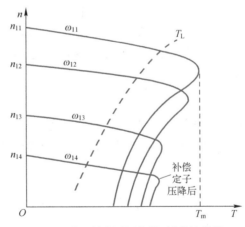

图 1-8 恒压频比控制时机械特性曲线

- 同步转速 n_1 随定子磁场角频率 ω_1 变化。
- 不同频率下机械特性为一组硬度相同的平行直线。
- 最大转矩 T_{max} 随频率降低而减小。

由于

$$T_{max} = \frac{mpU_1^2}{2\omega_1[r_1 + \sqrt{r_1^2 + \omega_1^2(L_1 + L_2')^2}]}$$

临界转差为
$$s_{\mathrm{m}} = \frac{r_2'}{\sqrt{r_1^2 + \omega_1^2(L_1 + L_2')^2}}$$

对于恒压频比控制，则有

$$T_{\max} = \frac{mp}{2}\left(\frac{u_1}{\omega_1}\right)^2 \Bigg/ \left[\frac{r_1}{\omega_1} + \sqrt{\left(\frac{r_1}{\omega_1}\right)^2 + (L_1 + L_2')^2}\right]$$

说明恒压频比控制时，随着定子磁场角频率 ω_1 降低，最大转矩减小。所以恒压频比控制方式只适合调速范围不大、最低转速不太低，或负载转矩随转速降低而减小的负载，如负载转矩随转速二次方变化的风机、水泵类负载，如图中虚线所示。如果在低频时适当提高电压 U_1 以补偿定子电阻降压，则可增大最大转矩，增强带负载能力。

2）恒气隙电动势/频率比（$E_1/f_1 = c$）控制

在恒电压/频率比控制中，如果恰当地随时提高电压 U_1 以克服定子压降，维持恒定的气隙电动势频率比值 E_1/f_1，则电动机每极磁通 Φ_{m} 能真正保持恒定，电动机工作特性将有很大改善。

根据异步电动机等值电路，转子电流为

$$I_2' = \frac{E_1}{\left(\dfrac{r_2'}{s}\right)^2 + (\omega_1 L_2')^2} \tag{1-9}$$

恒 E_1/f_1 比控制下电磁转矩的表达式为

$$T = mp\left(\frac{E_1}{\omega_1}\right)^2 \frac{s\omega_1 r_2'}{r_2'^2 + (s\omega_1 L_2')^2} \tag{1-10}$$

此种控制方式下的电动机机械特性如图 1-9 所示。

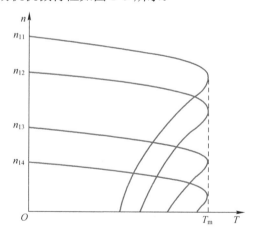

图 1-9　恒 E_1/f_1 控制变频调速时异步电动机机械特性

它具有以下特点：

① 整条特性曲线与恒压频比控制时性质相同，但对比式（1-10）与式（1-8）可发现，前者分母中含 s 项要小于后者中的含 s 项，可见恒 E_1/f_1 控制时，s 值要更大一些才会使含 s 项在分母中占主导地位而不能被忽略，因此恒 E_1/f_1 控制的机械特性，线性段的范围比恒压频比控制更宽，即调速范围更广。

② 低频下起动时起动转矩比额定频率下起动时的起动转矩大，而起动电流并不大。这是因

为低频起动时转子回路中感应电动势频率较低，电抗作用小，转子功率因数较高，从而使较小转子电流就能产生较大转矩，有效地改善了异步电动机起动性能，这是变频调速的重要优点。

③ 对式（1-9）进行求极值运算，可以求得临界转差和最大转矩分别为

$$s_{\mathrm{m}} = \frac{r_2'}{\omega_1 L_2'} \tag{1-11}$$

$$T_{\mathrm{m}} = \frac{mp}{2}\left(\frac{E_1}{\omega_1}\right)^2 \frac{1}{L_2'} \tag{1-12}$$

可以看出，在恒 E_1/f_1 控制时，任何运行频率下的最大转矩恒定不变，恒 E_1/f_1 控制变频调速异步电动机械特性变，稳定工作特性明显优于恒压频比控制，这正是采用低频定子压降补偿后恒压频比控制所期望的结果。要实现恒最大转矩运行，必须确保电动机内部气隙磁通在变频运行中大小恒定。由于电动势是电动机内部量，无法直接控制，而能控制的外部量是电动机端电压，两者之间差了一个定子漏阻抗压降。为此必须随着频率的降低适当提高定子电压，以补偿定子漏阻抗压降对气隙电动势的影响。

在低频定子电阻压降补偿中有两点值得注意：

一是由于定子电阻上的压降随负载大小而变化，若单纯从保持最大转矩恒定的角度出发来考虑定子压降的补偿时，则在正常负载下电动机可能会处于过补偿状态。随着频率的降低，气隙磁通将增大，空载电流会明显增大，甚至出现电动机负载越小电流越大的反常现象。为克服这种不希望的情况出现，一般应采取电流反馈控制使轻载时电压降低。

二是在大多数的实际场下下，特别是拖动风机、水泵类负载时并不要求低速下也有满载转矩。相反，为减少轻载时的电动机损耗，提高运行效率，反而常常采用减小电压/频率比的运行方式。

3）恒转子电动势/频率比（$E_{\mathrm{r}}/f_1 = c$）控制

如果将电压频率协调控制中低频段 U_1 值再提高一些，且随时补偿转子漏阻抗上的压降，保持转子电动势 E_{r} 随频率作线性变化，即可实现恒 E_{r}/f_1 控制。

$$I_2' = \frac{E_{\mathrm{r}}}{(r_2'/s)} \tag{1-13}$$

把式 $P_{\mathrm{M}} = mI_2'^2 \dfrac{r_2'}{s}$ 代入式 $T = \dfrac{pP_{\mathrm{M}}}{\omega_1}$，可求得

$$T = mp\left(\frac{E_{\mathrm{r}}}{\omega_1}\right)^2 \frac{s\omega_1}{r_2'} = \frac{mpE_{\mathrm{r}}^2}{\omega_1 r_2'} s \tag{1-14}$$

说明此时异步电动机的机械特性 $T = f(s)$ 为一准确的直线。与 $U_1/f_1 = c$ 及 $E_1/f_1 = c$ 控制方式相比，$E_{\mathrm{r}}/f_1 = c$ 控制下的稳态工作特性最好，可以获得类似并激励直流电动机一样的直线型机械特性，这是高性能交流电动机变频调速所最终追求的目标。

由于气隙磁通 Φ_{m} 对应气隙电动势 E_1，即 $E_1 = 4.44 f_1 W_1 k_{\omega 1} \Phi_{\mathrm{m}}$，那么转子全磁通应对应转子电动势 E_{r} 为

$$E_{\mathrm{r}} = 4.44 f_1 W_1 k_{\omega 1} \Phi_2 \tag{1-15}$$

由此可见，若能按转子全磁通幅值 $\Phi_2 =$ 常值控制，就能获得 $E_{\mathrm{r}}/f_1 = c$ 的控制效果，这就是后续课程要学习的矢量变换控制变频调速所要实现的目标之一。

4）恒功率运行

电动机的机械特性在额定频率以上运行主要是在保持气隙磁通不变条件下进行的，适合于恒转矩负载的情况。在实际应用中还有一种按恒功率进行调速运行的方式，即低速时要求输出大转矩，高速时要求输出小转矩，其转矩特性如图 1-10 所示，电气车辆牵引中就有这种运行要求。此外，在交流电动机变频调速控制中基频以上的弱磁运行也是近似恒功率运行，其转矩与频率大体上成反比关系。

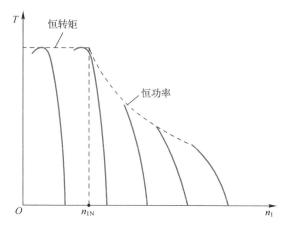

图 1-10　恒功率变频调速时异步电动机的机械特性

为了确保异步电动机在恒功率变频运行时具有不变的过载能力 λ_T，不同性质负载、电压与频率有不同的协调控制关系。即恒功率调速时，电动机气隙磁通将随频率的减小而增大，所以在设计恒功率负载电动机时应按运行中最低频率来考虑它的磁路状态。

1.1.3　负载的类型

负载转矩特性是指生产机械工作机构的转矩与转速之间的函数关系，即 $T_L = f(n)$。不同的生产机械其负载转矩特性也不相同。典型的负载转矩特性有恒转矩特性、恒功率特性和通风机型特性三种。

1．恒转矩负载转矩特性

凡是负载转矩 T_L 的大小为一定值，而与转速 n 无关的称为恒转矩负载。根据负载转矩的方向是否与转向有关又分为两种。

（1）反抗性恒转矩负载转矩特性

这种负载转矩是由摩擦阻力产生的。它的特点是：T_L 大小不变，但作用方向总是与运动方向相反，是阻碍运动的制动性质转矩。属于这一类负载的生产机械有带式运输机、轧钢机、起重机的行走机构等。

从反抗性恒转矩负载的特点可知，当 n 为正向时，T_L 亦为正（按规定，以反对正向运动的方向作为 T_L 的正方向）；当 n 为负向时，T_L 也改变方向（阻碍运动、与+n 同方向），变为负值。因此，反抗性恒转矩负载转矩特性应画在第一与第三象限内，如图 1-11 所示。

（2）位能性恒转矩负载转矩特性

这种负载转矩是由重力作用产生的。它的特点：T_L 大小不变，而且作用方向也保持不变。

最典型的位能性负载是起重机的提升机构及矿井卷扬机。这类负载无论是提升重物还是下放重物，重力的作用方向不变。如果以提升作为运动的正方向，则 n 为正向时，T_L 反对运动，也为正值；当下放重物，n 为负向时，T_L 的方向不变，仍为正，表明这时 T_L 是帮助运动的，T_L 成为拖动转矩了。其特性应画在第一和第四象限内，如图 1-12 所示。

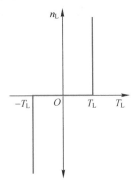

图 1-11 反抗性恒转矩负载转矩特性

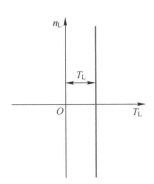

图 1-12 位能性恒转矩负载转矩特性

2. 恒功率负载转矩特性

某些生产机械，例如车床，在粗加工时，切削量大，因而切削阻力也大，这时运转速度低；在精加工时，切削量小，因而切削阻力也小，这时运转速度高。因此，在不同转速下，负载转矩 T_L 基本上与转速成反比，即

$$T_L = \frac{K}{n} \tag{1-16}$$

切削功率为

$$P_L = T_L \Omega = T_L \frac{2\pi n}{60} = K_1$$

可见，切削功率基本不变，因此，把这种负载称为恒功率负载。

恒功率负载转矩特性 T_L 与 n 成双曲线关系，如图 1-13 所示。

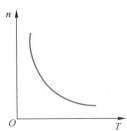

图 1-13 恒功率负载转矩特性

3. 通风机型负载转矩特性

属于通风机型负载的生产机械有通风机、水泵、油泵等。这种负载转矩是由周围介质（空气、水、油等）对工作机构产生阻力所引起的阻转矩，转矩基本上与 n^2 成正比，即

$$T_L = kn^2 \tag{1-17}$$

式中，k 为比例系数。其负载转矩特性如图 1-14 实线所示。

以上三类都是很典型的负载特性，实际负载可能是一种类型，也可能是几种类型的综合。

例如，实际的通风机由于轴承上有一定的摩擦转矩 T_{m0}，因此实际的通风机负载转矩为

$$T_L = T_{m0} + kn^2 \qquad\qquad (1\text{-}18)$$

与其相应的特性如图 1-14 中虚线所示。再如起重机的提升机构，除位能转矩外，传动机构也存在摩擦转矩 T_{m0}，T_{m0} 具有反抗性恒转矩负载性质。因此实际提升机构的负载转矩特性是反抗性负载和位能负载两种典型特性的综合，相应的负载转矩特性如图 1-15 所示。

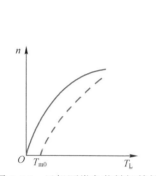

图 1-14　风机泵类负载转矩特性

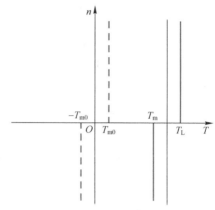

图 1-15　提升机构负载转矩特性

1.1.4　任务检测

1. 三相异步电动机的调速方法有_____、_____、_____。
2. 变频调速的优点有哪些？
3. 有一台两极绕线式感应电动机，要使其转速调高，采取下列哪一种调速方法可行？（　　）
　　A．变极调速　　　　　　B．转子中串入电阻　　　　　　C．变频调速
4. 当绕线转子异步电动机的电源频率和端电压不变，仅在转子回路中串入电阻时，最大转矩 T_m 和临界转差率 s_m 将（　　）。
　　A．T_m 和 s_m 均保持不变　　　B．T_m 减小，s_m 不变
　　C．T_m 不变，s_m 增大　　　　D．T_m 和 s_m 均增大
5. 定子调压调速的优缺点有哪些？
6. 负载可分为_____、_____、_____三种。

任务 1.2　电力电子器件的选择与检测

【任务引入】

1. 工作情境

（1）工作情况

变频器是交流电动机驱动器，它将三相工频交流电转变成频率可调的三相交流电来拖动交

流电动机（主要是异步电动机），从而使电动机实现调速。本任务属于变频器基础知识学习情境下的子任务。具体包括各种电力电子器件结构、原理及主要参数。

（2）工作环境

1）电力电子器件用在变频器的主电路中，实现电能的变换或控制。电力电子器件承受电压和电流的能力强，电压和电流是最重要的参数，额定功率大多都远大于处理信息的电子器件，且一般都工作在开关状态，在实际使用中，往往需要由信息电子电路来控制。为保证电力电子器件在工作中不至于因功率损耗散发的热量导致器件温度过高而损坏，不仅在器件封装上讲究散热设计，在其工作时一般还要安装散热器。

2）相关连接。典型电力电子器件结构、工作原理及参数，为学习变频器主电路做好知识储备。

3）相关设备。典型电力电子器件及触发电路。

2. 任务要求和工作要求

本任务包括典型电力电子器件结构、工作原理及参数。通过学习掌握典型电力电子器件的结构、工作原理、伏安特性、主要静态参数和动态参数，熟练掌握器件的选取原则，掌握典型全控型器件，了解电力电子器件的串并联，了解电力电子器件的保护。

【任务目标】

1. 知识目标

1）了解典型电力电子器件的结构、工作原理及伏安特性；

2）掌握典型电力电子器件的符号，导通条件及主要参数；

3）了解典型电力电子器件的驱动电路。

2. 能力目标

1）会查阅有关电力电子器件的相关文献；

2）能识别各种电力电子器件；

3）会根据实际要求，选择电力电子器件及驱动电路；

4）具有工作现场和紧急事件处理能力。

3. 素质目标

1）具有科技报国的社会责任感和职业认同；

2）了解中国电力电子器件的发展史；

3）培养安全意识；

4）培养标准意识；

5）培养团队协作意识。

码 1-3 电力电子器件介绍

【任务分析】

1.2.1 电力电子器件概述

1. 电力电子器件的概念和特征

主电路（main power circuit）指电气设备或电力系统中，直接承担电能的变换或控制任务的电路；电力电子器件（power electronic device）指在可直接用于处理电能的主电路中，实现电能的变换或控制的电子器件；电力半导体器件所采用的主要材料仍然是硅。同处理信息的电子器件相比，电力电子器件的一般特征是：

● 能处理电功率的大小，即承受电压和电流的能力，是其最重要的参数，其处理电功率的能力小至毫瓦级，大至兆瓦级，大多都远大于处理信息的电子器件。

● 电力电子器件一般都工作在开关状态。

导通时（通态）阻抗很小，接近于短路，管压降接近于零，而电流由外电路决定；阻断时（断态）阻抗很大，接近于断路，电流几乎为零，而管子两端电压由外电路决定；电力电子器件的动态特性（也就是开关特性）和参数，也是电力电子器件特性很重要的方面，有时甚至上升为第一位的重要问题。

● 实用中，电力电子器件往往需要由电子电路来控制。

在主电路和控制电路之间，需要一定的中间电路对控制电路的信号进行放大，这就是电力电子器件的驱动电路。

● 为避免因损耗散发的热量导致器件温度过高而损坏，不仅在器件封装上讲究散热设计，在其工作时一般还要安装散热器。

2. 应用电力电子器件的系统组成

电力电子系统由控制电路、驱动电路和以电力电子器件为核心的主电路组成，如图 1-16 所示。

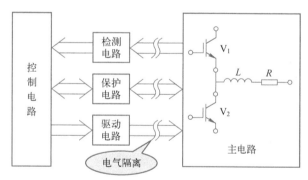

图 1-16　电力电子系统组成

控制电路按系统的工作要求形成控制信号，通过驱动电路去控制主电路中电力电子器件的通或断，来完成整个系统的功能。

有的电力电子系统中，还需要有检测电路。广义上其往往和驱动电路等主电路之外的电路都归为控制电路，从而粗略地说电力电子系统是由主电路和控制电路组成的。

主电路中的电压和电流一般都较大，而控制电路中的元器件只能承受较小的电压和电流，因此在主电路和控制电路连接的路径上，如驱动电路与主电路的连接处，或者驱动电路与控制信号的连接处，以及主电路与检测电路的连接处，一般需要进行电气隔离，而通过其他手段如光、磁等来传递信号。

主电路中往往有电压和电流的过冲，而电力电子器件通常比主电路中普通的器件要昂贵，但承受过电压和过电流的能力却要差一些，因此，在主电路和控制电路中通常附加一些保护电路，以保证电力电子器件和整个电力电子系统正常可靠运行。

器件一般有三个端子（或称极），其中两个连接在主电路中，而第三端被称为控制端（或控制极）。器件通断是通过在其控制端和一个主电路端子之间加一定的信号来控制的，这个主电路端子是驱动电路和主电路的公共端，一般是主电路电流流出器件的端子。

3．电力电子器件的分类

按照器件能够被控制电路信号所控制的程度，分为以下三类：

（1）半控型器件

通过控制信号可以控制其导通而不能控制其关断，比如晶闸管（thyristor）及其大部分派生器件的关断由其在主电路中承受的电压和电流决定。

（2）全控型器件

通过控制信号既可控制其导通又可控制其关断，又称自关断器件。如绝缘栅双极晶体管（insulated-gate bipolar transistor，IGBT）、电力场效应晶体管（power MOSFET，简称为电力MOSFET）及门极可关断（gate-turn-off，GTO）晶闸管等。

（3）不可控器件

不能用控制信号来控制其通断，因此也就不需要驱动电路。比如电力二极管（power diode），只有两个端子，器件的通和断是由其在主电路中承受的电压和电流决定的。

按照驱动电路加在器件控制端和公共端之间的信号的性质，分为以下两类：

（1）电流驱动型

通过从控制端注入或者抽出电流来实现导通或者关断的控制。

（2）电压驱动型

仅通过在控制端和公共端之间施加一定的电压信号就可实现导通或者关断的控制。电压驱动型器件实际上是通过加在控制端上的电压在器件的两个主电路端子之间产生可控的电场来改变流过器件的电流大小和通断状态，所以又称为场控器件，或场效应器件。

按照器件内部电子和空穴两种载流子参与导电的情况，分为以下三类：

（1）单极型器件

由一种载流子参与导电的器件。

（2）双极型器件

由电子和空穴两种载流子参与导电的器件。

（3）复合型器件

由单极型器件和双极型器件集成的器件。

4．我国电力电子器件的发展

我国电力电子器件的发展可以分为以下几个阶段。

（1）起步阶段（1950—1990）

此阶段主要是跟随西方发达国家学习电力电子技术，并开始对其进行研究和应用。这时，国内电力电子器件的生产厂家都是国有企业，主要生产静止式电力电子器件。

（2）自主创新阶段（1990—2000）

此阶段逐渐出现了一批技术创新型公司，开始对电力电子器件进行独立研发。在这一阶段，国内电力电子器件的品种和规格逐步丰富，技术水平也得到了提高。

（3）快速发展阶段（2000—至今）

此阶段，我国电力电子器件的发展进入了快速发展期，特别是在节能减排、可再生能源、智能电网等领域，我国电力电子器件技术不断推陈出新。在传统的静止式电力电子器件基础上，逐渐拓展至动态电力电子器件、封装与散热技术、高可靠性电力电子器件等领域，成为支持国家能源发展和提高产业竞争力的重要技术支撑。

随着新材料、新工艺和新技术的不断涌现，电力电子器件的性能将进一步提升，成本也会得到有效控制，智能化水平将不断提高，相关产品和服务将更加高效、便捷、可靠。

1.2.2 典型电力电子器件

1. 不可控器件——电力二极管

电力二极管结构和原理简单、工作可靠，自 20 世纪 50 年代初期就获得应用，其中快恢复二极管和肖特基二极管，分别在中、高频整流和逆变，以及低压高频整流的场合，具有不可替代的地位。

（1）PN 结与电力二极管的工作原理

基本结构和工作原理与电子电路中的二极管一样，以半导体 PN 结为基础，由一个面积较大的 PN 结和两端引线以及封装组成。从外形上看，主要有螺栓形和平板形两种封装，如图 1-17 所示。

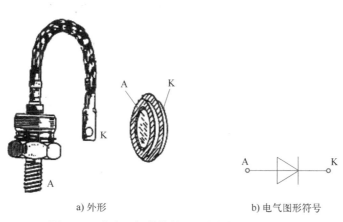

a) 外形 b) 电气图形符号

图 1-17 电力二极管的外形、电气图形符号

二极管的基本原理是 PN 结的单向导电性。当 PN 结外加正向电压（正向偏置）时，在外电路上形成自 P 区流入而从 N 区流出的电流，称为正向电流 I_F，这就是 PN 结的正向导通状态。当 PN 结外加反向电压时（反向偏置）时，反向偏置的 PN 结表现为高阻态，几乎没有电流流过，被称为反向截止状态。PN 结具有一定的反向耐压能力，但当施加的反向电压过高时，反向电流将会急剧增大，破坏 PN 结反向偏置为截止的工作状态，这就叫反向击穿。

按照机理不同有雪崩击穿和齐纳击穿两种形式。

反向击穿发生时，若采取措施将反向电流限制在一定范围内，PN 结仍可恢复原来的状态。否则 PN 结会因过热而烧毁，这就是热击穿。

（2）电力二极管的基本特性

1）静态特性

当电力二极管承受的正向电压大到一定值（门槛电压 U_{TO}）时，正向电流才开始明显增加，处于稳定导通状态。与正向电流 I_F 对应的电力二极管两端的电压 U_F 即为其正向电压降。当电力二极管承受反向电压时，只有少子引起的微小而数值恒定的反向漏电流。

2）动态特性

因结电容的存在，正向导通、正向截止、反向截止三种状态转换时的特性称为开关特性，包括开通特性及关断特性。

开通特性：电力二极管并不能立即导通，其正向压降也会先出现一个过冲 U_{pp}，经过一段时间才趋于接近稳态压降的某个值，进入导通状态。

关断特性：电力二极管并不能立即关断，而是经过一段短暂的时间才能重新获得反向阻断能力，进入截止状态。

（3）电力二极管的主要参数

1）正向平均电流 $I_{F(AV)}$

在指定的管壳温度（简称壳温，用 T_C 表示）和散热条件下，其允许流过的最大工频正弦半波电流的平均值。正向平均电流是按照电流的发热效应来定义的，因此使用时应按有效值相等的原则来选取电流定额，并应留有一定的裕量。当用在频率较高的场合时，开关损耗造成的发热往往不能忽略，当采用反向漏电流较大的电力二极管时，其断态损耗造成的发热效应也不小。

2）正向压降 U_F

指电力二极管在指定温度下，流过某一指定的稳态正向电流时对应的正向压降，有时参数表中也给出在指定温度下流过某一瞬态正向大电流时器件的最大瞬时正向压降。

3）反向重复峰值电压 U_{RRM}

指对电力二极管所能重复施加的反向最高峰值电压。通常是其雪崩击穿电压 U_B 的 2/3，使用时，往往按照电路中电力二极管可能承受的反向最高峰值电压的两倍来选定。

4）最高工作结温 T_{JM}

结温是指管芯 PN 结的平均温度，用 T_J 表示。最高工作结温是指在 PN 结不致损坏的前提下所能承受的最高平均温度，T_{JM} 通常在 125～175℃ 范围之内。

5）反向恢复时间 t_{rr}

关断过程中，从电流降到 0 到恢复反向阻断能力的时间。

6）浪涌电流 I_{FSM}

指电力二极管所能承受最大的连续一个或几个工频周期的过电流。

（4）电力二极管的主要类型

按照正向压降、反向耐压、反向漏电流等性能，特别是反向恢复特性的不同介绍。

在应用时，应根据不同场合的不同要求，选择不同类型的电力二极管，性能上的不同是由半导体物理结构和工艺上的差别造成的。

1）普通二极管（general purpose diode）

又称整流二极管（rectifier diode），多用于开关频率不高（1kHz 以下）的整流电路中，其反向恢复时间较长，一般在 5s 以上，这在开关频率不高时并不重要，正向电流定额和反向电压定额可以达到很高，分别可达数千安和数千伏以上。

2）快恢复二极管（fast recovery diode，FRD）

恢复过程很短，特别是反向恢复过程很短（5s 以下）的二极管，简称快速二极管，工艺多采用掺金措施，有的采用 PN 结型结构，有的采用改进的 PiN 结构。采用外延型 PiN 结构的快恢复外延二极管（fast recovery epitaxial diodes，FRED），其反向恢复时间更短（可低于 50ns），正向压降也很低（0.9V 左右），但其反向耐压多在 400V 以下。

从性能上可分为快速恢复和超快速恢复两个等级。前者反向恢复时间为数百纳秒或更长，后者则在 100ns 以下，甚至达到 20～30ns。

3）肖特基二极管

以金属和半导体接触形成的势垒为基础的二极管称为肖特基势垒二极管（schottky barrier diode，SBD），简称为肖特基二极管。

肖特基二极管的优点如下：

反向恢复时间很短（10～40ns）；正向恢复过程中也不会有明显的电压过冲；在反向耐压较低的情况下其正向压降也很小，明显低于快恢复二极管；其开关损耗和正向导通损耗都比快速二极管还要小，效率高。

肖特基二极管的缺点如下：

当反向耐压提高时其正向压降也会高得不能满足要求，因此多用于 200V 以下；反向漏电流较大且对温度敏感，因此反向稳态损耗不能忽略，而且必须更严格地限制其工作温度。

2．半控型器件——晶闸管

晶闸管（thyristor）能承受的电压和电流容量高，工作可靠，在大容量的场合具有重要地位。晶闸管往往专指晶闸管的一种基本类型——普通晶闸管。广义上讲，晶闸管还包括其许多类型的派生器件。

（1）晶闸管的结构与工作原理

晶闸管外形有螺栓形和平板形两种封装。引出阳极 A、阴极 K 和门极 G 三个连接端。对于螺栓形封装，通常螺栓是其阳极，能与散热器紧密连接且安装方便。平板形封装的晶闸管可由两个散热器将其夹在中间，如图 1-18 所示。

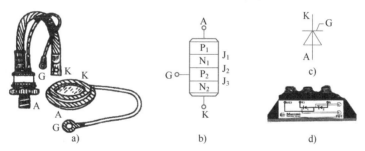

图 1-18　晶闸管的外形、内部结构、电气图形符号和模块外形

晶闸管参数的公式如下：

$$I_{c1} = \beta_1 I_A + I_{CBO1} \tag{1-19}$$

$$I_{c2} = \beta_2 I_K + I_{CBO2} \tag{1-20}$$

$$I_K = I_A + I_G \tag{1-21}$$

$$I_A = I_{C1} + I_{C2} \tag{1-22}$$

式中　I_{C1}—NPN 晶体管 V1 的集电极电流；I_{C2}—PNP 晶体管 V2 的集电极电流；I_A—晶闸管阳极电流；I_K—晶闸管阴极电流；I_G—门极电流；β_1 和 β_2—晶体管 V1 和 V2 的共基极电流增益；I_{CBO1} 和 I_{CBO2}—V1 和 V2 的共基极漏电流。

晶体管的特性是：在低发射极电流下 α 是很小的，而当发射极电流建立起来之后，α 迅速增大。

阻断状态：$I_G=0$，$\alpha_1+\alpha_2$ 很小。流过晶闸管的漏电流稍大于两个晶体管漏电流之和。

开通（门极触发）：注入触发电流使晶体管的发射极电流增大以致 $\alpha_1+\alpha_2$ 趋近于 1 的话，流过晶闸管的电流 I_A（阳极电流）将趋近于无穷大，实现饱和导通。I_A 实际由外电路决定。

其他几种可能导通的情况：

- 阳极电压升高至相当高的数值造成雪崩效应。
- 阳极电压上升率 du/dt 过高。
- 结温较高。
- 光直接照射硅片，即光触发。

光触发可以保证控制电路与主电路之间的良好绝缘而应用于高压电力设备中，其他都因不易控制而难以应用于实践。光控晶闸管（light triggered thyristor，LTT）又称光触发晶闸管，是利用一定波长的光照信号触发导通的晶闸管。

只有门极触发（包括光触发）是最精确、迅速而可靠的控制手段。

（2）晶闸管的基本特性

1）静态特性

晶闸管工作时特性如下：承受反向电压时，不论门极是否有触发电流，晶闸管都不会导通；承受正向电压时，仅在门极有触发电流的情况下晶闸管才能导通；晶闸管一旦导通，门极就失去控制作用；要使晶闸管关断，只能使晶闸管的电流降到接近于零的某一数值以下。

晶闸管的伏安特性如图 1-19 所示，第一象限的是正向特性，第三象限的是反向特性。

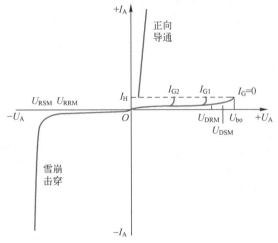

图 1-19　晶闸管的伏安特性

当 $I_G=0$ 时，器件两端施加正向电压，处于正向阻断状态，只有很小的正向漏电流流过，正向电压超过临界极限即正向转折电压 U_{bo}，则漏电流急剧增大，器件开通，随着门极电流幅值的增大，正向转折电压降低，导通后的晶闸管特性和二极管的正向特性相仿。晶闸管本身的压降很小，在 1V 左右；导通期间，如果门极电流为零，并且阳极电流降至接近于零的某一数值 I_H 以下，则晶闸管又回到正向阻断状态。I_H 称为维持电流。

晶闸管上施加反向电压时，其伏安特性类似二极管的反向特性。

2）动态特性

动态特性如图 1-20 所示。

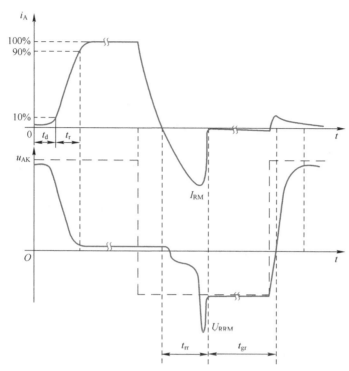

图 1-20　晶闸管的动态特性及相应的损耗

① 开通过程

延迟时间 t_d：门极电流阶跃时刻开始，到阳极电流上升到稳态值的 10% 的时间；

上升时间 t_r：阳极电流从 10% 上升到稳态值的 90% 所需的时间；

开通时间 t_{gt}：以上两者之和，$t_{gt}=t_d+t_r$；

普通晶闸管延迟时间为 0.5~1.5μs，上升时间为 0.5~3μs。

② 关断过程

反向阻断恢复时间 t_{rr}：正向电流降为零到反向恢复电流衰减至接近于零的时间；

正向阻断恢复时间 t_{gr}：晶闸管要恢复其对正向电压的阻断能力还需要一段时间；

在正向阻断恢复时间内如果重新对晶闸管施加正向电压，晶闸管会重新正向导通；

实际应用中，应对晶闸管施加足够长时间的反向电压，使晶闸管充分恢复其对正向电压的阻断能力，电路才能可靠工作。

关断时间 t_q：t_{rr} 与 t_{gr} 之和，即 $t_q=t_{rr}+t_{gr}$；

普通晶闸管的关断时间为几百微秒。

（3）晶闸管的主要参数

1）电压定额

① 断态重复峰值电压 U_{DRM}

在门极断路而结温为额定值时，允许重复加在器件上的正向峰值电压。

② 反向重复峰值电压 U_{RRM}

在门极断路而结温为额定值时，允许重复加在器件上的反向峰值电压。

③ 通态（峰值）电压 U_{TM}

晶闸管通以某一规定倍数的额定通态平均电流时的瞬态峰值电压。

通常取晶闸管的 U_{DRM} 和 U_{RRM} 中较小的标值作为该器件的额定电压。选用时，额定电压要留有一定裕量，一般取额定电压为正常工作时晶闸管所承受峰值电压的 2~3 倍。

2）电流定额

① 通态平均电流 $I_{T(AV)}$（额定电流）

晶闸管在环境温度为 40℃ 和规定的冷却状态下，稳定结温不超过额定结温时所允许流过的最大工频正弦半波电流的平均值。使用时应按实际电流与通态平均电流有效值相等的原则来选取晶闸管，应留一定的裕量，一般取 1.5~2 倍。

正弦半波电流平均值 $I_{T(AV)}$、电流有效值 I_T 和电流最大值 I_m 三者的关系为

$$I_{T(AV)} = \frac{1}{2\pi} \int_0^\pi I_m \sin \omega t \mathrm{d}\omega t = \frac{I_m}{\pi} \tag{1-23}$$

$$I_T = \sqrt{\frac{1}{2\pi} \int_0^\pi (I_m \sin \omega t)^2 \mathrm{d}\omega t} = \frac{I_m}{2} \tag{1-24}$$

各种有直流分量的电流，其波形的有效值 I 与平均值 I_d 之比，称为这个电流的波形系数，用 K_f 表示。因此，在正弦半波情况下电流波形系数为

$$K_f = \frac{I_T}{I_{T(AV)}} = \frac{\pi}{2} = 1.57 \tag{1-25}$$

所以，晶闸管在流过任意波形电流并考虑了安全裕量情况下的额定电流 $I_{T(AV)}$ 的计算公式为

$$I_{T(AV)} = (1.5 \sim 2)\frac{I_T}{1.57} \tag{1-26}$$

在使用中还应注意，当晶闸管散热条件不满足规定要求时，则器件的额定电流应立即降低使用，否则器件会由于结温超过允许值而损坏。

② 维持电流 I_H

使晶闸管维持导通所必需的最小电流，一般为几十到几百毫安，与结温有关，结温越高，则 I_H 越小。

③ 擎住电流 I_L

晶闸管刚从断态转入通态并移除触发信号后，能维持导通所需的最小电流。对同一晶闸管来说，通常 I_L 为 I_H 的 2~4 倍。

④ 浪涌电流 I_{TSM}

指由于电路异常情况引起的并使结温超过额定结温的不重复性最大正向过载电流。

（4）晶闸管的派生器件

1）快速晶闸管（fast switching thyristor，FST）

包括所有专为快速应用而设计的晶闸管，快速晶闸管和高频晶闸管管芯结构和制造工艺进行了改进，开关时间以及 $\mathrm{d}u/\mathrm{d}t$ 和 $\mathrm{d}i/\mathrm{d}t$ 耐量都有明显改善。普通晶闸管关断时间为数百微秒，快速晶闸管为数十微秒，高频晶闸管为 10μs 左右。高频晶闸管的不足在于其电压和电流定额都不易做高，由于工作频率较高，选择通态平均电流时不能忽略其开关损耗的发热效应。

2）双向晶闸管（triode AC switch，TRIAC 或 bidirectional triode thyristor）

可认为是一对反向并联连接的普通晶闸管，集成有两个主电极 T_1 和 T_2，一个门极 G。正反两方向均可触发导通，所以双向晶闸管在第一和第三象限有对称的伏安特性，与一对反并联晶闸管相比是经济的，且控制电路简单，在交流调压电路、固态继电器（solid state relay，SSR）和交流电机调速等领域应用较多。通常用在交流电路中，因此不用平均值而用有效值来表示其

额定电流值。

3）逆导晶闸管（reverse conducting thyristor，RCT）

它是将晶闸管反并联一个二极管制作在同一管芯上的功率集成器件。具有正向压降小、关断时间短、高温特性好、额定结温高等优点。逆导晶闸管的额定电流有两个，一个是晶闸管电流，另一个是反并联二极管的电流。

4）光控晶闸管（light triggered thyristor，LTT）

又称光触发晶闸管，是利用一定波长的光照信号触发导通的晶闸管。光触发保证了主电路与控制电路之间的绝缘，且可避免电磁干扰的影响，因此目前在高压大功率的场合，如高压直流输电和高压核聚变装置中，占据重要的地位。

3. 典型全控型器件

（1）门极可关断晶闸管（gate-turn-off thyristor，GTO）

GTO 是晶闸管的一种派生器件，可以通过在门极施加负的脉冲电流使其关断。GTO 的电压、电流容量较大，与普通晶闸管接近，因而在兆瓦级以上的大功率场合仍有较多的应用。

（2）电力晶体管（giant transistor，GTR，直译为巨型晶体管）

耐高电压、大电流的双极结型晶体管（bipolar junction transistor，BJT），英文有时候也称为 Power BJT，在电力电子技术的范围内，GTR 与 BJT 这两个名称等效。20 世纪 80 年代以来，GTR 常在中、小功率范围内取代晶闸管，但目前又大多被 IGBT 和电力 MOSFET 取代。

1）GTR 的结构和工作原理

与普通的双极结型晶体管基本原理是一样的。如图 1-21 所示，主要特性是耐压高、电流大、开关特性好。通常采用至少由两个晶体管按达林顿接法组成的单元结构，采用集成电路工艺将许多这种单元并联而成。一般采用共发射极接法，集电极电流 i_c 与基极电流 i_b 之比为

$$\beta = \frac{i_c}{i_b} \qquad (1-27)$$

式中　β——GTR 的电流放大倍数，反映了基极电流对集电极电流的控制能力。

单管 GTR 的 β 值比小功率的晶体管小得多，通常为 10 左右，采用达林顿接法可有效增大电流增益。

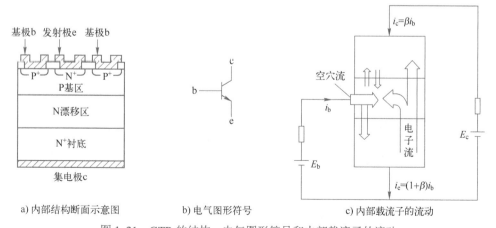

a) 内部结构断面示意图　　b) 电气图形符号　　c) 内部载流子的流动

图 1-21　GTR 的结构、电气图形符号和内部载流子的流动

2）GTR 的主要参数

前已述及电流放大倍数 β、直流电流增益 h_{FE}、集射极间漏电流 I_{ceo}、集射极间饱和压降 U_{ces}、开通时间 t_{on} 和关断时间 t_{off}，此外还有：

① 最高工作电压

GTR 上电压超过规定值时会发生击穿，击穿电压不仅和晶体管本身特性有关，还与外电路接法有关。这些击穿电压之间的关系为：$U_{cbo} > U_{cex} > U_{ces} > U_{cer} > U_{ceo}$。

实际使用时，为确保安全，最高工作电压要比 U_{ceo} 低得多。

② 集电极最大允许电流 I_{cM}

通常规定为 h_{FE} 下降到规定值的 1/2～1/3 时所对应的 I_c，实际使用时要留有裕量，只能用到 I_{cM} 的一半或稍多一点。

③ 集电极最大耗散功率 P_{cM}

指最高工作温度下允许的耗散功率。

产品说明书中给出 P_{cM} 时同时给出壳温 T_C，间接表示了最高工作温度。

3）GTR 的二次击穿现象与安全工作区

一次击穿：集电极电压升高至击穿电压时，I_c 迅速增大，出现雪崩击穿；只要 I_c 不超过限度，GTR 一般不会损坏，工作特性也不变。

二次击穿：一次击穿发生时 I_c 增大到某个临界点时会突然急剧上升，并伴随电压的陡然下降，常常立即导致器件的永久损坏，或者工作特性明显衰变。

将不同基极电流下二次击穿的临界点连接起来，就构成了二次击穿临界线，临界线上的点反映了二次击穿功率 P_{SB}。这样，GTR 工作时不仅不能超过最高电压 U_{ceM}、集电极最大电流 I_{cM} 和最大耗散功率 P_{cM}，也不能超过二次击穿临界线。这些限制条件就规定了 GTR 的安全工作区（safe operating area，SOA），如图 1-22 的阴影区所示。

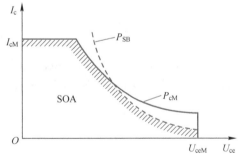

图 1-22 GTR 的安全工作区

（3）电力场效应晶体管

电力场效应晶体管分为结型和绝缘栅型（类似小功率 field effect transistor，FET），简称电力 MOSFET（power MOSFET）。结型电力场效应晶体管一般称作静电感应晶体管（static induction transistor，SIT）。

电力场效应晶体管的特点是用栅极电压来控制漏极电流，驱动电路简单、需要的驱动功率小、开关速度快、工作频率高、热稳定性优于 GTR、电流小、耐压低，一般只适用于功率不超过 10kW 的电力电子装置。

1）电力 MOSFET 的结构和工作原理

电力 MOSFET 大都采用垂直导电结构，又称为 VMOSFET（vertical MOSFET），大大提高了 MOSFET 器件的耐压和耐电流能力，如图 1-23 所示，这里主要以 VDMOS（垂直双扩散金属氧化物半导体场效应管）器件为例进行讨论。

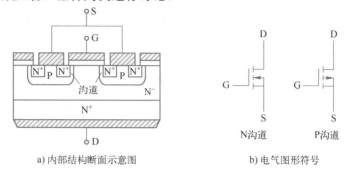

a) 内部结构断面示意图   b) 电气图形符号

图 1-23 电力 MOSFET 的结构和电气图形符号

当漏源极间接正电压，栅极和源极间电压为零时，P 基区与 N 漂移区之间形成的 PN 结 J_1 反向偏置，漏源极之间无电流流过。在栅极和源极之间加一正电压 U_{GS}，正电压会将其下面 P 区中的空穴推开，而将 P 区中的少子——电子吸引到栅极下面的 P 区表面。当 U_{GS} 大于某一电压值 U_T 时，使 P 型半导体反型成 N 型半导体，该反型层形成 N 沟道而使 PN 结 J_1 消失，漏极和源极导电。

2）电力 MOSFET 的基本特性

① 静态特性

漏极电流 I_D 和栅源间电压 U_{GS} 的关系称为 MOSFET 的转移特性，I_D 较大时，I_D 与 U_{GS} 的关系近似线性，曲线的斜率定义为跨导 G_{fs}。MOSFET 的漏极伏安特性（输出特性）包括：截止区（对应于 GTR 的截止区）、饱和区（对应于 GTR 的放大区）、非饱和区（对应于 GTR 的饱和区）。电力 MOSFET 工作在开关状态，即在截止区和非饱和区之间来回转换，电力 MOSFET 漏源极之间有寄生二极管，漏源极间加反向电压时器件导通，电力 MOSFET 的通态电阻具有正温度系数，对器件并联时的均流有利。

② 动态特性

不存在少子储存效应，因而其关断过程是非常迅速的。

开关时间在 10～100ns 之间，其工作频率可达 100kHz 以上，是主要电力电子器件中最高的。在开关过程中需要对输入电容充放电，仍需要一定的驱动功率，开关频率越高，所需要的驱动功率越大。

3）电力 MOSFET 的主要参数

除前面已经涉及的跨导 G_{fs}、开启电压 U_T 以外，电力 MOSFET 还有以下主要参数。

① 漏极电压 U_{DS}

标称电力 MOSFET 电压定额的参数。

② 漏极直流电流 I_D 和漏极脉冲电流幅值 I_{DM}

标称电力 MOSFET 电流定额的参数。

③ 栅源电压 U_{GS}

栅源之间的绝缘层很薄，$|U_{GS}|>20V$ 将导致绝缘层击穿。

漏源间的耐压、漏极最大允许电流和最大耗散功率决定了 MOSFET 的安全工作区。

（4）绝缘栅双极晶体管

GTR 和 GTO 的特点是：双极型，电流驱动，有电导调制效应，通流能力很强，开关速度较低，所需驱动功率大，驱动电路复杂。MOSFET 的优点是：单极型，电压驱动，开关速度快，输入阻抗高，热稳定性好，所需驱动功率小而且驱动电路简单。两类器件取长补短结合而成的复合器件 Bi-MOS 器件绝缘栅双极晶体管（insulated-gate bipolar transistor）即 IGBT 具有良好的特性，如图 1-24 所示。

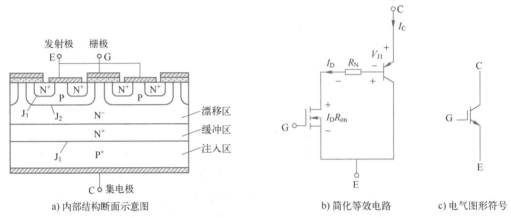

a) 内部结构断面示意图　　　　　　　　　　b) 简化等效电路　　c) 电气图形符号

图 1-24　IGBT 的结构、简化等效电路和电气图形符号

1）IGBT 的结构和工作原理

驱动原理与电力 MOSFET 基本相同，是场控器件，通断出栅射极电压 U_{GE} 决定：当 U_{GE} 大于开启电压 $U_{GE(th)}$ 时，MOSFET 内形成沟道，为晶体管提供基极电流，IGBT 导通。当栅射极间施加反向电压或不加信号时，MOSFET 内的沟道消失，晶体管的基极电流被切断，IGBT 关断。

2）IGBT 的基本特性

① IGBT 的静态特性

转移特性——I_C 与 U_{GE} 间的关系，与 MOSFET 转移特性类似。

输出特性（伏安特性）——以 U_{GE} 为参考变量时，I_C 与 U_{CE} 间的关系，分为三个区域：正向阻断区、有源区和饱和区，分别与 GTR 的截止区、放大区和饱和区相对应。

② IGBT 的动态特性

与 MOSFET 的相似，开关速度高，开关损耗小。

3）IGBT 的主要参数

① 最大集射极间电压 U_{CES}

由内部 PNP 晶体管的击穿电压确定。

② 最大集电极电流

包括额定直流电流 I_C 和 1ms 脉宽最大电流 I_{CP}。

③ 最大集电极功耗 P_{CM}

正常工作温度下允许的最大功耗。

4）IGBT 的擎住效应和安全工作区

擎住效应或自锁效应：NPN 晶体管基极与发射极之间存在体区短路电阻，P 形体区的横向空穴电流会在该电阻上产生压降，相当于对 J_3 结施加正偏压，一旦 J_3 开通，栅极就会失去对集电极电流的控制作用，电流失控。

正向偏置安全工作区（FBSOA）——由最大集电极电流、最大集射极间电压和最大集电极功耗确定。

反向偏置安全工作区（RBSOA）——由最大集电极电流、最大集射极间电压和最大允许电压上升率 du_{CE}/dt 确定。

4. 其他新型电力电子器件

（1）MOS 控制晶闸管 MCT

MOS 控制晶闸管（MOS controlled thyristor，MCT）是 MOSFET 与晶闸管的复合。MCT 结合了二者的优点：MOSFET 的高输入阻抗、低驱动功率、快速的开关过程，晶闸管的高电压大电流、低导通压降。一个 MCT 器件由数以万计的 MCT 元组成，每个元的组成为一个 PNPN 晶闸管、一个控制该晶闸管开通的 MOSFET 和一个控制该晶闸管关断的 MOSFET。MCT 一度被认为是一种最有发展前途的电力电子器件。因此，20 世纪 80 年代成为研究的热点。但经过十多年的努力，其关键技术问题没有大的突破，电压和电流容量都远未达到预期的数值，因此未能投入实际应用。

（2）静电感应晶体管 SIT

静电感应晶体管（static induction transistor，SIT）是一种多子导电的器件，其工作频率与电力 MOSFET 相当，甚至超过电力 MOSFET，而功率容量也比电力 MOSFET 大，因而适用于高频大功率场合。小功率 SIT 器件的横向导电结构改为垂直导电结构，即可制成大功率的 SIT 器件，其为多子导电的器件，工作频率与电力 MOSFET 相当，甚至更高，功率容量更大，因而适用于高频大功率场合，在雷达通信设备、超声波功率放大、脉冲功率放大和高频感应加热等领域获得应用。其缺点为栅极不加信号时导通，加负偏压时关断，称为正常导通型器件，使用不太方便，通态电阻较大，通态损耗也大，因而还未在大多数电力电子设备中得到广泛应用。

（3）静电感应晶闸管 SITH

静电感应晶闸管（static induction thyristor，SITH）是 1972 年在 SIT 的漏极层上附加一层与漏极层导电类型不同的发射极层而得到，因其工作原理与 SIT 类似，门极和阳极电压均能通过电场控制阳极电流，因此 SITH 又被称为场控晶闸管（field controlled thyristor，FCT），它比 SIT 多了一个具有少子注入功能的 PN 结，SITH 是两种载流子导电的双极型器件，具有电导调制效应，通态压降低、通流能力强。其很多特性与 GTO 类似，但开关速度比 GTO 高得多，是大容量的快速器件。SITH 一般也是正常导通型，但也有正常关断型。此外，其制造工艺比 GTO 复杂得多，电流关断增益较小，因而其应用范围还有待拓展。

（4）集成门极换流晶闸管 IGCT

集成门极换流晶闸管（integrated gate-commutated thyristor，IGCT），也称 GCT（gate-commutated thyristor），20 世纪 90 年代后期出现，结合了 IGBT 与 GTO 的优点，容量与 GTO 相当，开关速度快 10 倍，且可省去 GTO 庞大而复杂的缓冲电路，只不过所需的驱动功率仍很大。目前正在与 IGBT 等新型器件激烈竞争，试图最终取代 GTO 在大功率场合的位置。

（5）功率模块与功率集成电路

随着电力电子器件模块化发展趋势，将多个器件封装在一个模块中，称为功率模块。模块化可缩小装置体积，降低成本，提高可靠性。对工作频率高的电路，可大大减小线路电感，从而简化对保护电路和缓冲电路的要求。

将器件与逻辑、控制、保护、传感、检测、自诊断等信息电子电路制作在同一芯片上，称为功率集成电路（power integrated circuit，PIC）。

类似功率集成电路的还有许多名称，但实际上各有侧重：

高压集成电路（high voltage IC，HVIC）一般指横向高压器件与逻辑或模拟控制电路的单片集成。

智能功率集成电路（smart power IC，SPIC）一般指纵向功率器件与逻辑或模拟控制电路的单片集成。

智能功率模块（intelligent power module，IPM）则专指 IGBT 及其辅助器件与其保护电路和驱动电路的单片集成，也称智能 IGBT（intelligent IGBT）。

1.2.3 任务检测

1.（单选题）GTR 从高电压小电流向低电压大电流跃变的现象称为（　　）。

　　A．一次击穿　　　　B．二次击穿　　　　C．临界饱和

2.（单选题）当晶闸管承受反向阳极电压时，不论门极加何种极性触发电压，管子都将工作在（　　）。

　　A．导通状态　　　　B．关断状态　　　　C．饱和状态

3.（单选题）为防止晶闸管误触发，应使干扰信号不超过（　　）。

　　A．安全区　　　　　B．不触发区　　　　C．可靠触发区

4.（判断题）两个以上晶闸管串联使用，是为了解决自身额定电压偏低，不能胜任电路电压要求，而采取的一种解决方法，但必须采取均压措施。（　　）

5.（简答题）与 GTR、VDMOS 相比，IGBT 管有何特点？

6.（简答题）在 SCR、GTR、IGBT、GTO、MOSFET、IGCT 及 MCT 器件中，哪些器件可以承受反向电压？哪些可以用作静态交流开关？

任务 1.3 变频器的组成原理分析

【任务引入】

1．工作情境

（1）工作情况

变频器是交流电动机驱动器，它是将三相工频交流电转变成频率可调的三相交流电来拖动交流电动机（主要是异步电动机），从而使电动机实现调速。本任务属于变频器基础知识学习情境下的子任务。具体包括整流电路、逆变电路及 SPWM 调制技术。

（2）工作环境

1）变频器的主电路主要由整流部分、储能环节、逆变电路组成。整流电路把交流电变换成直流电储存在储能元件中，再通过逆变电路将直流电逆变成可调频调压的交流电供给负载。

2）相关连接。整流电路、逆变电路及 SPWM 调制技术，为学习变频器组成原理做好知识储备。

3）相关设备。变频器主电路。

2．任务要求和工作要求

本任务包括整流电路、逆变电路及 SPWM 调制技术。通过学习掌握变频器的主电路结构及组成原理。

【任务目标】

1．知识目标

1）熟悉变频器主电路的作用；
2）掌握整流电路、逆变电路及 SPWM 控制电路原理；
3）熟悉整流波形、逆变波形及 SPWM 波形。

2．能力目标

1）会查阅有关变频器主电路的相关文献；
2）掌握整流、逆变和 SPWM 控制电路的分析方法；
3）会根据实际要求，分析变频器主电路故障原因；
4）具有工作现场和紧急事件处理能力。

3．素质目标

1）具有科技报国的社会责任感和职业认同；
2）培养规则规矩意识；
3）培养安全意识；
4）培养标准意识；
5）培养团队协作意识。

【任务分析】

目前，通用型变频器绝大多数是交-直-交型变频器，尤以电压型变频器为主，其主电路如图 1-25 所示，它是变频器的核心电路，由整流电路（交-直变换）、直流滤波电路（能耗电路）及逆变电路（直-交变换）组成。

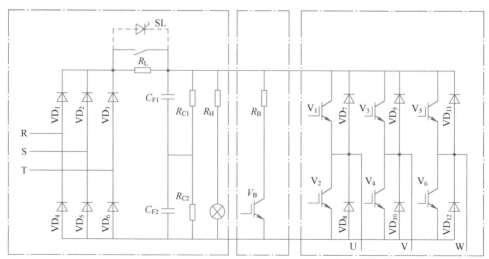

图 1-25 交-直-交型变频器主电路

1.3.1 整流电路的分析

1. 三相桥式整流电路

三相桥式整流电路应用最为广泛，习惯将其中阴极连接在一起的 3 个晶闸管（VT_1、VT_3、VT_5）称为共阴极组，将阳极连接在一起的 3 个晶闸管（VT_4、VT_6、VT_2）称为共阳极组。本书以带阻感负载时的工作情况（$\alpha=0°$ 时的情况）为例进行介绍，如图 1-26 所示。

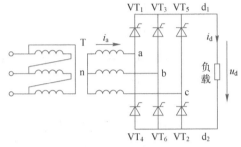

图 1-26 三相桥式全控整流电路原理

α 称为触发延迟角，假设将电路中的晶闸管换作二极管进行分析，对于共阴极组的 3 个晶闸管，阳极所接交流电压值最大的一个导通；对于共阳极组的 3 个晶闸管，阴极所接交流电压值最低的导通。任意时刻共阳极组和共阴极组中各有 1 个晶闸管处于导通状态。从相电压波形看，共阴极组晶闸管导通时，u_{d1} 为相电压的正包络线，共阳极组晶闸管导通时，u_{d2} 为相电压的负包络线，$u_d=u_{d1}-u_{d2}$ 是两者的差值，为线电压在正半周的包络线。直接从线电压波形看，u_d 为线电压中最大的一个，因此 u_d 波形为线电压的包络线，如图 1-27 所示。

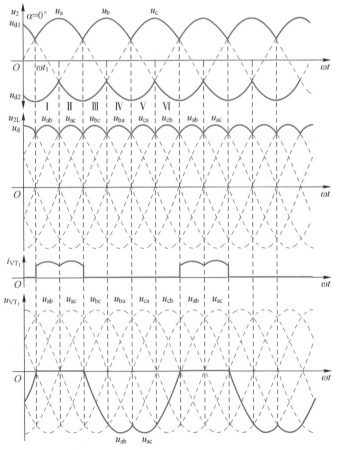

图 1-27 三相桥式全控整流电路带电阻负载 $\alpha=0°$ 时的波形

三相桥式全控整流电路的特点是：

1）两管同时导通形成供电回路，其中共阴极组和共阳极组各一个，且不能为同一相器件。

2）对触发脉冲的要求是：按 VT_1-VT_2-VT_3-VT_4-VT_5-VT_6 的顺序，相位依次差 60°。共阴极组 VT_1、VT_3、VT_5 的脉冲依次差 120°，共阳极组 VT_4、VT_6、VT_2 也依次差 120°，同一相的上下两个桥臂，即 VT_1 与 VT_4，VT_3 与 VT_6，VT_5 与 VT_2，脉冲相差 180°。

3）u_d 一个周期脉动 6 次，每次脉动的波形都一样，故该电路为 6 脉波整流电路。

4）需保证同时导通的 2 个晶闸管均有脉冲，可采用两种方法：一种是宽脉冲触发，另一种是双脉冲触发（常用）。

5）晶闸管承受的电压波形与三相半波时相同，晶闸管承受最大正、反向电压的关系也相同。$\alpha=30°$ 时的工作情况：从 ωt_1 开始把一个周期等分为 6 段，u_d 波形仍由 6 段线电压构成，每一段导通晶闸管的编号区别在于：晶闸管起始导通时刻推迟了 30°，组成 u_d 的每一段线电压因此推迟 30°；变压器二次侧电流 i_a 波形的特点是：在 VT_1 处于通态的 120° 期间，i_a 为正，i_a 波形的形状与同时段的 u_d 波形相同，在 VT_4 处于通态的 120° 期间，i_a 波形的形状也与同时段的 u_d 波形相同，但为负值。$\alpha=60°$ 时的工作情况：u_d 波形中每段线电压的波形继续后移，u_d 平均值继续降低。$\alpha=60°$ 时 u_d 出现为零的点。

当整流输出电压连续时的平均值为（$\alpha\leqslant90°$）

$$U_d = \frac{1}{\pi/3}\int_{\frac{\pi}{3}+\alpha}^{\frac{2\pi}{3}+\alpha}\sqrt{6}U_2\sin\omega td(\omega t) = 2.34U_2\cos\alpha \qquad (1\text{-}28)$$

2. 变频器整流部分

对比三相桥式相控整流电路，变频器整流部分采用 6 个电力二极管实现整流，如图 1-28 所示，由于电力二极管是不可控的，所以输出电压恒定，为 $2.34U_2$。

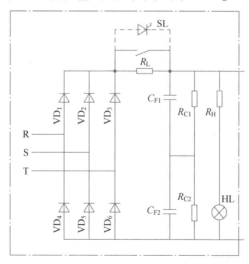

图 1-28　交-直-交型变频器整流部分

（1）$VD_1\sim VD_6$ 组成的三相整流桥

6 个电力二极管组成的三相桥式不可控整流电路，把三相交流电整成固定不变的直流电。

（2）滤波电容 C_F 的作用

滤除全波整流后的电压纹波；当负载变化时，使直流电压保持平衡。因为受电容容量和耐压的限制，滤波电路通常由若干个电容并联成一组，又由两个电容组串联而成。如图 1-28 中的 C_{F1} 和 C_{F2}。由于两组电容特性不可能完全相同，在每组电容组上并联一个阻值相等的分压电阻 R_{C1} 和 R_{C2}。

（3）限流电阻 R_L 和开关 SL 的作用

变频器刚合上闸瞬间冲击电流比较大，R_L 的作用就是：在合上闸后的一段时间内，电流流经 R_L，限制冲击电流，将电容 C_F 的充电电流限制在一定范围内。当 C_F 充电到一定电压后，SL 闭合，将 R_L 短路。一些变频器使用晶闸管代替（如虚线所示）。

（4）电源指示灯 HL

除作为变频器通电指示外，还作为变频器断电后，变频器是否有电的指示（灯灭后才能进行拆线等操作）。

1.3.2　能耗电路的分析

1．制动电阻 R_B

变频器在频率下降的过程中，将处于再生制动状态，回馈的电能将存储在电容 C_F 中，使直流电压不断上升，甚至达到十分危险的程度。R_B 的作用就是将这部分回馈能量消耗掉。一些变频器中此电阻是外接的，都有外接端子（如 DB+，DB-），如图 1-29 所示。

2．制动单元 V_B

制动单元 V_B 由 GTR 或 IGBT 及其驱动电路构成。其作用是为放电电流 I_B 流经 R_B 提供通路。

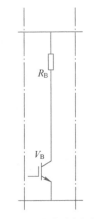

图 1-29　能耗制动电路

1.3.3　逆变电路的分析

逆变电路是变频器的核心部分，其作用是把直流电变换成频率、电压均可调节的交流电。

1．换流方式

（1）逆变电路的基本工作原理

以单相桥式逆变电路为例：如图 1-30 所示，$VT_1 \sim VT_4$ 是桥式电路的 4 个臂，由电力电子器件及辅助电路组成。VT_1、VT_4 闭合，VT_2、VT_3 断开时，负载电压 u_o 为正；VT_1、VT_4 断开，VT_2、VT_3 闭合时，u_o 为负，把直流电变成了交流电。改变两组开关的切换频率，即可改变输出交流电的频率。

带电阻负载时，负载电流 i_o 和 u_o 的波形相同，相位也相同。带阻感负载时，i_o 滞后于 u_o，波形也不同（图 1-30b）。

t_1 时刻前：S_1、S_4 通，u_o 和 i_o 均为正。

t_1 时刻断开 S_1、S_4，合上 S_2、S_3，u_o 变负，但 i_o 不能立刻反向。

i_o 从电源负极流出，经 S_2、负载和 S_3 流回正极，负载电感能量向电源反馈，i_o 逐渐减小，t_2 时刻降为零，之后 i_o 才反向并增大。

（2）换流方式分类

换流——电流从一个支路向另一个支路转移的过程，也称换相。

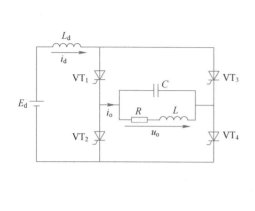

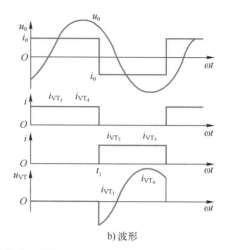

a) 逆变电路   b) 波形

图 1-30 逆变电路及其波形举例

开通：适当的门极驱动信号就可使其开通。

关断：全控型器件可通过门极关断。

半控型器件晶闸管，必须利用外部条件才能关断，一般在晶闸管电流过零后施加一定时间反压，才能关断。

研究换流方式主要是研究如何使器件关断。

1）器件换流

利用全控型器件的自关断能力进行换流（device commutation）。

2）电网换流

由电网提供换流电压称为电网换流（line commutation）。可控整流电路、交流调压电路和采用相控方式的交-交变频电路，不需要器件具有门极可关断能力，也不需要为换流附加元件。

3）负载换流

由负载提供换流电压称为负载换流（load commutation）。负载电流相位超前于负载电压的场合，都可实现负载换流。如图 1-31 所示，负载为电容性负载时、负载为同步电动机时，可实现负载换流。

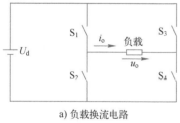

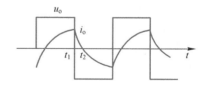

a) 负载换流电路   b) 工作波形

图 1-31 负载换流电路及其工作波形

基本的负载换流逆变电路采用晶闸管，负载为电阻、电感串联后再和电容并联，工作在接近并联谐振状态而略呈容性。电容为改善负载功率因数使其略呈容性而接入，直流侧串入大电感 L_d，i_d 基本没有脉动。

工作过程如下：

电路 4 个臂的切换仅使电流路径改变，负载电流基本呈矩形波。负载工作在基波电流接近并联谐振的状态，对基波阻抗很大，对谐波阻抗很小，u_o 波形接近正弦波。

t_1 前：VT$_1$、VT$_4$ 通，VT$_2$、VT$_3$ 断，u_o、i_o 均为正，VT$_2$、VT$_3$ 电压即为 u_o。

t_1 时：触发 VT$_2$、VT$_3$ 使其开通，u_o 加到 VT$_4$、VT$_1$ 上使其承受反压而关断，电流从 VT$_1$、VT$_4$ 换到 VT$_3$、VT$_2$。

t_1 必须在 u_o 过零前并留有足够裕量，才能使换流顺利完成。

4）强迫换流

设置附加的换流电路，给欲关断的晶闸管强迫施加反向电压或反向电流的换流方式称为强迫换流（forced commutation）。通常利用附加电容上储存的能量来实现，也称为电容换流。

直接耦合式强迫换流——由换流电路内电容提供换流电压。VT 通态时，先给电容 C 充电。合上 S 就可使晶闸管被施加反压而关断，如图 1-32 所示。

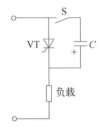

图 1-32　直接耦合式强迫换流原理图

电感耦合式强迫换流——通过换流电路内电容和电感耦合提供换流电压或换流电流。

两种电感耦合式强迫换流，如图 1-33 所示。图 1-33a 中晶闸管在 LC 振荡第一个半周期内关断。图 1-33b 中晶闸管在 LC 振荡第二个半周期内关断。

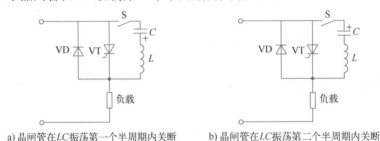

a) 晶闸管在 LC 振荡第一个半周期内关断　　　b) 晶闸管在 LC 振荡第二个半周期内关断

图 1-33　电感耦合式强迫换流原理图

给晶闸管加上反向电压而使其关断的换流也叫电压换流。先使晶闸管电流减为零，然后通过反并联二极管使其加反向电压的换流叫电流换流。

2. 三相电压型逆变电路

逆变电路按其直流电源性质不同分为两种：电压型（或电压源型）逆变电路和电流型（或电流源型）逆变电路。

三个单相逆变电路可组合成一个三相逆变电路。应用最广的是三相桥式逆变电路，可看成由三个半桥逆变电路组成。

180° 导电方式：每个桥臂的导通角为 180°，同一相上下两臂交替导电，各相开始导电的角度差 120°，任一瞬间有三个桥臂同时导通，每次换流都是在同一相上下两臂之间进行，也称为纵向换流，如图 1-34 所示。

（1）波形分析

如图 1-35 所示，对于 U 相输出来说，当桥臂 1 导通时，$u_{UN'} = -U_d/2$。因此，$u_{UN'}$ 的波形是幅值为 $U_d/2$ 的矩形波。V、W 相的情况和 U 相类似，$u_{VN'}$、$u_{WN'}$ 的波形形状和 $u_{UN'}$ 相同，只是相位依次差 120°。$u_{UN'}$、$u_{VN'}$、$u_{WN'}$ 的波形如图 1-35a、b、c 所示。$u_{UV} = u_{UN'} - u_{VN'}$，如图 1-35d 所示，$u_{UN}$ 可按桥臂导通顺序对应的电路得出，如图 1-35f 所示。

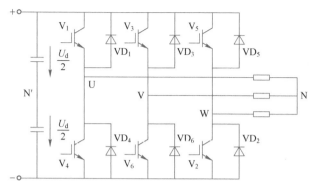

图 1-34　三相电压型桥式逆变电路

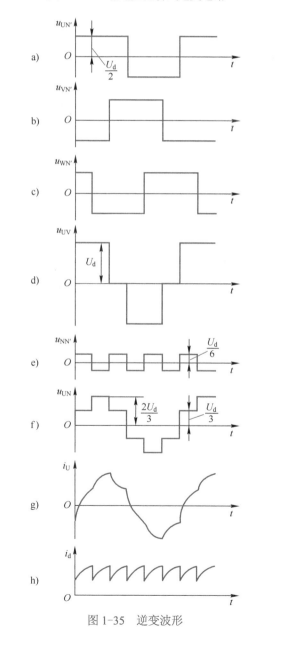

图 1-35　逆变波形

（2）定量分析

1）输出线电压

输出线电压展开成傅里叶级数为

$$u_{\text{UV}} = \frac{2\sqrt{3}U_{\text{d}}}{\pi}\left(\sin\omega t - \frac{1}{5}\sin 5\omega t - \frac{1}{7}\sin 7\omega t + \frac{1}{11}\sin 11\omega t + \frac{1}{13}\sin 13\omega t - \cdots\right)$$

$$= \frac{2\sqrt{3}U_{\text{d}}}{\pi}\left[\sin\omega t + \sum_n \frac{1}{n}(-1)^k \sin n\omega t\right] \tag{1-29}$$

式中，$n = 6k \pm 1$，k 为自然数。

输出线电压有效值为

$$U_{\text{UV}} = \sqrt{\frac{1}{2\pi}\int_0^{2\pi} u_{\text{UV}}^2 \mathrm{d}\omega t} = 0.816U_{\text{d}} \tag{1-30}$$

2）负载相电压

负载相电压展开成傅里叶级数为

$$u_{\text{UN}} = \frac{2U_{\text{d}}}{\pi}\left(\sin\omega t + \frac{1}{5}\sin 5\omega t + \frac{1}{7}\sin 7\omega t + \frac{1}{11}\sin 11\omega t + \frac{1}{13}\sin 13\omega t + \cdots\right)$$

$$= \frac{2U_{\text{d}}}{\pi}\left(\sin\omega t + \sum_n \frac{1}{n}\sin n\omega t\right) \tag{1-31}$$

式中，$n = 6k \pm 1$，k 为自然数。

负载相电压有效值为

$$U_{\text{UN}} = \sqrt{\frac{1}{2\pi}\int_0^{2\pi} u_{\text{UN}}^2 \mathrm{d}\omega t} = 0.471U_{\text{d}} \tag{1-32}$$

在上述 180° 导电方式逆变器中，防止同一相上下两桥臂开关器件直通，采取"先断后通"的方法。即先给应关断的器件关断信号，待其关断后留一定的时间裕量，再给应导通的器件发出开通信号，即在两者之间留一个短暂的死区时间。

3. 变频器逆变部分

交-直-交型变频器逆变电路如图 1-36 所示：

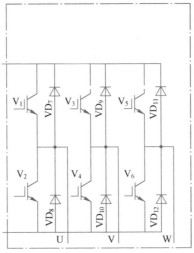

图 1-36　交-直-交型变频器逆变电路

（1）逆变管 $V_1 \sim V_6$

组成逆变桥，把 $VD_1 \sim VD_6$ 整流的直流电逆变为交流电。这是变频器的核心部分。

（2）续流二极管 $VD_7 \sim VD_{12}$

由于电机是感性负载，其电流中有无功分量，为无功电流返回直流电源提供"通道"；频率下降，电机处于再生制动状态时，再生电流通过 $VD_7 \sim VD_{12}$ 整流后返回给直流电路；$V_1 \sim V_6$ 逆变过程中，同一桥臂的两个逆变管不停地处于导通和截止状态。在这个换相过程中，也需要 $VD_7 \sim VD_{12}$ 提供通路。

1.3.4 SPWM 波形调制方法

1. PWM 控制的基本原理

冲量相等而形状不同的窄脉冲加在具有惯性的环节上时，其效果基本相同。冲量指窄脉冲的面积。效果基本相同，是指环节的输出响应波形基本相同。低频段非常接近，仅在高频段略有差异，如图 1-37 所示。

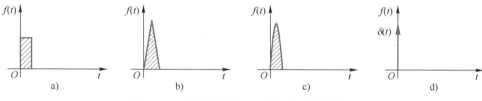

图 1-37　形状不同而冲量相同的各种窄脉冲

用一系列等幅不等宽的脉冲来代替一个正弦半波，正弦半波 N 等分，看成 N 个相连的脉冲序列，宽度相等，但幅值不等；用矩形脉冲代替，等幅，不等宽，中点重合，面积（冲量）相等，宽度按正弦规律变化，如图 1-38 所示。

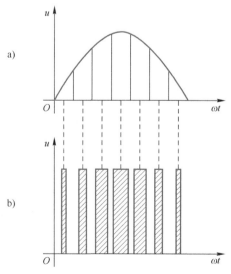

图 1-38　用 PWM 波代替正弦半波

要改变等效输出正弦波幅值，按同一比例改变各脉冲宽度即可。

等幅 PWM 波和不等幅 PWM 波：由直流电源产生的 PWM 波通常是等幅 PWM 波，如直流斩波电路及本章主要介绍的 PWM 逆变电路及 PWM 整流电路。输入电源是交流，得到不等幅 PWM 波。基于面积等效原理，本质是相同的。

PWM 电流波：对电流型逆变电路进行 PWM 控制，得到的就是 PWM 电流波。

SPWM 波：等效正弦波形，还可以等效成其他所需波形，如等效所需非正弦交流波形等，其基本原理和 SPWM 控制相同，也基于等效面积原理。

2．PWM 逆变电路及其控制方法

目前中小功率的逆变电路几乎都采用 PWM 技术。逆变电路是 PWM 控制技术最为重要的应用场合。

PWM 逆变电路也可分为电压型和电流型两种，目前实用的几乎都是电压型。

（1）计算法

根据正弦波频率、幅值和半周期脉冲数，准确计算 PWM 波各脉冲宽度和间隔，据此控制逆变电路开关器件的通断，就可得到所需 PWM 波形。

缺点：烦琐，当输出正弦波的频率、幅值或相位变化时，结果都要变化。

（2）调制法

输出波形作为调制信号，进行调制，得到期望的 PWM 波；通常采用等腰三角波或锯齿波作为载波；等腰三角波应用最多，其任一点水平宽度和高度成线性关系且左右对称；与任一平缓变化的调制信号波相交，在交点控制器件通断，就得到宽度正比于信号波幅值的脉冲，符合 PWM 的要求。

调制信号波为正弦波时，得到的就是 SPWM 波；调制信号不是正弦波，而是其他所需波形时，也能得到等效的 PWM 波，如图 1-39 所示。

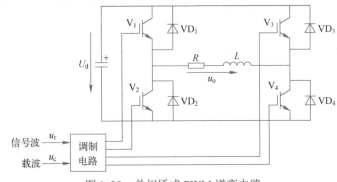

图 1-39　单相桥式 PWM 逆变电路

结合 IGBT 单相桥式电压型逆变电路对调制法进行说明：设负载为阻感负载，工作时 V_1 和 V_2 通断互补，V_3 和 V_4 通断也互补。

控制规律：

u_o 处于正半周时，V_1 通，V_2 断，V_3 和 V_4 交替通断，负载电流比电压滞后，在电压正半周，电流有一段为正，一段为负，负载电流为正区间，V_1 和 V_4 导通时，$u_o=U_d$，V_4 关断时，负载电流通过 V_1 和 VD_3 续流，$u_o=0$，负载电流为负区间，i_o 为负，实际上从 VD_1 和 VD_4 流过，仍有 $u_o=U_d$，V_4 断，V_3 通后，i_o 从 V_3 和 VD_1 续流，$u_o=0$，u_o 总可得到 U_d 和零两种电平。

u_o 处于负半周时，让 V_2 保持通，V_1 保持断，V_3 和 V_4 交替通断，u_o 可得 $-U_d$ 和零两种电平。

1）单极性 PWM 控制方式（单相桥逆变）

在 u_r 和 u_c 的交点时刻控制 IGBT 的通断。u_r 处于正半周时，V_1 保持通，V_2 保持断，当

$u_r>u_c$ 时，V_4 通，V_3 断，$u_o=U_d$，当 $u_r<u_c$ 时 V_4 断，V_3 通，$u_o=0$。u_r 处于负半周时，V_1 保持断，V_2 保持通，当 $u_r<u_c$ 时 V_3 通，V_4 断，$u_o=-U_d$，当 $u_r>u_c$ 时 V_3 断，V_4 通，$u_o=0$，虚线 u_{of} 表示 u_o 的基波分量。波形如图 1-40 所示。

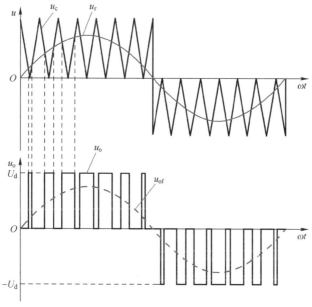

图 1-40 单极性 PWM 控制方式波形

2）双极性 PWM 控制方式（单相桥逆变）

在 u_r 半个周期内，三角波载波有正有负，所得 PWM 波也有正有负。在 u_r 一个周期内，输出 PWM 波只有 $\pm U_d$ 两种电平，仍在调制信号 u_r 和载波信号 u_c 的交点控制器件通断。u_r 正负半周，对各开关器件的控制规律相同，当 $u_r>u_c$ 时，给 V_1 和 V_4 导通信号，给 V_2 和 V_3 关断信号，如 $i_o>0$，V_1 和 V_4 通，如 $i_o<0$，VD_1 和 VD_4 通，$u_o=U_d$；当 $u_r<u_c$ 时，给 V_2 和 V_3 导通信号，给 V_1 和 V_4 关断信号，如 $i_o<0$，V_2 和 V_3 通，如 $i_o>0$，VD_2 和 VD_3 通，$u_o=-U_d$。波形如图 1-41 所示。

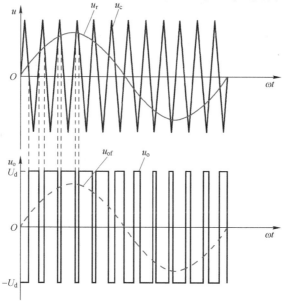

图 1-41 双极性 PWM 控制方式波形

单相桥式电路既可采用单极性调制，也可采用双极性调制。

3）双极性 PWM 控制方式（三相桥逆变）

如图 1-42 所示，三相 PWM 控制公用 u_c，三相的调制信号 u_{rU}、u_{rV} 和 u_{rW} 依次相差 120°。

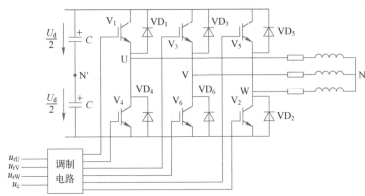

图 1-42　三相桥式 PWM 型逆变电路

U 相的控制规律：

当 $u_{rU} > u_c$ 时，给 V_1 导通信号，给 V_4 关断信号，$u_{UN'} = U_d / 2$，当 $u_{rU} < u_c$ 时，给 V_4 导通信号，给 V_1 关断信号，$u_{UN'} = -U_d / 2$；当给 $V_1(V_4)$ 加导通信号时，可能是 $V_1(V_4)$ 导通，也可能是 $VD_1(VD_4)$ 导通。$u_{UN'}$、$u_{VN'}$ 和 $u_{WN'}$ 的 PWM 波形只有 $\pm U_d / 2$ 两种电平，u_{UV} 波形可由 $u_{UN'} - u_{VN'}$ 得出，当 V_1 和 V_6 接通时，$u_{UV} = U_d$，当 V_3 和 V_4 接通时，$u_{UV} = -U_d$，当 V_1 和 V_3 或 V_4 和 V_6 接通时，$u_{UV} = 0$。波形如图 1-43 所示。

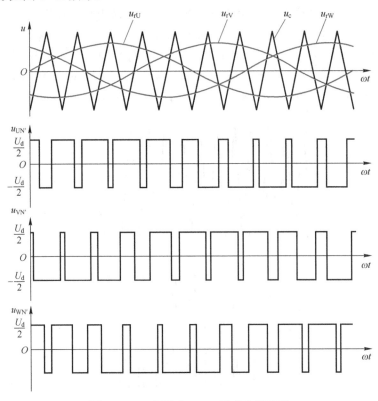

图 1-43　三相桥式 PWM 逆变电路波形

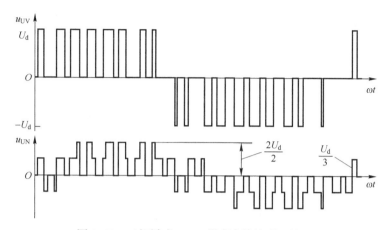

图 1-43　三相桥式 PWM 逆变电路波形（续）

输出线电压 PWM 波由 $\pm U_{\mathrm{d}}$ 和 0 三种电平构成，负载相电压 PWM 波由 $(\pm 2/3)U_{\mathrm{d}}$、$(\pm 1/3)U_{\mathrm{d}}$ 和 0 共 5 种电平组成。

防直通死区时间：

同一相上下两臂的驱动信号互补，为防止上下臂直通造成短路，应留一小段上下臂都施加关断信号的死区时间。死区时间的长短主要由器件关断时间决定。死区时间会给输出 PWM 波带来影响，使其稍稍偏离正弦波。

3. 异步调制和同步调制

载波比——载波频率 f_{c} 与调制信号频率 f_{r} 之比，$N=f_{\mathrm{c}}/f_{\mathrm{r}}$。根据载波和信号波是否同步及载波比的变化情况，PWM 调制方式分为异步调制和同步调制。

（1）异步调制

异步调制——载波信号和调制信号不同步的调制方式。

通常保持 f_{c} 固定不变，当 f_{r} 变化时，载波比 N 是变化的。在信号波的半周期内，PWM 波的脉冲个数不固定，相位也不固定，正负半周期的脉冲不对称，半周期内前后 1/4 周期的脉冲也不对称。当 f_{r} 较低时，N 较大，一周期内脉冲数较多，脉冲不对称的不利影响都较小，当 f_{r} 增高时，N 减小，一周期内的脉冲数减少，PWM 脉冲不对称的影响就变大。因此，在采用异步调制方式时，希望采用较高的载波频率，这样在信号波频率较高时仍能保持较大的载波比。

（2）同步调制

同步调制——N 等于常数，并在变频时使载波和信号波保持同步。

基本同步调制方式中，f_{r} 变化时 N 不变，信号波一周期内输出脉冲数固定。三相共用一个三角波载波，且取 N 为 3 的整数倍，使三相输出对称。为使一相的 PWM 波正负半周镜像对称，N 应取奇数。

f_{r} 很低时，f_{c} 也很低，由调制带来的谐波不易滤除，f_{r} 很高时，f_{c} 会过高，使开关器件难以承受。为了克服上述缺点，可以采用分段同步调制的方法。

（3）分段同步调制

把 f_{r} 范围划分成若干个频段，每个频段内保持 N 恒定，不同频段 N 不同。在 f_{r} 高的频段采用较低的 N，使载波频率不致过高，在 f_{r} 低的频段采用较高的 N，使载波频率不致过低。

如图 1-44 所示为分段同步调制。为防止 f_{c} 在切换点附近来回跳动，采用滞后切换的方法。同步调制比异步调制复杂，但用微机控制时容易实现。可在低频输出时采用异步调制方式，高频输出时切换到同步调制方式，这样把两者的优点结合起来，和分段同步方式效果接近。

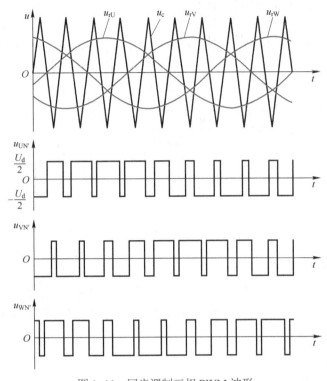

图 1-44　同步调制三相 PWM 波形

1.3.5　任务检测

1．（单选题）变频器主电路由整流及滤波电路、（　　）和制动单元组成。

A．稳压电路　　　B．逆变电路　　　C．控制电路

2．（单选题）目前在中小型变频器中，应用最多的逆变元件是 IGBT，电压调制方式为（　　）。

A．SPWM　　　　B．PWM　　　　C．SVPWM

3．（单选题）变频器主电路整流电压均值为（　　）。

A．$0.45U_2$　　　B．$0.9U_2$　　　C．$2.34U_2$

4．（简答题）电压型逆变电路的特点是什么？

5．（简答题）逆变电路死区时间如何设置？

学习情境 2　认识变频器

变频器是将固定频率的交流电变换为频率连续可调的交流电的装置。本学习情境在分析变频器的发展与应用、变频器的分类及变频器的品牌的基础上，重点进行 SINAMICS 变频器产品介绍及 SINAMICS G120 变频器结构分析，并根据 SINAMICS G120 设置场所及安装环境等条件，给出其安装步骤及安装与接线的注意事项。

任务 2.1　了解通用变频器

【任务引入】

1. 工作情境

（1）工作情况

变频器的应用范围不断扩大，不仅在工业的各个行业广泛应用，就连家庭也逐渐成为通用变频器的应用市场。本任务属于认识变频器学习情境下的子任务。具体包括变频器的发展与应用、变频器的分类及变频器的品牌。

（2）工作环境

1）随着电力电子器件的自关断、模块化，变流电路开关模式的高频化，以及全数字化控制技术和微型计算机（如单片机）的应用，变频器的体积越来越小，性能越来越高，功能不断丰富。目前，中小容量（600kV·A 以下）的一般用途变频器已经实现了通用化。交流变频器是强、弱电混合，机电一体化的综合性调速装置。它既要进行电能的转换（整流、逆变），又要进行信息的收集、变换和传输。它不仅要解决高电压、大电流有关的技术问题和新型电力电子器件的应用问题，还要解决控制策略和控制理论等问题。

2）相关连接。电力电子器件，变频器的结构及原理，为认识通用变频器做好知识储备。

3）相关设备。异步电动机及负载。

2. 任务要求和工作要求

本任务包括变频器的发展与应用、变频器的分类及变频器的品牌。通过本任务的学习使学生认识通用变频器的特点及适用场所，为后续内容学习奠定基础。

【任务目标】

1. 知识目标

1）了解变频器的发展史；

2）熟悉变频器的应用情况；

3）掌握变频器的分类；

4）了解变频器的品牌市场。

2．能力目标

1）会查阅有关变频器的相关文献；

2）能根据现场要求选择变频器的种类；

3）具有工作现场和紧急事件处理能力。

3．素质目标

1）具有科技报国的社会责任感和职业认同；

2）了解我国变频器的发展趋势；

3）培养安全意识；

4）培养标准意识；

5）培养团队协作意识。

 【任务分析】

2.1.1 变频器的发展

1．电力电子器件是变频器发展的基础

第一代电力电子器件是出现于 1956 年的晶闸管（半控型器件）。第二代电力电子器件以门极可关断（GTO）晶闸管和电力晶体管（GTR）为代表（电流自关断器件），其开关频率仍然不高，一般在 5kHz 以下。第三代电力电子器件以电力 MOS 场效应晶体管（MOSFET）和绝缘栅双极型晶体管（IGBT）为代表（电压自关断器件），其开关频率可达到 20kHz 以上。第四代电力电子器件以智能功率模块（IPM）为代表，IPM 是以 IGBT 为开关器件，但集成有驱动电路和保护电路。

2．计算机技术与自动控制理论是变频器发展的支柱

没有采用计算机技术、由分立电子元件组成的变频电路，可靠性差、频率低，输出的电压和电流的波形是方波。采用 8 位微处理器、采用 U／f 控制原理后，逆变电路能够得到相当接近正弦波的输出电压和电流，工作性能有了很大提高。采用 16 位、32 位甚至 64 位微处理器，推出了矢量控制、直接转矩控制、模糊控制和自适应控制等多种模式理论的变频器已经内置有参数辨识系统、PID 调节器、PLC 控制器和通信单元等，根据需要可实现拖动不同负载、宽调速和伺服控制等多种应用。

3．变频器技术发展趋势

（1）网络智能化

智能化就是智能化的变频器安装到系统后，不必进行那么多的功能设定，就可以方便地操作使用。有明显的工作状态显示，而且能够实现故障诊断与排除，甚至可以进行部件的自动转换。利用互联网可以远程监控操作、诊断故障。

（2）专门化

专门化就是根据某一类负载的特性、某一些特殊场合，有针对性地制造专门化的变频器。如风机、水泵专用变频器、起重机械专用变频器、电梯控制专用变频器、空调专用变频器、煤矿专用变频器等。

（3）一体化

一体化就是变频器将相关的功能部件，如参数辨识系统、PID 调节器、PLC 和通信单元等有选择地集成到内部组成一体化，不仅使功能增强，系统可靠性增加，而且可缩小系统体积，减少外部电路的连接。

（4）环保无公害

环保无公害就是指今后的变频器将更注意节能和低公害，即尽量减少使用过程中的噪声和谐波对电网及其他电气设备的污染干扰。

2.1.2　变频器的应用

变频调速已被公认为最理想、最有发展前途的调速方式之一，其优势主要体现在以下几方面。

1. 变频调速的节能

采用变频调速后，风机、泵类负载的节能效果最明显，节电率可达到 20%～70%，这是因为风机、水泵的耗用功率与转速的三次方成正比例，当用户需要的平均流量较小时，风机、水泵的转速较低，其节能效果是十分可观的。而传统的挡板和阀门进行流量调节时，耗用功率变化不大。由于这类负载很多，约占交流电动机总容量的 60%～70%，因此它们的节能就具有非常重要的意义。据不完全统计，我国已经进行变频改造的风机、泵类负载约占总容量的 40%以上，年节电约 400 亿 kW·h。由于风机、水泵、压缩机在采用变频调速后，可以节省大量电能，所需的投资在较短的时间内就可以收回，因此在这一领域，变频调速应用也最多。目前应用较成功的有恒压供水、中央空调、各类风机、泵的变频调速。特别得指出的是恒压供水，由于使用效果很好，现在已形成了典型的变频控制模式，广泛应用于城乡生活用水、消防等行业。恒压供水不仅可节省大量电能，而且延长了设备的使用寿命。一些家用电器，如家用空调器的调频节能也取得了很好的效果。

对于一些在低速运行的恒转矩负载，如传送带等，变频调速也可节能。除此之外，原有调速方式耗能较大者（如绕线转子异步电动机等），原有调速方式比较庞杂、效率较低者（如龙门刨床等），采用了变频调速后，节能效果也很明显。

2. 变频调速在电动机运行方面的优势

变频调速很容易实现电动机的正、反转。只需要改变变频器内部逆变管的开关顺序，即可实现输出换相，也不存在因换相不当而烧毁电动机的问题。

变频调速系统起动大都是从低速区开始，频率较低。加、减速时间可以任意设定，故加、减速过程比较半缓，起动电流较小，可以进行较高频率的起停。

变频调速系统制动时，变频器可以利用自己的制动回路将机械负载的能量消耗在制动电阻上，也可回馈给供电电网，但回馈给电网需增加专用附件，投资较大。除此之外，变频器还具有直流制动功能，需要制动时，变频器给电动机加上一个直流电压进行制动。

3. 以提高工艺水平和产品质量为目的的应用

变频调速除了在风机、泵类负载的应用以外，还可以广泛应用于传送、卷绕、起重、锻压、机床等各种机械设备控制领域。它可以提高企业产品的成品率，延长设备的正常工作周期和使用寿命，使操作和控制系统得以简化，有的甚至可以改变原有的工艺规范，从而提高整个设备控制水平。例如，许多行业中用的定型机，机内温度是靠改变送入热风的多少来调节的。

输送热风通常用的是循环风机，由于风机速度不变，送入热风的多少只有用风门来调节。如果风门调节失灵或调节不当，就会造成定型机温度失控，从而影响成品质量。循环风机高速起动，传动带与轴承之间磨损非常厉害，使传动带变成了一种易耗品。在采用变频调速后，温度调节可以通过调节风机的速度来完成，解决了产品质量问题，风机在低频低速下起动减少了传动带、轴承的磨损，延长了设备寿命，还有一项收获就是节能，节能率达到40%。

2.1.3 变频器的分类

1. 按直流电源的性质分类

（1）电流型变频器

如图 2-1 所示，电流型变频器的特点是：中间直流环节采用大电感；直流电流 I_d 趋于平稳，电动机的电流波形为方波或阶梯波，电压波形接近正弦波。

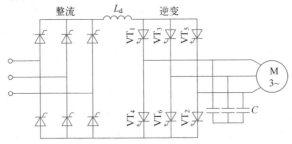

图 2-1　电流型变频器主电路

（2）电压型变频器

如图 2-2 所示，电压型变频器的特点是：中间直流环节采用大电容；直流电压 U_d 趋于平稳，电动机的端电压为方波或阶梯波。

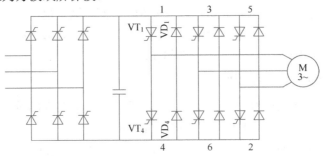

图 2-2　电压型变频器主电路

2. 按输出电压调节方式分类

（1）PAM 方式

通过改变直流电压幅值进行调压的方式。输出电压的调节由相控整流器或直流斩波器完成，如图 2-3 所示。

（2）PWM 方式

利用参考电压波与载频三角波互相比较来决定主开关器件的导通时间而实现调压。利用脉冲宽度的改变来得到幅值不同的正弦基波电压，如图 2-4 所示。

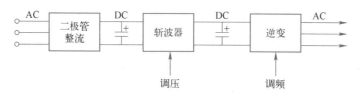

图 2-3　采用直流斩波器 PAM 方式

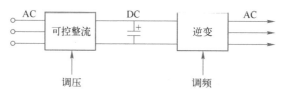

图 2-4　PWM 变频器主电路

这种参考信号正弦波、输出电压平均值近似为正弦波的 PWM 方式，称为正弦 PWM 调制，简称 SPWM（sinusoidal pulse width modulation）方式。在通用变频器中，采用 SPWM 方式调压，是一种最常见的方案。

（3）高载波频率的 PWM 方式

这种方式与上述的 PWM 方式的区别仅在于调制频率有很大的提高。主开关器件的工作频率较高，普通的功率晶体管已经不能适应，常采用开关频率较高的 IGBT 或 MOSFET。因为开关频率达到 10～20kHz，可以使电动机的噪声大幅度降低（人耳难以感知）。其主电路采用 IGBT 的高载波频率的 PWM 通用变频器正在取代以 BJT 为开关器件的变频器。

3. 按控制方式分类

（1）U/f 控制（VVVF）

U/f 控制是转速开环控制，如图 2-5 所示，转速给定既作为调节加减速度的频率 f 指令值，同时经过适当分压，也被作为定子电压 V_1 的指令值，该 f 指令值和 V_1 指令值之比就决定了 U/f 比值，由于频率和电压由同一给定值控制，因此可以保证压频比为恒定值；电动机的转向由变频器输出电压的相序决定，不需要由频率和电压给定信号反映极性，控制电流简单，负载可以是通用标准异步电动机，所以通用性强，经济性好，是目前通用变频器产品中使用较多的一种控制方式。

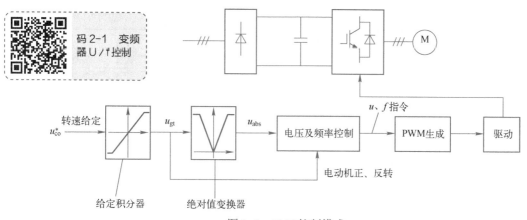

图 2-5　U/f 控制模式

（2）转差频率控制

转差频率控制是一种直接控制转矩的控制方式，它是在 U / f 控制的基础上，按照异步电动机的实际转速对应的电源频率，并根据希望得到的转矩来调节变频器的输出频率，就可以使电动机具有对应的输出转矩。这种控制方式在控制系统中需要安装速度传感器，有时还加有电流反馈，对频率和电流进行控制，因此，这是一种闭环控制方式，可以使变频器具有良好的稳定性，并对急速的加减速和负载变动有良好的响应特性。

（3）矢量控制

采用矢量控制方式的目的，主要是为了提高变频调速的动态性能。根据交流电动机的动态数学模型，利用坐标变换的手段，将交流电动机的定子电流分解成磁场分量电流和转矩分量电流，并分别加以控制，即模仿自然解耦的直流电动机的控制方式，对电动机的磁场和转矩分别进行控制，以获得类似于直流调速系统的动态性能。

4．按输入电流的相数分类

按输入电流的相数分为三进三出变频器和单进三出变频器。

（1）三进三出变频器

变频器的输入侧和输出侧都是三相交流电，如图 2-6a 所示。绝大多数变频器属于此类。

（2）单进三出变频器

变频器的输入侧为单相交流电，输出侧是三相交流电。家用电器里的变频器均属此类，单进三出变频器通常容量较小，如图 2-6b 所示。

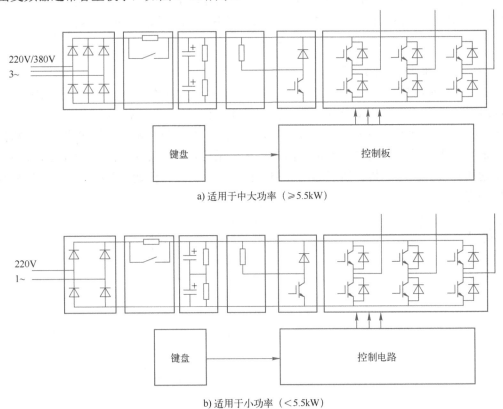

a) 适用于中大功率（≥5.5kW）

b) 适用于小功率（＜5.5kW）

图 2-6　输入电流相数不同的变频器

5．按用途分类

根据用途的不同，变频器可分为通用变频器和专用变频器。

（1）通用变频器

顾名思义，通用变频器的特点是其通用性。随着变频技术的发展和市场需要的不断扩大，通用变频器也在朝着两个方向发展：一是低成本的简易型通用变频器；二是高性能的多功能通用变频器。它们分别具有以下特点：简易型通用变频器是一种以节能为主要目的而简化了一些系统功能的通用变频器。它主要应用于水泵、风扇、鼓风机等对系统调速性能要求不高的场合，并具有体积小、价格低等方面的优势。

高性能的多功能通用变频器在设计过程中充分考虑了在变频器应用中可能出现的各种需要，并为满足这些需要在系统软件和硬件方面都做了相应的准备。在使用时，用户可以根据负载特性选择算法对变频器的各种参数进行设定，也可以选择厂家所提供的各种备用选件来满足系统的特殊需要。高性能的多功能通用变频器除了可以应用于简易型变频器的所有应用领域之外，还可以广泛应用于电梯、数控机床、电动车辆等对调速系统的性能有较高要求的场合。

过去，通用变频器基本上采用的是电路结构比较简单的 U／f 控制方式，与矢量控制（VC）方式相比，在转矩控制性能方面要差一些。但是，随着变频技术的发展，目前一些厂家已经推出多功能的通用变频器。这种多功能通用变频器可根据用户需要切换为"U／f 控制运行"或"VC 运行"，而价格与 U／f 控制方式的通用变频器持平。因此，随着电力电子技术和计算机技术的发展，今后变频器的性能价格比将会不断提高。

（2）专用变频器

1）高性能专用变频器

随着控制理论、交流调速理论和电力电子技术的发展，异步电动机的矢量控制（VC）随之发展，量控制变频器及其专用电动机构成的交流伺服系统已经达到并超过了直流伺服系统。此外，由于异步电动机还具有环境适应性强、维护简单等许多直流伺服电动机所不具备的优点，在要求高速、高精度的控制中，这种高性能交流伺服变频器正在逐步代替直流伺服系统。

高性能专用变频器主要是采用矢量控制（VC）方式，20 世纪 90 年代后期转矩控制（DTC）方式开始实用化。高性能专用变频器往往是为了满足特定产业的需要，使变频器能发挥出最佳性能价格比而设计生产的。例如：在冶金行业，针对可逆轧机的高速性；在数控机床主轴驱动专用变频器中，为了便于和数控装置配合，要求缩小体积做成整体化结构；其他如电梯、地铁车辆等均要满足其特殊要求。

2）高频变频器

在超精密机械加工中常要用高速电动机。为了满足其驱动的需要，出现了采用 PAM 控制的高频变频器，其输出主频可达 3kHz，驱动两极异步电动机时的最高转速为 180000r/min。

3）高压变频器

高压变频器一般是大容量的变频器，最高功率可达 5000kW，电压等级为 3kV、6kV 及 10kV。

2.1.4　通用变频器

码 2-2　变频
调速系统

我国自 20 世纪 80 年代引进交流变频器技术，经过几十年的发展，其应用领域更加广泛，应用水平也得到了很大提高，变频器自身也经历了几番更新换代。当前市场上流行的变频器品牌，不仅有早期的"富士""安川""三菱""三垦""日立""东芝"

等日本产品与德国西门子公司的"SIEMENS"系列产品，欧美的一些大公司也相继登陆中国市场，而且占据相当大的一部分市场份额，例如施耐德、ABB、丹佛斯、罗克韦尔（A-B）、KEB（科比）等。我国港台地区的变频器品牌有"普传""台安""台达""爱德利"等，内地的变频器产业也蓬勃兴起，如深圳的"华为"、山东的"惠丰"以及"安邦信""森兰""佳灵"等。现在市场上各种品牌的变频器琳琅满目，性能档次各不相同，操作系统也不一样。一般来说，欧美国家的产品以性能先进、可靠性好、适应性强而著称；日本产品以外形小巧、功能多而见长；国产的品牌，则以符合国情、功能简单实用、具有价格优势在变频器市场中占有一席之地。作为目前的主流机型，例如富士 FRN-G9s/P9s 系列、三菱 FRA540/FR-F540 系列、西门子 G120 系列、安川 VS 616G5 系列、三垦 SAMCO i/iP 系列等，这些变频器在功能、操作、维护及应用注意事项等方面相差不多。

2.1.5　任务检测

1．（填空题）变频器按直流电源性质可分为和_____和_____。
2．（填空题）变频器按输出电压调节方式可分为_____、_____和_____。
3．（填空题）变频器按用途分类可以分为_____和_____。
4．（单选题）高压变频器一般是大容量的变频器，下列哪个是高压变频器（　　）。
　　A．380V　　　　　　B．220V　　　　　　C．3kV
5．（判断题）变频器采用矢量控制时，一台变频器可以同时拖动多台电动机。（　　）

任务 2.2　认识西门子 SINAMICS 变频器

【任务引入】

1．工作情境

（1）工作情况

变频器的应用范围不断扩大，通用变频器不仅在工业的各个行业广泛应用，就连家庭也逐渐成为通用变频器的应用市场。本任务属于认识变频器学习情境下的子任务。具体包括 SINAMICS 变频器产品介绍及 SINAMICS G120 变频器结构分析。

（2）工作环境

1）西门子 SINAMICS 变频器系列的应用领域很多，包括：搅拌机 / 轧机、塑料机械、纸加工机械、机床、泵 / 风机 / 压缩机、纺织机械、包装机械、传送带系统、印刷机械、木工机械、可再生能源等。归纳起来主要是：

● 生产工业中的泵及风机应用。
● 离心机、压机、挤出机、升降机以及传送带和运输系统中的复杂单电动机驱动。
● 纺织机械、塑料机械和造纸机械以及轧钢设备中的复合驱动系统。
● 用于风电涡轮机控制的精密伺服驱动系统。
● 用于机床、包装机械和印刷机械的高动态伺服系统。

2）相关连接。电力电子器件，变频器的结构及原理，为认识西门子 SINAMICS 产品做好知识储备。

3）相关设备。异步电动机及负载。

2. 任务要求和工作要求

本任务包括西门子 SINAMICS 产品、SINAMICS G120 变频器结构及 SINAMICS G120 变频器控制端子及接线。通过本任务的学习，使学生认识 SINAMICS G120 变频器的结构及控制端子接线，为后续内容学习奠定基础。

【任务目标】

1. 知识目标

1）了解西门子 SINAMICS 系列产品；

2）明白 SINAMICS G120 变频器结构组成；

3）明白 SINAMICS G120 变频器控制单元端子。

2. 能力目标

1）会查阅有关西门子变频器的相关文献；

2）能分析 SINAMICS G120 变频器结构组成；

3）能根据调 SINAMICS G120 变频器控制单元端子进行接线；

4）具有工作现场和紧急事件处理能力。

3. 素质目标

1）具有科技报国的社会责任感和职业认同；

2）培养规则规矩意识；

3）培养安全意识；

4）培养标准意识；

5）培养团队协作意识。

【任务分析】

SINAMICS 是西门子推出的产品范围宽广的驱动器系列，适用于工业领域的机械和设备制造。SINAMICS 适用于过程工业中简易泵和风机的控制，也适用于控制要求苛刻的离心机、压力机、挤压机、升降机、输送和运输设备，还适用于纺织机、薄膜机和造纸机以及轧钢设备的多轴驱动，生产风力叶轮的高精度伺服驱动装置，机床、包装和印刷设备使用的高动态伺服驱动装置。

2.2.1 西门子 SINAMICS 产品介绍

SINAMICS 系列产品可以满足制造业领域各种控制要求，实现变频调速控制。此外，SINAMICS 系列产品还配备了编程软件，容易实现基本参数的建立和整个工艺流程的控制，基于以上特点，西门子变频器 SINAMICS 系列产品种类越来越多地为消费者所运用，根

码2-3　G120
变频器分类

据使用范围和工艺需求的不同，西门子变频器分为低压变频器、高压变频器和直流变频器。

低压变频器主要包括 SINAMICS V 高品质变频器系列、SINAMICS G 高性能单机驱动变频器系列及 SINAMICS S 高性能单 / 多机驱动变频器系列，另外还有 MICROMASTER 通用型变频器、SIMOVERT MASTERDRIVE 工程型变频器及用于 SIMATIC ET200IO 站的变频器。以及 SIMODRIVE 变频器系统、Loher DYNAVERT 专用型驱动系统及 SINAMICS 大功率光伏电站专用逆变单元等。

高压变频器包括适用于电压等级为 2.3～11kV 的各种不同 SINAMICS 系列变频器，例如 SINAMICS 系列的 GH180、GM150、SM150、GL150 和 SL150 等。

直流变频器包括 SINAMICS DCM、SIMOREG DC-MASTER 和 SIMOREGCM 等，应用于直流电压场合。

2.2.2 SINAMICS G120 变频器结构分析

1．SINAMICS G120 系列变频器

SINAMICS G120 系列变频器主要包括 G110、G110D、G120、G120P、G120C、G120D、G120L、G130 和 G150 等。

其中，G120 系列变频器对步进电动机进行低成本、高精度的转速 / 转矩控制。从结构形式的不同，主要分为内置式变频器（例如 G120、G120P、G120L）、紧凑型变频器（例如 G120C）和分布式变频器（例如 G120D）。

2．G120 变频器组成

无论泵送、通风、压缩、移动还是过程加工，SINAMICS G120 都是满足最广泛要求的通用驱动器。它在通用机械制造以及汽车、纺织和包装行业都有着明显优势。其模块化的设计以及 0.55～250kW 的大功率范围将能够确保用户应用配置最佳的变频器。与此同时，使用 SINAMICS G120，减少备件库存而产生的灵活性和成本节约也体现出它的优越性。

本书以 G120 内置式变频器为例，介绍其结构及组成。G120 内置式变频器由控制单元 CU、功率模块 PM、操作面板 BOP-2/IOP 以及变频器系统其他部件组成，通常称之为标准变频器，如图 2-7 所示。

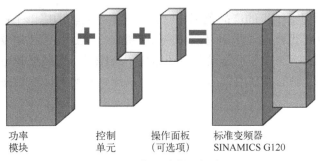

功率　　控制　　操作面板　　标准变频器
模块　　单元　　（可选项）　SINAMICS G120

图 2-7　标准变频器组成

（1）控制单元 CU

控制单元用于控制和监测功率模块。控制单元具有多种设计，主要区别在于控制端子分配以及现场总线接口不同。控制单元 CU 的型号主要包括 CU230P-2、CU240E-2 和 CU250S-2

等。本书将采用 CU240E-2 控制单元作为示例。此控制单元设计独立操作，用于普通机械制造应用领域，比如传送带、混料机、挤出机等，无编码器，如图 2-8 所示。

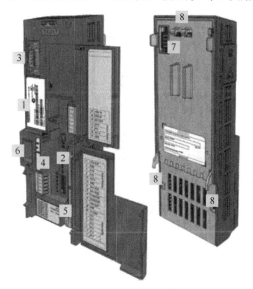

1	铭牌
2	用于模拟输入和现场总线地址的DIP开关
3	操作面板（BOP-2或IOP）接口
4	状态LED
5	数字和模拟输入、输出端子
6	用于STARTER的USB接口
7	功率模块接口
8	固定卡夹

图 2-8　CU240E-2 控制单元

（2）功率模块 PM

功率模块用于为电动机供电，由控制单元 CU 里的微处理器实现对交流电动机的驱动控制。此设备可提供多种尺寸，功率范围为 0.37～250kW。SINAMIC G120 内置式变频器主要功率型号包括：PM230、PM240、PM240-2 和 PM250 等。本书中以 PM240-2 功率模块为例，PM240-2 功率模块是按照不进行再生能量回馈设计的，制动中产生的再生能量通过外接制动电阻转换成热能消耗，如图 2-9 所示。PM240 功率模块可穿墙式安装，广泛应用于通用的机械制造领域。

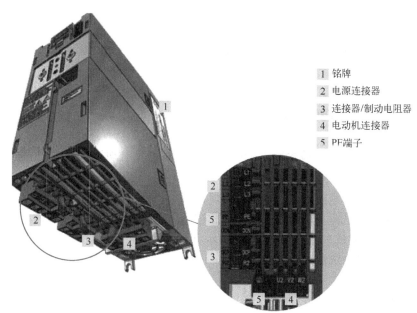

1	铭牌
2	电源连接器
3	连接器/制动电阻器
4	电动机连接器
5	PF端子

图 2-9　PM240-2 外形尺寸

（3）操作面板 BOP-2/IOP

基本操作面板 BOP-2 和智能操作面板 IOP 用于操控和监测变频器，如图 2-10 所示。

a) BOP-2面板   b) IOP面板

图 2-10 操作面板

BOP-2 用于调试、诊断（故障检测）和显示变频器的状态。最多可以同时并连续监测 2 个状态值。其菜单结构合理、清晰，操作按键功能明确，使菜单浏览变得非常简单。

使用智能操作面板可以设置变频器参数，启动变频器，监测电动机的当前运行情况以及获取有关故障和报警的重要信息。无需专业知识，即可使用所有这些功能。

（4）其他变频器组件

1）电源电抗器

电源电抗器可提供过电压保护，抑制电网谐波，并减少整流电路换相时产生的电压缺陷。当系统的故障率高时，需要加装电源电抗器以保护变频器不受过大的谐波电流的干扰，从而防止过载，并将进线谐波限制在允许的值内。FSA 尺寸的适用于 PM240-2 功率模块，FSGX 尺寸的适用于 PM240 功率模块。

2）电源滤波器

使用电源滤波器可以使变频器达到更高的抗射频干扰级。

3）输出电抗器

输出电抗器能降低电动机绕组的电压负载，并且可以通过电缆的电容性充放电降低变频器负载。电动机电缆较长时需要一个或两个输出电抗器。

4）正弦滤波器

变频器输出端上的正弦滤波器可限制电压增长速率以及电动机绕组的峰值电压。允许的最大电动机电缆长度因此增加到 300m。

使用正弦滤波器时注意以下几点：运行时脉冲频率只允许在 4～8kHz 之间。功率在 110kW以上的功率模块（根据铭牌）只允许 4kHz 的脉冲频率。变频器功率降低 5%。电压位于 380～480V 之间时，变频器的最大输出频率为 150Hz。正弦滤波器不可以空转，连接了电动机后方可运行和调试。无需输出电抗器。

5）制动电阻

制动电阻可以使大转动惯量的负载迅速制动。功率模块可以通过集成的制动削波器来控制制动电阻。图 2-11 所示是一个用于功率模块 PM240-2 的制动电阻示例。

6）制动继电器

制动继电器有一个用于控制电动机抱闸的开关触点（常开触点），如图 2-12 所示。

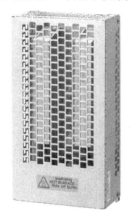

图 2-11　PM240-2 的制动电阻

图 2-12　制动继电器

2.2.3　任务检测

1.（填空题）G120 内置式变频器由控制单元 CU、_____和_____以及变频器系统其他部件组成。

2.（判断题）电源电抗器可提供过电压保护，抑制电网谐波，并减少整流电路换相时产生的电压缺陷。（　　）

3.（判断题）若变频器不防水也不防灰尘，可能会损坏变频器。（　　）

4.（判断题）制动电阻越大越好。（　　）

5.（简答题）输出电抗器的作用是什么？

任务 2.3　G120 变频器的安装与接线

【任务引入】

1. 工作情境

（1）工作情况

无论泵送、通风、压缩、移动还是过程加工，SINAMICS G120 都是满足最广泛要求的通用驱动器。它在通用机械制造以及汽车、纺织和包装行业都有着明显优势。其模块化的设计以及 0.55～250kW 的大功率范围将始终确保用户可以为具体应用配置最佳的变频器。同样显而易见的是，使用 SINAMICS G120，用户将受益于模块化设计所带来的众多可能性，包括因减少备件库存而产生的灵活性和成本节约。此外，它还一直保持高度的用户友好性，从安装到维护。SINAMICS G120 是 SINAMICS 驱动器全系列的组成部分。

（2）工作环境

1）变频器设计用于高电平磁场的工业环境中，只有采用电磁兼容安装才能确保运行的可靠与稳定。为此，应对控制柜与机器或设备进行电磁兼容区域划分。为了使变频器能稳定地工作，发挥所具有的性能，必须确保设置环境能充分满足 IEC 标准及国标对变频器所规定环境的允许值。

2）相关连接。变频器设置场所、变频器的安装环境及变频器的安装步骤，为安装西门子 G120 变频器做好知识储备。

3）相关设备。异步电动机及负载。

2．任务要求和工作要求

本任务包括 SINAMICS G120 设置场所、安装环境、安装步骤及安装与接线。通过本任务的学习使学生掌握 SINAMICS G120 变频器安装与接线方法，为后续内容学习奠定基础。

【任务目标】

1．知识目标

1）了解 SINAMICS G120 变频器的设置场所；
2）明白 SINAMICS G120 变频器的安装环境；
3）明白 SINAMICS G120 变频器的安装步骤。

2．能力目标

1）会查阅有关西门子变频器的相关文献；
2）会进行 SINAMICS G120 变频器安装与接线；
3）具有工作现场和紧急事件处理能力。

3．素质目标

1）具有科技报国的社会责任感和职业认同；
2）培养规则规矩意识；
3）培养安全意识；
4）培养标准意识；
5）培养团队协作意识。

 【任务分析】

2.3.1 变频器的设置场所

为了使变频器能稳定地工作，发挥所具有的性能，必须确保设置环境能充分满足 IEC 标准及国标对变频器所规定环境的允许值。总体要求是：电气室应湿气少、无水浸入；无爆炸性、燃烧性或腐蚀性气体和液体，粉尘少；装置容易安装；应有足够的空间，使维修检查容易进行；应备有通风口或换气装置，以排出变频器产生的热量；应与易受变频器产生的高次谐波和无线电干扰影响的装置隔离；安装在室外时必须单独按户外配电装置设置。

对变频器的设置场所的具体要求如下：

1．周围温度

变频器运行中周围温度的允许值多为 0～40℃或-10～50℃，避免阳光直射。

（1）上限温度

单元型装入配电柜内或控制盘内等使用时，考虑柜内预测温升 10℃，则上限温度多定为50℃。变频器为全封闭结构、上限温度为40℃的壁挂用单元型装入配电柜内使用时，为了减少温升，可以装设通风管或者去掉单元外罩等。

（2）下限温度

周围温度的下限值多为0℃或-10℃，以不冻结为前提条件。

2. 周围湿度

变频器周围湿度推荐为 40%～90%。要防止水或水蒸气直接进入变频器内，以免引起漏电，甚至打火。而周围湿度过高，会使电气绝缘性能降低或金属部分被腐蚀。所以，变频柜安装平面应高出水平地面800mm以上。

3. 周围气体

作为室内设置，其周围不可有腐蚀性、爆炸性或燃烧性气体。还要选择粉尘和油雾少的设置场所。

4. 振动

耐振性因机种而不同，设置场所的振动加速度多被限制在 0.3～0.6g 以下。对于机床、船舶等事先能预测振动的场合，必须选择有防振措施的机种。

5. 海拔

变频器设置场所的海拔规定在 1000m 以下。因为海拔高使气压下降，容易产生绝缘破坏。海拔高冷却效果也下降，须注意温升。海拔 1000m 以上的额定电流值将减小，1500m 减小为99%，3000m 减小为96%。从1000m开始，每超过100m允许温升下降1%。

2.3.2 安装环境

1. 温度

由于变频器工作过程中会导致变频器发热，在设计配电柜或电气室、设置场所时，必须考虑变频器工作时其周围温度要控制在允许范围以内。

（1）防止配电柜发热

需要采取加大配电柜的尺寸，或增加换气风量等方法。

配电柜内布置应注意：

1）考虑到柜内温度的升高，不应将变频器放在密封的小盒中或在其周围空间堆放零件、热源等。

2）配电柜内的温度应不超过50℃。

3）在配电柜内安装冷却扇时，应设计成使冷却空气能通过热源部分。变频器和风扇安装位置不正确将导致变频器周围的温度超过允许的数值。

4）将多台变频器安装在同一装置或控制箱里时，为减少相互热影响，建议横向并列安放。

（2）防止电气室或设置场所过热

因变频器的发热使电气室或设置场所的温度升高时可采取以下措施：

1）设置通风口或换气装置时，要注意其构造，充分考虑到不要有湿气的侵入和强风时雨水的侵入。

2）设置冷房装置，强制降低周围温度。冷房装置要根据发热量来选择。选择要领请参考与空调有关的文献。

2. 湿度

（1）环境的湿度策略

变频器如果放置在湿度高的地方，常常发生绝缘劣化和金属部分的腐蚀。如果受设置场所的限制，不得已放置在湿度较高的场所，房屋应尽可能采用密闭式结构，利用冷房装置等进行除湿。

（2）变频器的湿度策略

在设置变频器的配电柜中，为防结露应装设空间对流加热器。变频器运转时，则切断加热器回路。

2.3.3 安装与接线

1. 变频器的安装步骤

（1）核对变频器参数

核对要安装的变频器铭牌，检查变频器外观是否完好无损，详细阅读变频器的使用说明书，了解其性能指标，明确安装环境。

（2）设计配电柜

根据变频器型号、所用外围电气元件的多少及布线特点，综合设计配电柜的大小和形状，并根据变频器及外围电气元件位置预留安装孔和通风孔。

（3）安装外围电气设备

初步安装相关的外围电气设备。

（4）变频器机体固定

1）把变频器用螺栓垂直安装在坚固的物体上，而且应该从正面就可以看见变频器正面的文字位置，不要上下颠倒或平放安装。

2）变频器在运行中会发热，为确保冷却风道畅通，应该按图 2-13 所示的空间安装（电线、配线槽不要通过这个空间）。由于变频器内部热量从上部排出，所以不要安装到不耐热设备的下方。

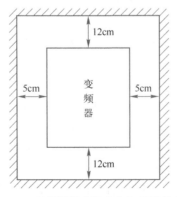

图 2-13　变频器的安装方向与周围的空间

3）变频器在运行中，散热板的附近温度可达到 90℃，所以变频器背面的安装面要使用耐温材料。

4）变频器安装在控制柜内时，要充分注意换气，防止变频器周围温度超过额定值。且不要将变频器放在散热不良的小密闭箱柜内。

2. G120 变频器的机械安装

（1）安装功率模块附件

安装功率模块的附件时，可以依照功率模块的外形尺寸，进行底部安装和侧面安装。对于外形尺寸 FSA、FSB 和 FSC 的功率模块 PM240 和 PM250，电抗器、滤波器和制动电阻为底座型部件，允许的底座型部件组合方式如图 2-14 所示。底座型部件也可以和其他组件一样，安装在功率模块的侧面。

① 电源滤波器、电源电抗器、制动电阻、输出电抗器或正弦滤波器

① 电源滤波器或电源电抗器
② 制动电阻

① 电源滤波器
② 电源电抗器

① 电源滤波器或电源电抗器
② 输出电抗器或正弦滤波器

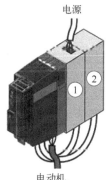
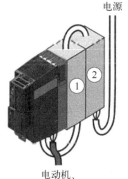
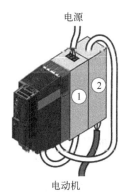

电动机、输出电抗器或正弦滤波器　　电动机、输出电抗器或正弦滤波器　　电动机、输出电抗器或正弦滤波器　　电动机

图 2-14　安装功率模块附件步骤

（2）安装功率模块

1）将功率模块安装在控制柜中。

2）保持与控制柜中其他组件之间的最小间距。

3）垂直安装功率模块，电源和电动机端子朝下。

4）根据功率模块端子配置连接电动机电缆和电源电缆。

5）使用紧固件，按照要求的紧固扭矩（3N·m）固定和安装功率模块。

 注意：如果安装穿墙式功率模块，则在将穿墙式设备装入控制柜内时，需要使用一个安装框架。西门子安装框架配有必要的密封件和外框，可保证安装达到防护等级 IP54。

另外，为满足电磁兼容要求，必须将变频器安装在没有喷漆的金属表面上。

（3）安装控制单元

控制单元的安装比较简单。功率模块正面有 4 个狭窄矩形卡槽，安装时，先将控制单元背面突起部分斜向下卡在功率模块正面下方的两个卡槽上，然后将控制单元平推并卡入功率模块正面的所有卡槽，直到听到咔嚓一声，如图 2-15、图 2-16 所示。

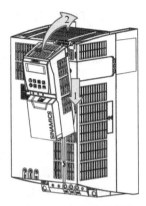

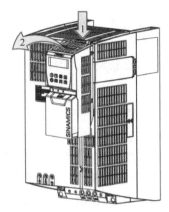

图 2-15　安装控制模块　　　　　　图 2-16　拆装控制模块

（4）安装操作面板

将操作面板 BOP-2 或 IOP 的外壳底边插入控制单元壳体正面中间的较低凹槽位，然后将操作面板推入控制单元，直至操作面板顶部的蓝色释放按钮卡入控制单元壳体，如图 2-17 所示。

3．电气连接

（1）电磁兼容

如图 2-18 所示，A 区为电源端子区；B 区为功率电子元器件，该区中的设备生成磁场；C 区为控制系统和传感器区，其功能受磁场的影响；D 区为电动机和制动电阻等设备区，该区中的设备生成磁场。保证设备安全间距≥25cm，使用独立金属外壳或大面积隔板对区域消除电磁耦合。将不同区域的电缆敷设在分开的电缆束或电缆通道中。在区域的接口处使用滤波器或隔离放大器，以便实现电磁兼容安装。

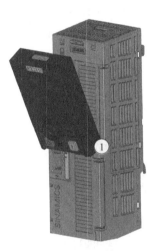

图 2-17　安装操作面板

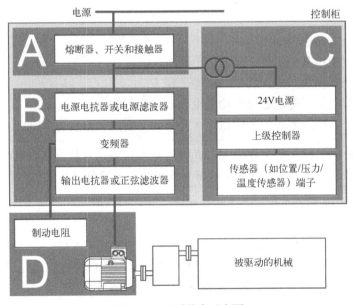

图 2-18　电磁兼容示意图

（2）变频器功率模块与电源的连接

1）如果变频器功率模块的端子上有外盖，打开外盖。

2）将电源电缆连接到功率模块端子 U1 / L1、V1 / L2 和 W1 / L3 上。

3）将电源的保护接地线连接到变频器功率模块的 PE 端子上。

4）如果变频器功率模块的端子上有外盖，合上外盖。

（3）保护地线

变频器接地电阻应小于或等于国家标准规定值，且用较粗的短线接到变频器的专用接地端子 PE 上。当变频器和其他设备，或有多台变频器一起接地时，每台设备应分别与大地相接，而不允许将一台设备的接地端与另一台的接地端相接后再接地，如图 2-19 所示。

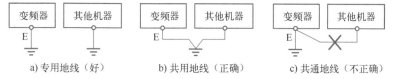

a) 专用地线（好）　　　　b) 共用地线（正确）　　　　c) 共通地线（不正确）

图 2-19　变频器接地方式示意图

（4）变频器功率模块与异步电动机的连接

图 2-20 所示为异步电动机的星形接法；图 2-21 所示为异步电动机的三角形接法。

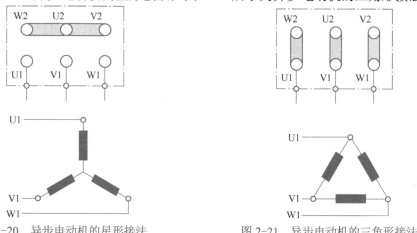

图 2-20　异步电动机的星形接法　　　　　图 2-21　异步电动机的三角形接法

① 电动机电缆连接到变频器功率模块端子的 U2、V2、W2 和 PE 上。

② 电动机电缆连接到异步电动机接线盒的 U1、V1、W1 和接地端子。

（5）连接制动电阻

将制动电阻连接全变频器上，可监控制动电阻的温度。如图 2-22 所示，将制动电阻的温度监控端子（T1 和 T2）连接至变频器上空闲的数字量输入，将数字量输入的功能定义为输出外部故障。例如，对于数字量输入 DI 3，设置 p2106 = 722.3。

 注意：只允许使用和变频器配套的制动电阻，并且应按规定安装制动电阻；由于制动电阻的温度在工作期间会急剧上升，故在运行期间不要接触制动电阻。

4. G120 变频器控制端子及接线

（1）控制端子定义

打开控制单元正面门盖，可以看到控制单元正面的接口，以 CU240E-2 为例，如图 2-23 所示。

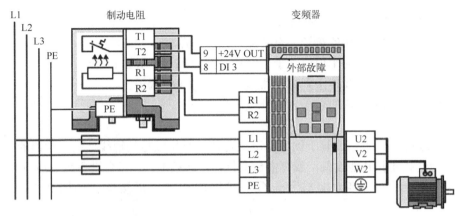

图 2-22　变频器连接制动电阻接线图

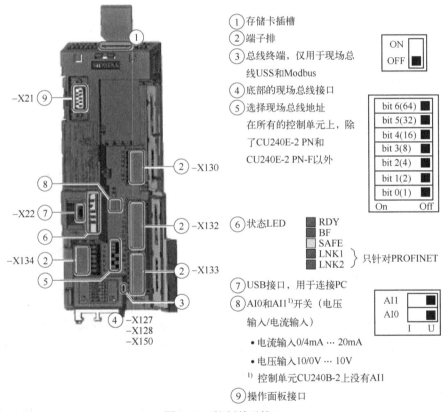

① 存储卡插槽
② 端子排
③ 总线终端，仅用于现场总线USS和Modbus
④ 底部的现场总线接口
⑤ 选择现场总线地址
　在所有的控制单元上，除了CU240E-2 PN和CU240E-2 PN-F以外
⑥ 状态LED　RDY　BF　SAFE　LNK1　LNK2 }只针对PROFINET
⑦ USB接口，用于连接PC
⑧ AI0和AI1[1]开关（电压输入/电流输入）
　• 电流输入0/4mA … 20mA
　• 电压输入10/0V … 10V
　[1] 控制单元CU240B-2上没有AI1
⑨ 操作面板接口

图 2-23　控制单元接口

（2）CU240E-2 控制单元端子排及接线图

控制单元 CU240E-2 系列控制单元上的端子排及接线如图 2-24 所示。数字量输入端子为 DI0~DI5、数字量输出端子为 DO0~DO2，模拟量输入端子为 AI0、AI1，模拟量输出端子为 AO0、AO1。在连接端子排时，如果连接了不合适的电源，所产生的危险电压可引发生命危险；在出现故障时，接触带电部件可能会造成人员重伤，甚至是死亡。所有的连接和端子只使用可以提供 SELV（safety extra low voltage，安全低压）或 PELV（protective extra voltage，保护低压）输出电压的电源。24V 输出短路时会损坏控制单元和 CU240E-2 PN-F，同时出现下列情况时，可能会导致控制单元故障。

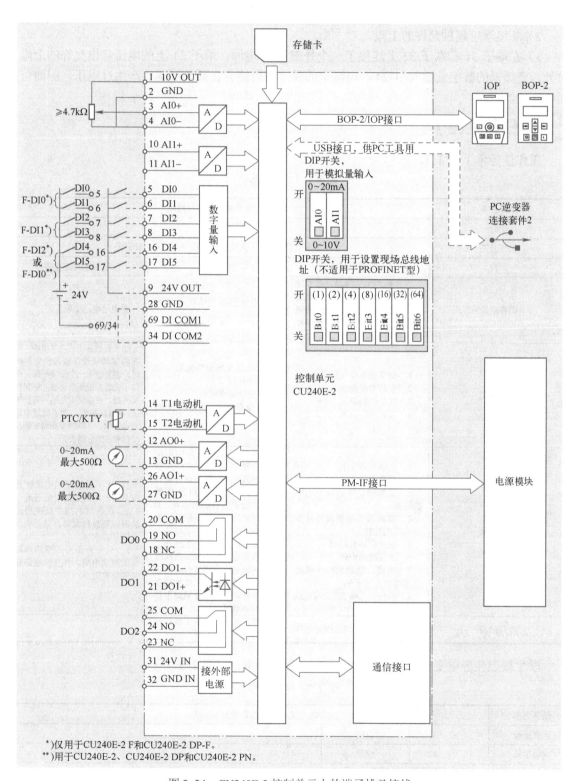

图 2-24 CU240E-2 控制单元上的端子排及接线

1）变频器运行时，端子 9 上的 24V 输出出现短路。

2）环境温度超过允许的上限。

3）在端子 31 和端子 32 上连接了一个外部 24V 电源，端子 31 上的电压超出允许的上限。另外，变频器的数字量输入和 24V 电源上的长电缆可能会在开关过程中产生过电压，因而可能损坏变频器。

 【任务实施】

工作任务单见表 2-1。

表 2-1　工作任务单

工作任务	G120 变频器安装与接线		
学时	2 学时		
责任分工	1 人负责监督，1 人负责执行指令，1 人负责记录		
阶段	实施步骤	防范措施	应急预案与注意事项
准备阶段	对于标准型变频器，在安装之前需要检查所需的变频器组件是否齐全、安装所需要的组件及零部件是否齐全，然后按照步骤进行安装	检查电源及接地状况是否正常	安全用电，文明生产
机械安装	1. 安装功率模块附件 2. 安装功率模块 3. 安装控制单元 4. 安装操作面板	1. 依据安装说明安装功率模块的附件 2. 安装功率模块 3. 安装控制单元和操作面板	如果安装穿墙式功率模块，则在将穿墙式设备装入控制柜内时，需要使用一个安装框架。西门子安装框架配有必要的密封件和外框，可保证安装达到防护等级 IP54。另外，为了满足电磁兼容要求，必须将变频器安装在没有喷漆的金属表面上
电气安装	1. 电磁兼容安装 2. 功率模块的接口 3. 变频器功率模块与电源的连接 4. 变频器功率模块与异步电动机的连接 5. 连接电动机抱闸 6. 连接制动电阻 7. 电源、电动机和变频器功率模块连接示例 8. 控制单元端子定义与接线	设备分区：A 区为电源端子区；B 区为功率电子元器件，该区中的设备生成磁场；C 区为控制系统和传感器区，其功能受磁场的影响；D 区为电动机和制动电阻等设备区，该区中的设备生成磁场 保证设备安全间距≥25cm，使用独立金属外壳或大面积隔板对区域消除电磁耦合。由于制动电阻的温度在工作期间会急剧上升，故在运行期间不要接触制动电阻	1. 将不同区域的电缆敷设在分开的电缆束或电缆通道中 2. 在区域的接口处使用滤波器或隔离放大器，以便实现电磁兼容安装 3. 只允许使用和变频器配套的制动电阻，并且按规定安装制动电阻
收尾阶段	整理工具，填写工作记录单	检查工具或异物有无落在外壳内	

学生按照任务单要求完成任务，并填写学生工作页，见表 2-2。

表 2-2　学生工作页

任务名称	G120 变频器安装与接线		
实训班级		组别	
实训组长		成员	
实训任务	G120 变频器安装与接线： 1. 熟悉变频器安装步骤 2. 按步骤对变频器进行机械安装 3. 按步骤对变频器进行电气安装 4. 填写工作日志		

（续）

任务名称	G120 变频器安装与接线		
实训班级		组别	
实训组长		成员	
任务分工	操作员 主要任务：＿＿＿＿＿＿＿＿＿＿＿＿＿＿＿＿ 记录员 主要任务：＿＿＿＿＿＿＿＿＿＿＿＿＿＿＿＿ 报告员 主要任务：＿＿＿＿＿＿＿＿＿＿		
注意事项	1. 将不同区域的电缆敷设在分开的电缆束或电缆通道中 2. 在区域的接口处使用滤波器或隔离放大器，以便实现电磁兼容安装 3. 只允许使用配套的制动电阻，并且按规定安装制动电阻		
过程记录	1. 安装功率模块附件正确与否 2. 安装功率模块正确与否 3. 安装控制单元正确与否 4. 安装操作面板正确与否 5. 功率模块的接口正确与否 6. 变频器功率模块与电源的连接正确与否 7. 变频器功率模块与异步电动机的连接正确与否		
问题反馈			

2.3.4　任务检测及评价

1. 小组互评

小组互评表见表 2-3。

表 2-3　G120 变频器安装与接线小组互评表

项目名称	G120 变频器安装与接线		小组名称			
序号	完成项目	验收记录	整改措施		完成时间	分数
1	安装功率模块附件					
2	安装功率模块					
3	安装控制单元					
4	安装操作面板					
5	电磁兼容安装					
6	功率模块的接口					
7	变频器功率模块与电源的连接					
8	变频器功率模块与异步电动机的连接					
9	电源、电动机和变频器功率模块连接示例					
10	控制单元端子定义与接线					
总得分						

验收结论：

签字：　　　　　　　　　　时间：

2.展示评价

展示评价见表2-4。

表2-4 G120变频器安装与接线评价表

序号	评价项目	评价内容	权重（%）	分数	学习情况记录
1	职业素养（15%）	分工合理，团队意识强，无旷课迟到	5		
		爱岗敬业，安全意识，责任意识	5		
		遵守安全规程、行业规范、现场5s标准	5		
2	专业能力（75%）	正确进行变频器机械连接	10		
		变频器功率模块与电源连接正确	5		
		变频器功率模块与异步电动机连接正确	15		
		电源、电动机和变频器功率模块连接正确	15		
		电磁兼容部分安装正确	10		
		施工合理、操作规范，在规定时间内正确完成任务	10		
		安全施工、质量、文明、团队意识强（工具保管、使用、收回情况；设备摆放、场地整理情况），无旷课、迟到现象	10		
3	创新意识（10%）	创新型思维和行动	10		
	总得分				

3.思考与练习

（1）（判断题）多台变频器安装在同一控制柜内，每台变频器必须分别和接地线相连。（　　　）

（2）（简答题）变频器为什么要进行电磁兼容安装？

（3）（简答题）异步电动机星形接法和三角形接法有什么区别？

（4）（简答题）变频器对周围场所有什么环境要求？

（5）（简答题）G120变频器如何连接制动电阻？

学习情境 3　变频器的基本调试

变频器初次调试或者更换硬件及电动机，均需要对其进行基本调试和参数设置，将所控制电动机的参数输入到变频器当中，通过参数计算和优化功能，形成电动机模型，实现变频器对电动机的最优控制。西门子 G120 变频器可以使用基本操作面板 BOP-2、智能型操作面板 IOP、安装有 STARTER 或者 SIMOTION 软件的 PC、安装有 Startdrive 的 PC、基于网络的操作单元 SmartAccess 进行基本调试。下面分任务介绍目前几种常用工具和软件对 G120 变频器的基本调试。

任务 3.1　用 BOP-2 面板对变频器调试

BOP-2 是 G120 变频器的基本操作面板，G120 可以通过 BOP-2 实现驱动调试、运行监控以及个性化的参数设置。

基本操作面板 BOP-2 旨在增强 SINAMICS 变频器的接口和通信能力。它通过一个 RS232 接口连接到变频器。能够自动识别 SINAMICS 系列的下列所有控制单元：

- SINAMICS G120 CU230P-2。
- SINAMICS G120 CU240B-2。
- SINAMICS G120 CU240E-2。
- SINAMICS G120 CU250S-2。
- SINAMICS G120C。

【任务引入】

该任务要求使用 BOP-2 基本操作面板对 G120 变频器进行基本调试。具体包括安装控制面板、变频器工厂复位、进入快速模式、设置基本参数、输入电动机参数、静态优化、使用面板操作变频器控制电动机点动、起停、按照设定速度运行等任务。

1. 所需设备

G120 变频器、G120 控制单元、BOP-2 基本操作面板、开关、三相异步电动机。

2. 所需工具和材料

万用表、螺丝刀、剥线钳、扳手、电线。

3. 任务要求

1）完成变频器主回路接线；

2）安装 BOP-2 基本操作面板；

3）使用 BOP-2 基本操作面板对变频器进行工厂复位；

4）使用 BOP-2 基本操作面板进入变频器快速调试模式；

5）输入三相异步电动机铭牌参数到变频器中；

6）设置变频器基本参数；

7）对电动机进行静态优化，建立电动机模型；

8）使用 BOP-2 面板操作变频器。

4. 安全要求

1）送电前检查变频器输入侧无对地短路现象；

2）送电前检查变频器输出侧无对地短路现象；

3）检查电动机无短路、断路、接地现象且三相电阻平衡；

4）安装面板时保证安装到位；

5）保证主回路接线正确牢固；

6）送电后检查面板显示是否正常；

7）主回路接线时要在变频器停电 5min 后进行，防止触电事故。

【任务目标】

1. 知识目标

1）熟悉 G120 变频器主回路的接线端子；

2）熟悉 G120 基本操作面板 BOP-2 各按键的功能；

3）熟悉 G120 基本操作面板 BOP-2 显示屏图标含义；

4）熟悉 G120 基本操作面板 BOP-2 菜单；

5）掌握从电动机铭牌查阅电动机数据的方法；

6）掌握 BOP-2 基本操作面板对变频器进行快速调试的步骤。

2. 能力目标

1）能够为 G120 变频器主回路接线；

2）会使用万用表对变频器主回路及电动机进行检查；

3）能够熟练使用 BOP-2 基本操作面板菜单；

4）会使用 BOP-2 基本操作面板修改变频器参数；

5）会使用 G120 基本操作面板 BOP-2 对变频器进行参数复位；

6）会使用 G120 基本操作面板 BOP-2 对变频器进行快速调试；

7）会使用 BOP-2 基本操作面板控制电动机运行。

3. 素质目标

1）培养安全用电的意识素养及用电规范；

2）养成送电前检查设备的习惯；

3）养成送电前检查变频器主回路接线准确性的习惯；

4）电气设备停送电要做好确认，不得在设备运行时拉闸停电。

4. 素养目标

电气工作者的安全意识：作为电气工作者，安全意识需要时刻保持在心中。以下是一些常见的安全措施：

1）穿戴正确的个人保护装备。例如手套、安全鞋、护目镜和呼吸器等。

2）在进行电气工作前，首先要切断电源并在电源处贴上警告标志。

3）在接通电源前，必须对设备进行彻底的检查，确保所有电路已正确接线、接插头紧固、绝缘良好、接地可靠、配电盘器件符合要求。

4）当电气设备处于工作状态时，不要插拔电插头或进行维修和更换电路。

5）禁止携带金属物品进入电气工作区域。

6）对于高压电气设备，应由专业人员进行操作和维修，确保自己的安全。

7）电气故障发生时，应立即切断电源，并使用绝缘材料隔离电源和故障区域，直到故障得到处理。

总之，保持良好的安全意识，正确使用设备和装备是保障自己和他人安全的关键。

【任务分析】

根据任务要求，要完成使用 BOP-2 面板对 G120 变频器进行基本调试，要熟悉 BOP-2 基本操作面板，熟悉 PM240 功率模块的主回路接线，熟悉 BOP-2 面板菜单。

3.1.1　G120 基本操作面板 BOP-2

码 3-1　BOP-2 面板的介绍与操作

1. 面板简介

G120 基本操作面板 BOP-2 的控制、显示和连接如图 3-1 所示。

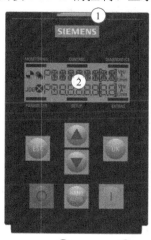 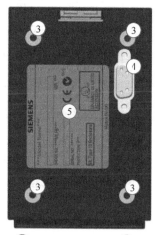

① 释放制动片　② LCD屏幕　③ 螺钉凹槽　④ 连接变频器的接口　⑤ 产品铭牌

图 3-1　基本操作面板 BOP-2

BOP-2 面板配备有两行的 LCD 屏，具有菜单导航功能，使标准型驱动的调试简化。其可同时显示参数、参数值及参数过滤，从而使驱动的基本调试更为简便，且多数情形下无须使用打印的参数列表。

BOP-2 面板配置有七个按键，导航键可方便地实现驱动的手动控制。此外 BOP-2 还设置了独立的切换键，用于在自动模式和手动模式间进行切换。

BOP-2 面板背部的 RS232 接口可直接与 G120 变频器的 CPU 连接，四个螺钉可以与套件配合将 BOP-2 面板安装到电气柜上。

2. 按键功能

BOP-2 基本操作面板按键的具体功能见表 3-1。

表 3-1 基本操作面板 BOP-2 的按键功能

按键	名称	功能
OK	确认键	● 浏览菜单时，按 OK 键确定选择一个菜单项 ● 进行参数操作时，按 OK 键允许修改参数。再次按 OK 键，确认输入的值并返回上一页 ● 在故障屏幕，该键用于清除故障
▲	向上键	● 当浏览菜单时，该键将光标移至向上选择当前菜单下的显示列表 ● 当编辑参数值时，按下该键增大数值 ● 如果激活 HAND 模式和点动功能，同时长按向上键和向下键有以下作用： - 当反向功能开启时，关闭反向功能 - 当反向功能关闭时，开启反向功能
▼	向下键	● 当浏览菜单时，该键将光标移至向上选择当前菜单下的显示列表 ● 当编辑参数值时，按下该键减小数值
ESC	退出 / 返回键	● 如果按下时间不超过 2s，则 BOP-2 返回到上一页。如果正在编辑数值，新数值不会被保存 ● 如果按下时间超过 3s，则 BOP-2 返回到状态屏幕 在参数编辑模式下使用 ESC 键时，除非先按确认键，否则数据不能被保存
I	开机键	● 在 AUTO 模式下，开机键未被激活，即使按下它也会被忽略 ● 在 HAND 模式下，变频器起动电动机；操作面板屏幕显示驱动运行图标
○	关机键	● 在 AUTO 模式下，关机键不起作用，即使按下它也会被忽略 ● 如果按下时间超过 2s，变频器将执行 OFF2 命令；电动机将关闭停机 ● 如果按下时间不超过 3s，变频器将执行以下操作： - 如果两次按关机键不超过 2s，将执行 OFF2 命令 - 如果在 HAND 模式下，变频器将执行 OFF1 命令；电动机将在参数 P1121 中设置的减速时间内停机
HAND AUTO	手 / 自动切换键	● 在 HAND 模式下，按 HAND / AUTO 键将变频器切换到 AUTO 模式，并禁用开机和关机键 ● 在 AUTO 模式下，按 HAND / AUTO 键将变频器切换到 HAND 模式，并启用开机和关机键 在电动机运行时也可切换 HAND 模式和 AUTO 模式

变频器从 HAND 模式切换至 AUTO 模式时，如果开机信号激活，新的设定值启用，变频器自动将电动机更改为新设定值；从 AUTO 模式切换至 HAND 模式时，变频器不会停止电动机运行。变频器将以按下键之前的相同速度运行电动机。任何正在进行中的斜坡函数将停止。

（1）锁定键盘的操作

为了在设备运行时防止误操作，同时按退出键和确认键 3s 或以上会锁定 BOP-2 键盘。

（2）解锁键盘的操作

想要调试设备，同时按退出键和确认键 3s 或以上解锁键盘。

3. 显示屏图标

基本操作面板 BOP-2 在显示屏的左侧显示很多表示变频器当前状态的图标。这些图标的说明见表 3-2。

表 3-2 显示屏图标含义

功能	状态	符号	备注
命令源	手动	✋	当 HAND 模式启用时，显示该图标。当 AUTO 模式启用时，无图标显示
变频器状态	变频器和电动机运行	⊕	静态图标，不旋转

（续）

功能	状态	符号	备注
点动	点动功能激活	JOG	
故障 / 报警	故障或报警等待 闪烁的符号=故障 稳定的符号=报警	✖	如果检测到故障，变频器将停止，用户必须采取必要的纠正措施，以清除故障。报警是一种状态（例如过热），它并不会停止变频器运行

3.1.2　BOP-2 面板菜单结构

基本操作面板 BOP-2 是一个菜单驱动设备，菜单结构如图 3-2 所示，主要有监控"MONITOR"、控制"CONTROL"、诊断"DIAGNOS"、参数"PARAMS"、设置"SETUP"、附加"EXTRAS" 6 个菜单；可以通过向下键浏览菜单，通过确认键选择进入该菜单。

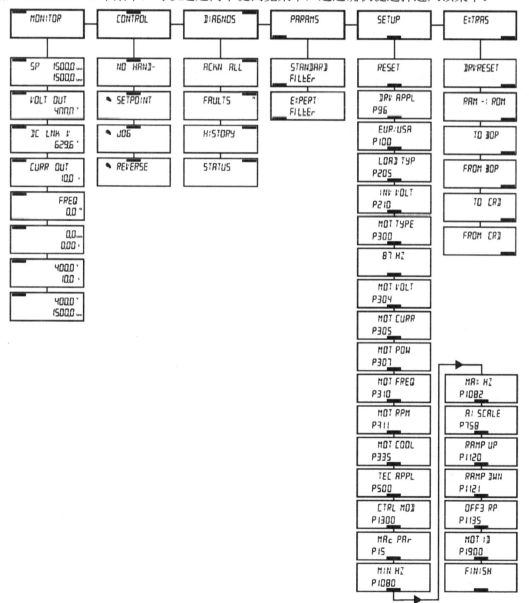

图 3-2　BOP-2 面板菜单结构

1．监控"MONITOR"菜单

监控菜单允许用户轻松访问各种显示系统实际状态的屏幕。通过使用向上键和向下键移动菜单栏至所需的菜单。按 OK 键确认选择并显示顶层菜单。

使用向上键和向下键在各屏幕之间滚动。在监控屏幕上显示的信息是只读信息，不能修改。

2．控制"CONTROL"菜单

控制菜单允许用户访问变频器的以下功能：

- 设定值。
- 点动。
- 反向。

通过使用向上键和向下键移动菜单栏至所需的菜单。按 OK 键确认选择并显示顶层菜单。在访问任何功能前，变频器必须为 HAND 模式。如果没有选择 HAND 模式，屏幕会显示变频器未启动 HAND 模式的信息。按手／自动切换键选择 HAND 模式。

3．诊断"DIAGNOS"菜单

诊断菜单允许用户访问以下功能：

- 确认所有故障。
- 故障。
- 历史记录。
- 状态。

4．参数"PARAMS"菜单

参数菜单允许用户查看和更改变频器参数。有两个过滤器可用于协助选择和搜索所有变频器参数，它们是：

- 标准过滤器：此过滤器可以访问安装有 BOP-2 的特定类型控制单元最常用的参数。
- 专家过滤器：此过滤器可以访问所有变频器参数。

可通过以下方法访问参数：

- 参数编号。
- 参数号和索引号。
- 参数号和位号。
- 参数号、索引号和位号。

5．设置"SETUP"菜单

设置菜单是按固定顺序显示屏幕，从而允许用户执行变频器的标准调试。一旦一个参数值被修改，就不可能取消标准调试过程。在这种情况下，必须完成标准调试过程。如果没有修改参数值，短暂按 ESC 键返回上一页或长按 ESC 键（超过 3s）返回到顶层监控菜单。

当一个参数值被修改，新的数通过按 OK 键确认，之后将自动显示标准调试顺序中的下一个参数。

6．附加"EXTRAS"菜单

附加菜单允许用户执行以下功能：

- DRVRESET——变频器复位到出厂默认设置。
- RAM -> ROM——从变频器 RAM 复制数据到变频器 ROM。
- FROM CRD——从记忆卡读取参数数据到变频器内存中。
- TO CARD——从变频器内存写参数数据到记忆卡上。
- FROM BOP——从 BOP-2 读取参数数据到变频器内存中。
- TO BOP——从变频器内存写参数数据到 BOP-2 上。

3.1.3 G120 功率模块

要完成任务，不但要熟悉 BOP-2 面板，还要熟悉 G120 变频器功率模块的接线。

功率模块是模块化变频器系列 SINAMICS G120 中的一个组件。一个模块化变频器由控制单元和功率模块组成。G120 变频器有以下几种功率模块型号，按功率提供 FSA … FSG 五种结构尺寸：

- 1 AC 200V 0.55~4kW——用于电源电压 1 AC 200~240V。
- 3 AC 200V 0.55~55kW——用于电源电压 3 AC 200~240V。
- 3 AC 400V 0.55~250kW——用于电源电压 3 AC 380~480V。
- 3 AC 690V 11~250kW——用于电源电压 3 AC 500~690V。

功率模块的接线：

功率模块上有易拆式和可交换端子。为方便接线，可以拔出连接器进行主回路的接线，如图 3-3 所示，通过按压红色解扣杆解锁连接器，拔出主回路的接线连接器。

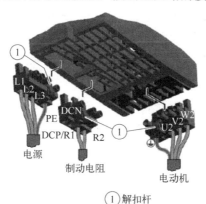

图 3-3 G120 变频器功率模块的端子

 【任务实施】

3.1.4 基本调试

1. 变频器的硬件接线

G120 变频器采用基本操作面板 BOP-2 调试，硬件接线只需将变频器的主回路接线端子分别与电源和电动机连接起来，不需要其他外部接线。变频器的交流电源的输入端子 L1（U1）、

L2（V1）、L3（W1）一般是通过低压断路器或者熔断开关与三相交流电源相连。变频器的输出端子 U2、V2、W2 接到电动机的三个端子上。注意变频器和电动机外壳都要可靠接地。变频器的主回路硬件接线图如图 3-4 所示。

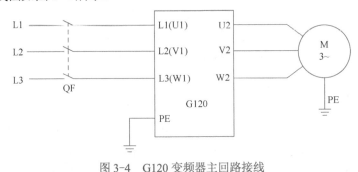

图 3-4　G120 变频器主回路接线

2．BOP-2 的安装

在调试之前需要安装基本操作面板 BOP-2，安装方法如图 3-5 所示。

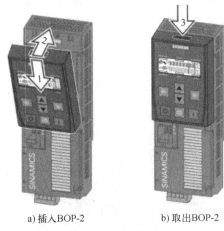

a) 插入BOP-2　　　b) 取出BOP-2

图 3-5　BOP-2 安装

3．上电前的检查

在设备通电前要遵守说明书中要求采取的安全措施和给予的警告。

1）G120 变频器是在高电压下运行的。

2）电气设备运行时，设备的某些部件上存在危险电压。

3）变频器不运行时，电源、电动机及相关的端子仍可能带有危险电压。

4）"紧急停车设备"必须在控制设备的所有工作方式下都保持可控性。无论紧急停车设备是如何停止运转的，都不能导致电气设备不可控的或者未曾预料的再次启动。

5）必须采取附加的外部预防措施或者另外安装用于确保安全运行的装置（例如独立的限流开关、机械联锁等），避免短路故障。

6）在输入电源故障并恢复后，一些参数设置可能会造成变频器的自动再启动。

7）为了保证电动机的过载保护功能正确动作，电动机的参数必须准确地配置。

8）可按照 UL508C 标准在变频器内部提供电动机过载保护。电动机的过温保护功能也可以采用外部 PTC 或 KTY84 来实现。

4. 参数复位

G120 变频器使用 BOP-2 面板恢复出厂设置有两种方法，第一种是使用操作面板利用参数复位，第二种是使用操作面板（BOP-2）利用菜单复位。

（1）使用操作面板利用参数复位

1）设置变频器参数 p0010 = 30，激活恢复出厂设置。

2）设置变频器参数 p0970 = 1，开始复位。

3）等待变频器完成恢复出厂设置，对变频器做重新上电操作。

（2）使用操作面板（BOP-2）利用菜单复位

1）在菜单"EXTRAS"中选择"DRVRESET"。

2）按下"OK"键，确认将变频器恢复出厂设置。

3）等待。在此过程中 BOP-2 将显示"BUSY"，直至 BOP-2 显示"DONE"，变频器恢复出厂设置完成。

4）按"OK"键或"ESC"键返回"EXTRAS"顶层菜单。

5）对变频器做重新上电操作。

5. 快速调试

在变频器第一次通电或者变频器参数与所控制电动机不适合时，需要对变频器进行闭环矢量控制或者 U / f 控制时，必须进行快速调试及电动机参数识别操作。G120 变频器可以通过以下操作部件进行快速调试：

● OP（选件）。

● PC 工具（安装了调试软件 STARTER）。

完成了快速调试，也就完成了电动机-变频器的基本调试。必须在调试开始之前拥有以下数据，或者已经把它们输入到了变频器：

● 输入进线电源频率。

● 输入电动机铭牌数据。

● 命令 / 设定值来源。

● 最小频率 / 最大频率及上升斜坡 / 下降斜坡时间。

● 闭环控制方式。

● 电动机参数识别。

下面就介绍如何通过操作面板 BOP-2 对变频器进行快速调试。

快速调试功能主要完成变频器与电动机的匹配和重要技术参数的设置。如果变频器中保存的额定电动机参数与铭牌数据一致（4-极 1LA Siemens 电动机，星形联结，变频应用电动机）则不需要进行快速调试。

（1）开始快速调试

1）按 ESC 键进入菜单选择。

2）使用向上键和向下键将菜单条移至 SETUP，然后按 OK 键。

3）屏幕将自动按调试顺序显示下一个参数。

ESC → ▲ ▼ → SETUP → OK

现在，快速调试向导启动，引导逐步设置所有相关参数，自动跳过不相关的参数。因此，可以根据电动机要求调整变频器的出厂设置。

（2）变频器复位

1）当 BOP-2 显示 RESET 时，按 OK 键。

2）按向上键或向下键将值改为 YES。

3）按 OK 键并待 BUSY 标志消失。

4）现在所有值均已恢复到出厂设置。

RESET > OK > ▲▼ > **YES** > OK > **BUSY**

（3）设置控制模式（p1300）

在设置控制模式时，假设变频器和电动机均为全新状态。需要执行准备步骤，选择变频器的控制模式。它对应的参数编号是 P1300。出厂设置定义的是"具有线性特性曲线的 U／f 控制"。

1）按 OK 键修改 CTRL MOD 参数值。

2）上面一行显示的是与下面的实际参数值相关的控制模式。

3）按向上键或向下键，选择所需的控制模式值。

4）观察上面一行中的控制模式名称如何相应变化。

5）如果显示所需的控制模式，则按 OK 键。

CTRL MOD > OK > ▲▼ > **VF LIN** > OK

（4）选择电源频率（p100）

下一参数顺序会设置电动机所使用地区的电源频率。在这里，设置所在地区为欧洲。

1）按 OK 键修改 EUR USA 参数值。

2）对于欧洲标准设为 0（50Hz）（1 表示美国标准电源频率 60Hz）。

3）按 OK 键确认数值。

4）屏幕将自动显示调试顺序的下一个参数。

EUR USA > OK > **0** > OK

（5）输入电动机数据

在下一步中，将根据电动机调整变频器。电动机数据可查阅电动机铭牌，请根据铭牌设置数值。

1）按 OK 键编辑 p304 下存储的电动机电压。

2）400V 是默认显示的电动机电压。

3）保留数值并按 OK 键确认。

OK **00** > OK > **400** > OK

电动机铭牌如图 3-6 所示。

图 3-6 中具体参数设置如下：

- p304 = MOT VOLT = 电动机电压。
- p100 = EUR USA = 标准 IEC 或 NEMA。
- p305 = MOT CURR = 电动机额定电流。
- p307 = MOT POW = 电动机额定功率。
- p311 = MOT RPM = 电动机额定转速。

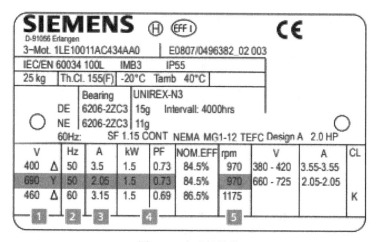

图 3-6　电动机铭牌

（6）电动机数据识别（p1900）

输入电动机数据后，向导会要求激活数据识别。建议执行该功能，以便对输入数据进行验证和优化。电动机数据识别将开始"测定"所连接的电动机。在此过程中，将对比变频器中之前计算的数据与实际电动机数据，并进行调整。

1）按 OK 键确认 MOT ID。

2）按向上键将显示数值改为 1。

$$\boxed{\text{MOT ID}} \rightarrow \boxed{\text{OK}} \rightarrow \boxed{\blacktriangle} \rightarrow \boxed{1}$$

只有基本调试完成且电动机首次起动后，电动机数据识别过程才会开始。

（7）激活命令源和设定值来源的预定义设置（p15）

在下一步中，即可激活变频器接口的预定义设置。此项设置存储在参数编号 15 中，用"MAc PAr"（宏设置）表示。例如，变频器为设置命令源和设定值来源提供不同的预定义宏。

1）按 OK 键激活 MAc PAr 宏参数设置。

2）显示宏 12（Std ASP），确定命令源为 DI 0，设定值来源为电位计。

3）保留数值并按 OK 键确认。

$$\boxed{\text{OK}} \rightarrow \boxed{\text{MAc PAr}} \rightarrow \boxed{\blacktriangle}\boxed{\blacktriangledown} \rightarrow \boxed{\text{OK}}$$

此时即可使用数字输入 DI 0 启动变频器。设定值来源根据电位计指定。

（8）最小频率，加速和减速时间（p1080）

1）设置参数 MIN RPM 下的最小频率。

2）按 OK（参数 MIN RPM）键。

3）按向上键或向下键更改数值。

4）按 OK 键确认。

$$\boxed{\text{MIN RPM}} \rightarrow \boxed{\text{OK}} \rightarrow \boxed{\blacktriangle}\boxed{\blacktriangledown} \rightarrow \boxed{\text{OK}}$$

5）在参数 RAMP UP 下设置达到最大频率的加速时间（p1120）。

6）在参数 RAMP DWN 下设置最大频率直至静止的减速时间（p1121）。

RAMP UP ➤ OK ➤ ▲ ▼ ➤ OK

RAMP DWN ➤ OK ➤ ▲ ▼ ➤ OK

数值以秒为单位显示。两种情况下，显示时间均不得过短，否则可能会导致报警。

（9）完成快速调试

1）当 BOP-2 显示 FINISH 时，按 OK 键。

2）选择 YES 并按 OK 键。

FINISH ➤ OK ➤ ▲ ➤ YES ➤ OK

此时已根据应用和电动机规格完成变频器的参数优化。现在应执行电动机数据识别，完成调试。首先起动电动机。此时，命令源设为数字输入 DI 0，起动电动机需要开启 DI 0。

（10）电动机数据识别

由于 DI0 未接线，因此利用手 / 自动切换按钮切换到手动来启动变频器，完成电动机数据识别。

1）手 / 自动切换按钮切换到手动。

2）使用面板开机键手动起动电动机。

3）测量过程开始启动。

4）完成时，电动机关闭。

5）BOP-2 指示测得数值现在已转换为数据。

6．调试运行

电动机数据静态识别后，G120 变频器会退出快速调试模式，此时可以利用面板对变频器进行启动、设定值给定、点动和反向控制。

（1）启动变频器

按下开机键变频器启动。按下关机键变频器停机。

（2）设定值修改

设定值决定电动机的运行速度作为电动机额定转速的一个百分比。必须指出的是，该设定值只有在选择 HAND 模式时才有效。当变频器重新设置为 AUTO 模式时，之前在 AUTO 模式下使用的设定值成为有效的设定值。

如需修改设定值，应执行以下操作，如图 3-7 所示。

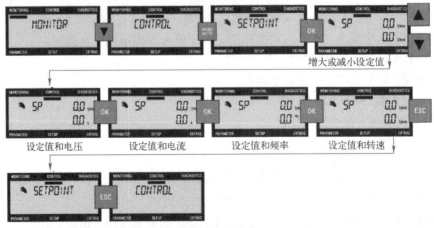

图 3-7　设定值

（3）点动运行

如果选择了点动功能，则每次按开机键电动机都能按预先确定的值手动旋转。如果持续按开机键，则电动机将会持续旋转，直至松开开机键。

如需启用或禁用点动功能，应执行以下操作，如图 3-8 所示。

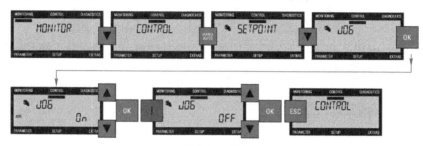

图 3-8　点动

（4）反向运行

如果选择了反向功能，则每次按开机键电动机都能按相反方向手动旋转。

如需启用或禁用反向功能，应执行以下操作，如图 3-9 所示。

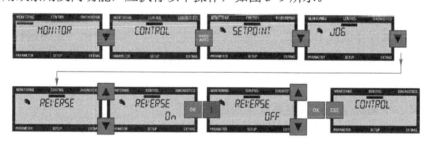

图 3-9　反向功能

调试 BOP-2 面板时，在表 3-3 中记录变频器和电动机的运行数据。

表 3-3　变频器 BOP-2 控制运行记录

f/Hz	10	20	30	40	50	−10	−20	−30	−40	−50
I/A										
U/V										
n/(r/min)										

7. 保存和恢复数据

电动机识别完成后，保存数据是十分重要的，通过 EXTRAS 功能可以将变频器存储器中的参数数据加载到 BOP-2 中，反之亦然。

（1）将变频器的参数组保存到 BOP-2

1）使用菜单条浏览到 EXTRAS 功能。

2）按 OK 键。

3）按向下键，直至弹出 TO BOP。

4）按 OK 键。

（2）将 BOP-2 的参数组复制到变频器

1）浏览到 EXTRAS 菜单。

2）按 OK 键。

3）按向下键，直至弹出 FROM BOP。

4）按 OK 键。

EXTRAS ▸ OK ▸ ▼ ▸ FROM BOP ▸ OK

基本操作面板 BOP-2 亦可用于根据应用执行各种其他调节。请注意，参数编号一览可查阅各种控制单元的操作说明书。

3.1.5 任务检测及评价

1．预期成果

1）变频器、电动机主回路供电系统接线正确，用万用表检测无对地短路情况；

2）完成变频器用 BOP-2 参数复位的操作；

3）能正确输入变频器的控制方式、电动机铭牌数据，并完成变频器快速调试；

4）切换到手动方式，完成变频器电动机数据辨识；

5）能操作基本操作面板 BOP-2，实现电动机的起动、调速和停止，点动运行及反转运行；

6）能根据调速情况，观察、记录变频器和电动机的运行参数。

2．检测要素

1）变频器、电动机主回路供电系统接线的正确性；

2）变频器的基本操作面板 BOP-2 操作及参数设置的熟练程度和正确性；

3）变频器的显示数据的读取方法和正确性；

4）完成快速调试及电动机数据辨识；

5）文明施工、纪律安全、团队合作、设备工具管理等。

3．评价

（1）小组互评

小组互评表见表 3-4。

表 3-4　BOP-2 面板控制电动机小组互评表

项目名称	BOP-2 面板控制电动机运行		小组名称			
序号	完成项目	验收记录	整改措施		完成时间	分数
1	使用面板对变频器复位					
2	正确输入电动机参数，并进行快速调试					
3	静态辨识					
4	BOP-2 面板起动					
5	BOP-2 面板转速调整					
6	BOP-2 面板点动					
7	BOP-2 面板反转					
总得分						

（续）

验收结论：

签字：　　　　　　　时间：

（2）展示评价

BOP-2 面板控制电动机评价表见表 3-5。

表 3-5　BOP-2 面板控制电动机评价表

序号	评价项目	评价内容	权重（%）	分数	学习情况记录
1	职业素养（15%）	分工合理，团队意识强，无旷课迟到	5		
		爱岗敬业，安全意识，责任意识	5		
		遵守安全规程，行业规范，现场 5s 标准	5		
2	专业能力（75%）	正确连接变频器、电动机主回路供电系统接线	10		
		能完成变频器的参数复位，会合理设置变频器的相关参数	5		
		完成快速调试及电动机数据辨识	15		
		熟练使用变频器的基本操作面板 BOP-2	15		
		会正确读变频器的运行参数	10		
		施工合理、操作规范，在规定时间内正确完成任务	10		
		安全施工、质量、文明、团队意识强（工具保管、使用、收回情况；设备摆放、场地整理情况），无旷课、迟到现象	10		
3	创新意识（10%）	创新性思维和行动	10		
		总得分			

4. 思考与练习

一、单选题

1. BOP-2 基本型操作面板不能够自动识别 SINAMICS 系列的控制单元是（　　）。

　　A. SINAMICS G120 CU240B-2　　　　B. SINAMICS G120 CU250S-2

　　C. SINAMICS G120D　　　　　　　　D. SINAMICS G120C

2. 西门子 G120 变频器锁定键盘时，需要同时按键盘（　　）秒以上。

　　A. 1　　　　　　B. 2　　　　　　C. 3　　　　　　D. 4

3. G120 变频器 BOP-2 面板图标 ⊗ 闪烁表示（　　），符号稳定表示（　　）。

　　A. 报警　　　　B. 故障　　　　C. 运行　　　　D. 停止

4. G120 变频器 BOP-2 面板有（　　）个按键。

　　A. 5　　　　　　B. 6　　　　　　C. 7　　　　　　D. 8

5. G120 变频器主回路电源接在变频器的（　　）上，电动机接在变频器的（　　）上。

　　A. U1\V1\W1　　B. U2\V2\W2　　C. DCP/DCN　　D. R1/R2

二、多选题

1. BOP-2 面板使用（　　）锁定和解锁键盘。

    A．开机键　　　　　　　　B．关机键　　　　　　C．退出键　　　　　D．确认键

2. 西门子 G120 变频器可以使用（　　）进行调试。

    A．基本操作面板 BOP-2　　　　　　　　　B．智能型操作面板 IOP

    C．安装有 STARTER 或者 SIMOTION 软件的 PC　　D．安装有 Startdrive 的 PC

三、简答题

1. BOP-2 面板如何锁定和解锁键盘？

2. 变频器上电前要检查什么？

3. G120 变频器如何使用 BOP-2 面板恢复出厂设置？

4. 简述 G120 变频器使用 BOP-2 面板快速调试步骤。

任务 3.2　IOP 面板对变频器调试

G120 变频器不仅可以通过基本型操作面板 BOP-2 进行调试，还可以通过智能型操作面板 IOP 实现驱动调试、运行监控以及个性化的参数设置。

智能型操作面板 IOP 与 BOP-2 面板比较增强了 SINAMICS 变频器的接口和通信能力。IOP 通过一个 RS232 接口连接到变频器。它能自动识别 SINAMICS 范围内的以下设备：

- SINAMICS G120 CU230P-2
- SINAMICS G120 CU240B-2
- SINAMICS G120 CU240E-2
- SINAMICS G120 CU250S-2
- SINAMICS G120C
- SINAMICS G120D-2 CU240D-2*
- SINAMICS G120D-2 CU250D-2*
- SINAMICS ET 200pro FC-2*
- SINAMICS G110D*
- SINAMICS G110M*
- SINAMICS S110 CU305*
- SINAMICS G120C

*表示控制单元需要 IOP 手持套件连接 IOP 和控制单元。

【任务引入】

本任务要求使用 IOP 智能型操作面板对 G120 变频器进行基本调试。包括安装控制面板，变频器工厂复位，进入快速模式，设置基本参数，输入电动机参数，静态优化，使用面板操作变频器控制电动机点动、起停，按照设定速度运行等任务。

1．所需设备

G120 变频器、G120 控制单元、IOP 智能型控制面板、开关、三相异步电动机。

2.　所需工具和材料

万用表、螺丝刀、剥线钳、扳手、电线。

3.　任务要求

1）完成变频器主回路接线；

2）安装 IOP 智能型操作面板；

3）使用 IOP 智能型操作面板对变频器进行工厂复位；

4）使用 IOP 智能型操作面板进入变频器快速调试模式；

5）输入三相异步电动机铭牌参数到变频器中；

6）设置变频器基本参数；

7）对电动机进行静态优化，建立电动机模型；

8）用 IOP 智能型面板操作变频器。

4.　安全要求

1）送电前检查变频器输入侧无对地短路现象；

2）送电前检查变频器输出侧无对地短路现象；

3）检查电动机无短路、断路、接地现象，且三相电阻平衡；

4）安装面板时保证安装到位；

5）保证接线正确牢固；

6）送电后检查面板显示是否正常；

7）主回路接线要在变频器停电 5min 后进行，以防触电事故的发生。

【任务目标】

1.　知识目标

1）熟悉 G120 智能型操作面板 IOP 各按键的功能；

2）熟悉 G120 智能型操作面板 IOP 显示屏图标含义；

3）熟悉 G120 智能型操作面板 IOP 菜单；

4）学会使用 G120 智能型操作面板 IOP 对变频器进行参数复位；

5）学会使用 G120 智能型操作面板 IOP 对变频器进行快速调试。

2.　能力目标

1）能够为 G120 变频器主回路接线；

2）能够使用万用表对变频器主回路及电动机进行检查；

3）能够熟练使用 IOP 智能型操作面板菜单；

4）会使用 IOP 面板修改变频器参数；

5）能够使用 G120 智能型操作面板 IOP 对变频器进行参数复位；

6）能够使用 G120 智能型操作面板 IOP 对变频器进行快速调试；

7）能够使用 IOP 智能型操作面板控制电动机运行。

3.　素质目标

1）主回路的接线一定要牢固；

2）拆装设备按照规范操作，注意不要损坏设备；

3）转动的设备一定要做好防护措施；

4）操作带电设备注意防止触电。

4．素养目标

操作面板的智能化：随着工业自动化水平的提高，变频器智能操作面板的发展也越来越智能化、人性化。目前，常见的变频器智能操作面板主要有以下发展趋势：

1）触摸屏化：越来越多的变频器智能操作面板开始采用触摸屏技术，让用户可以更方便地操作和监控变频器的运行状态。

2）语音控制：一些高端变频器智能操作面板开始支持语音控制，用户可以通过语音指令调整变频器的参数和状态。

3）远程控制：随着互联网技术的普及，越来越多的变频器智能操作面板开始支持远程控制，用户可以通过手机、计算机等设备实现对变频器的远程监控和控制。

4）自学习功能：一些高端变频器智能操作面板开始具备自学习功能，能够根据不同应用场景的变化自动调整变频器的参数和运行模式，提高变频器的性能和效率。

5）智能诊断：一些变频器智能操作面板开始具备智能诊断功能，能够自动检测变频器运行过程中的问题和故障，并给出相应的解决方案，提高变频器的可靠性和稳定性。

总之，随着技术的不断发展和进步，变频器智能操作面板的功能和性能也会不断提升，为工业自动化带来更多便利和效益。

【任务分析】

根据任务要求，要完成使用 IOP 面板对 G120 变频器进行基本调试，要熟悉 IOP 智能型操作面板，熟悉 PM240 功率模块的主回路接线，熟悉 IOP 面板菜单。

3.2.1　G120 智能型操作面板 IOP

1．面板简介

G120 智能型操作面板 IOP 的控制、显示和连接如图 3-10 所示。

码 3-2　IOP 面板的介绍与操作

IOP 是英文"intelligent operator panel"的缩写，中文翻译为"智能操作面板"。IOP 面板的显示液晶屏比 BOP 面板的显示屏要更大，功能更强，不仅有文本显示，而且能显示图形。界面提供参数设置、调试向导、诊断及上传 / 下载功能，能够更直观地操作和诊断变频器；菜单栏、调试向导以及集成的调试诊断信息使得调试更加便捷；IOP 可直接卡紧在变频器上或者作为手持单元通过一根电缆和变频器相连，可通过面板上的手动 / 自动按键及菜单导航按键进行功能选择，操作简单方便。IOP 智能型操作面板的键盘也与 BOP-2 面板不同，它由一个滚轮键和五个附加按钮组成。

2．按键功能

IOP 智能型操作面板滚轮和按钮的具体功能见表 3-6。

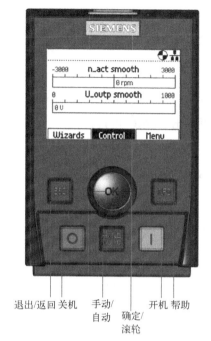

USB 连接器

RS232 连接器

门安装螺钉凹槽

退出/返回　关机　手动/　　　开机　帮助
　　　　　　　自动
　　　　　　　　　确定/
　　　　　　　　　滚轮

a) 前视图

b) 后视图

图 3-10　智能型操作面板 IOP

表 3-6　智能型操作面板 IOP 的按键功能

按键	名称	功能
OK	确认 / 滚轮键	• 在菜单中通过旋转滚轮改变选择 • 当选择突出显示时，按压滚轮确认选择 • 编辑一个参数时，旋转滚轮改变显示值；顺时针旋转增加显示值，逆时针旋转减小显示值 • 编辑参数或搜索值时，可以选择编辑单个数字或整个值。长按滚轮键（>3s），在两个不同的值编辑模式之间切换
I	开机键	• 在 AUTO 模式下，屏幕显示为一个信息屏幕，说明该命令源为 AUTO，可通过按 HAND / AUTO 键改变 • 在 HAND 模式下启动变频器，变频器状态图标开始转动 注意： 对于固件版本低于 4.0 的控制单元：在 AUTO 模式下运行时，无法选择 HAND 模式，除非变频器停止 对于固件版本为 4.0 或更高的控制单元：在 AUTO 模式下运行时，可以选择 HAND 模式，电动机将继续以最后选择的设定速度运行 如果变频器在 HAND 模式下运行，切换至 AUTO 模式时电动机停止
○	关机键	• 如果按下时间超过 3s，变频器将执行 OFF2 命令；电动机将关闭停机。注意：在 3s 内按 2 次 OFF 键也将执行 OFF2 命令 • 如果按下时间不超过 3s，变频器将执行以下操作： – 在 AUTO 模式下，屏幕显示为一个信息屏幕，说明该命令源为 AUTO，可使用 HAND / AUTO 键改变。变频器不会停止 – 如果在 HAND 模式下，变频器将执行 OFF1 命令；电动机将以在参数 P1121 中设置的减速时间停机
ESC	退出 / 返回键	• 如果按下时间不超过 3s，则 IOP 返回到上一页，或者如果正在编辑数值，则新数值不会被保存 • 如果按下时间超过 3s，则 IOP 返回到状态屏幕 在参数编辑模式下使用退出键时，除非先按确认键，否则数据不能被保存
INFO	帮助键	• 显示当前选定项的额外信息 • 再次按下 INFO 键会显示上一页 • 在 IOP 启动时按下 INFO 键，会使 IOP 进入 DEMO 模式。重启 IOP 即可退出 DEMO 模式
HAND AUTO	手动 / 自动切换键	• HAND 设置到 IOP 的命令源 • AUTO 设置到外部数据源的命令源，例如现场总线

IOP 面板可以锁定和解锁键盘，只有在启动完成后才可锁定键盘。如果键盘在启动完成前处于锁定状态，则 IOP 会进入 DEMO 模式。同时按 ESC 和 INFO 键 3s 或以上会锁定或解锁 IOP 键盘。

DEMO 模式可实现 IOP 演示且不影响相连的变频器。可进行菜单浏览和功能选择，但与变频器的所有通信都被封锁，以确保变频器不会对 IOP 发出的信号做出响应。在 IOP 启动时，长按 ESC 或 INFO 键便可进入 DEMO 模式。重启 IOP 即可退出 DEMO 模式。

3. 显示屏图标

表示变频器的各种状态或当前情况的图标在智能型操作面板 IOP 显示屏的右上角显示。这些图标的含义见表 3-7。

表 3-7　IOP 显示屏图标含义

功能	符号	备注
命令源		AUTO——变频器接收网络控制器发出的指令信号
	JOG	点动功能激活时显示
		HAND——变频器由 IOP 控制
变频器状态		变频器就绪
		运行时图标旋转
仍有故障		
仍有报警		
保存至 RAM		指示最近的参数更改都只保存在了 RAM 中。如果 IOP 掉电，保存在 RAM 中的所有更改都将丢失。为防止参数数据丢失，须执行 RAM-to-ROM 保存
PID 自动调整		
休眠模式		
写保护		参数不可更改
专有技术保护		参数不可浏览或更改
ESM		基本服务模式
电池状态		只有使用 IOP 手持套件时才显示电池状态

3.2.2　IOP 面板菜单结构

智能型操作面板 IOP 是一个菜单驱动设备，主要有向导"WIZARD"、控制"CONTROL"、诊断"MANUE" 3 个菜单；可以通过滚轮键选择浏览菜单，菜单结构如图 3-11 所示。

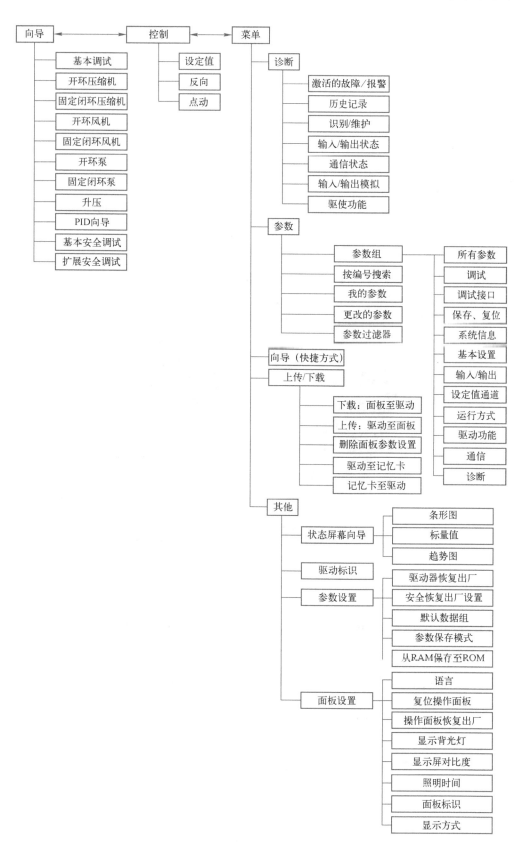

图 3-11　IOP 面板菜单结构

使用的控制单元类型不同、使用的控制单元固件版本不同、使用的 IOP 固件版本不同会影响菜单的结构。

 【任务实施】

3.2.3 基本调试

1. 变频器的硬件接线

G120 变频器采用智能型操作面板 IOP 调试,硬件接线与 BOP-2 面板硬件接线相同,如图 3-4 所示。

2. IOP 的安装

在调试之前需要安装智能型操作面板 IOP。将 IOP 安装在变频器控制单元的步骤如下:

1)将 IOP 外壳的底边插入控制单元壳体的较低凹槽位。

2)将 IOP 推入控制单元,直至顶部紧固装置卡入控制单元壳体。安装方法如图 3-12 所示。

图 3-12 IOP 安装

3. 上电前的检查

在设备通电前要遵守说明书中要求采取的安全措施和给予的警告。上电前的检查见上个任务。

4. 参数复位

G120 变频器使用 IOP 面板恢复出厂设置有两种方法,第一种是使用操作面板利用参数复位,第二种是使用智能型操作面板(IOP)利用菜单复位。

(1)使用操作面板利用参数复位

1)设置变频器参数 p0010 = 30,激活恢复出厂设置。

2)设置变频器参数 p0970 = 1,开始复位。

3)等待变频器完成恢复出厂设置,对变频器做重新上电操作。

(2)使用智能型操作面板(IOP)利用菜单复位

1)接通变频器电源。

2)旋转 IOP 按钮,选择"菜单",按下"OK"键进入;旋转按钮,选择"工具",按下

"OK"键进入；旋转按钮，选择"参数设置"，按下"OK"键进入；最后旋转按钮，选择"恢复驱动出厂设置"，按下"OK"键进入。

3）弹出"将驱动恢复出厂设置？"信息，选择"Yes"，按下"OK"键确认将变频器恢复出厂设置。

4）弹出"正在处理…请稍候"，等待变频器恢复出厂设置完成。

5）恢复完成，弹出"成功恢复出厂设置"，按"OK"键确定。

6）对变频器做重新上电操作。

5. 快速调试

如果变频器中的参数不合适或者是第一次通电调试，那么要进行闭环矢量控制或者 U / f 控制，则必须进行快速调试及电动机参数识别操作。以下的操作部件可以进行快速调试。

1）OP（选件）。

2）PC 工具（安装了调试软件 STARTER）。

3）完成了快速调试，也就完成了电动机-变频器的基本调试；必须在调试开始之前拥有以下数据，或者已经把它们输入到了变频器：

● 输入进线电源频率。

● 输入铭牌数据。

● 命令 / 设定值来源。

● 最小频率 / 最大频率及上升斜坡 / 下降斜坡时间。

● 闭环控制方式。

● 电动机参数识别。

使用智能型操作面板 IOP 对变频器进行快速调试与使用 BOP-2 面板快速调试类似，都是要完成变频器与电动机的匹配和重要技术参数的设置。如果变频器中保存的额定电动机参数与铭牌数据一致（4-极 1LA Siemens 电动机，星形联结，变频应用电动机），则不需要进行快速调试。下面就介绍通过智能型操作面板 IOP 对变频器进行快速调试的方法。

快速调试的基本步骤如图 3-13 所示。

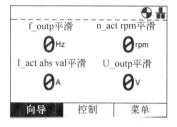
① 选择向导

② 选择所需的向导（基本调试）

③ 选择"是"恢复出厂设置

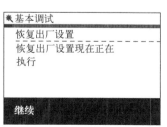
④ 选择继续

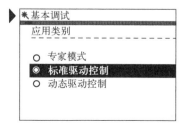
⑤ 选择应用类别

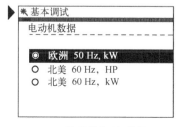
⑥ 选择电动机数据

图 3-13　快速调试的基本步骤

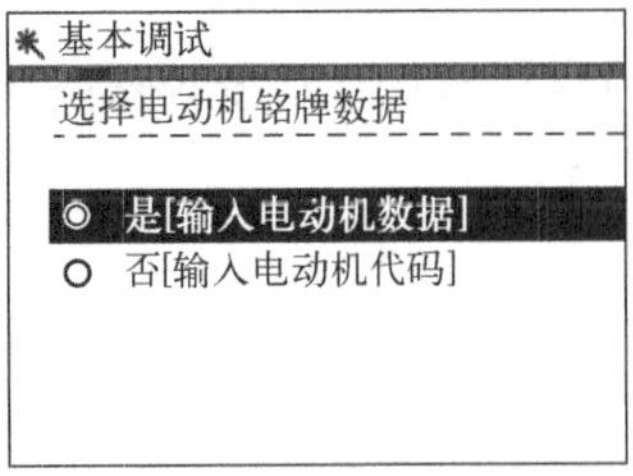

✳ 基本调试	▶ ✳ 基本调试	▶ ✳ 基本调试
选择电动机铭牌数据	电动机类型	特性曲线
◉ 是[输入电动机数据]	◉ 感应电动机	◉ 50 Hz
○ 否[输入电动机代码]	○ 1LE1感应电动机	○ 87 Hz
	○ 1LG6感应电动机	
	○ 1LA7感应电动机	
	○ 1LA9感应电动机	
⑦ 选择输入电动机数据	⑧ 选择电动机类型	⑨ 选择特性曲线

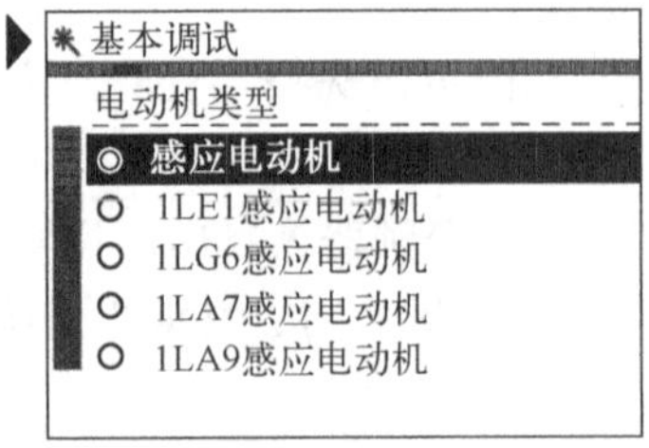

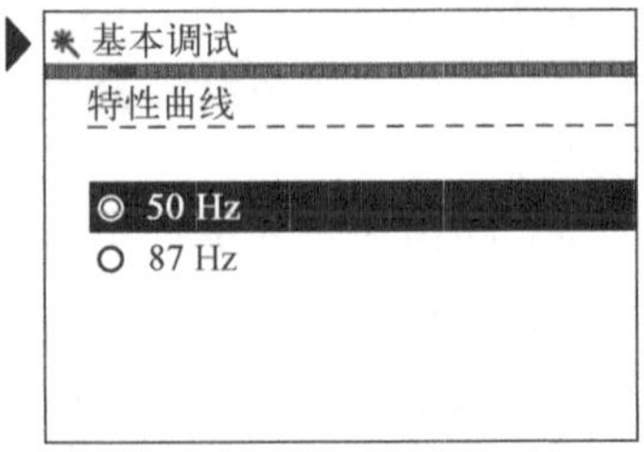

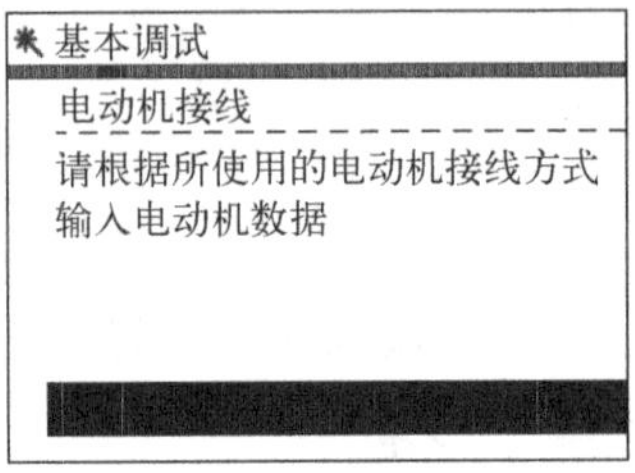

✳ 基本调试	▶ ✳ 基本调试	▶ ✳ 基本调试
电动机接线	电动机频率	电动机电压
请根据所使用的电动机接线方式输入电动机数据	↑ 650	↑ 20000
	0 50.00 Hz	00400 V
	↓ 0	↓ 0
⑩ 选择继续	⑪ 输入电动机额定频率	⑫ 输入电动机额定电压

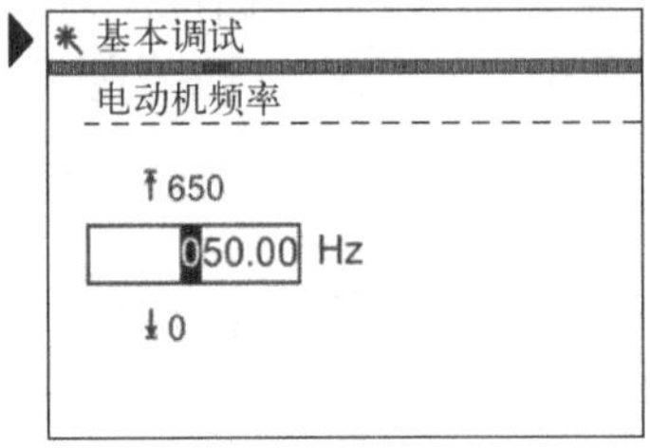

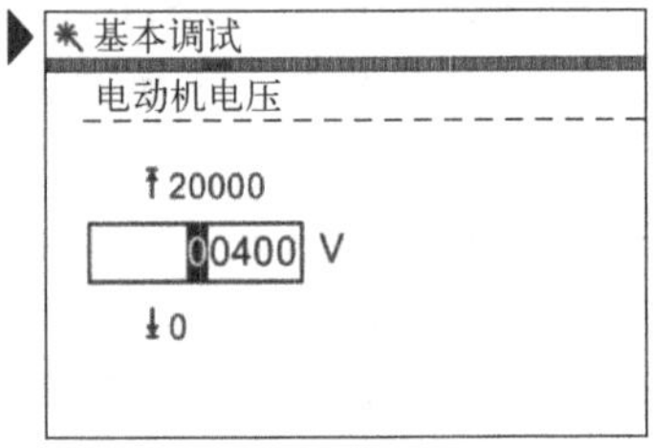

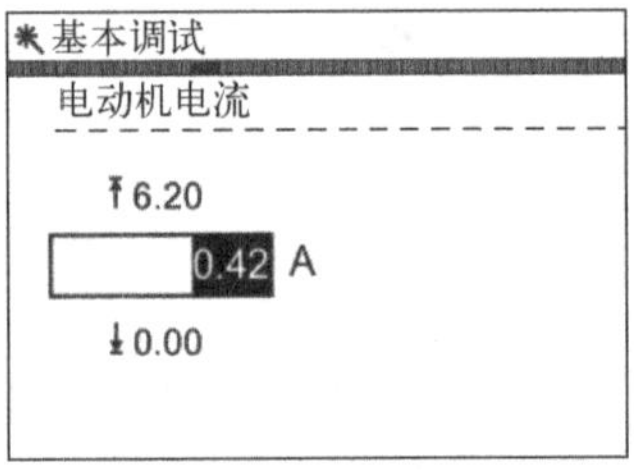

✳ 基本调试	▶ ✳ 基本调试	▶ ✳ 基本调试
电动机电流	额定功率	电动机转速
↑ 6.20	↑ 100000.00	↑ 210000
0.42 A	0 000000.12 kW	001395 rpm
↓ 0.00	↓ 0.00	↓ 0
⑬ 输入电动机额定电流	⑭ 输入电动机额定功率	⑮ 输入电动机额定转速

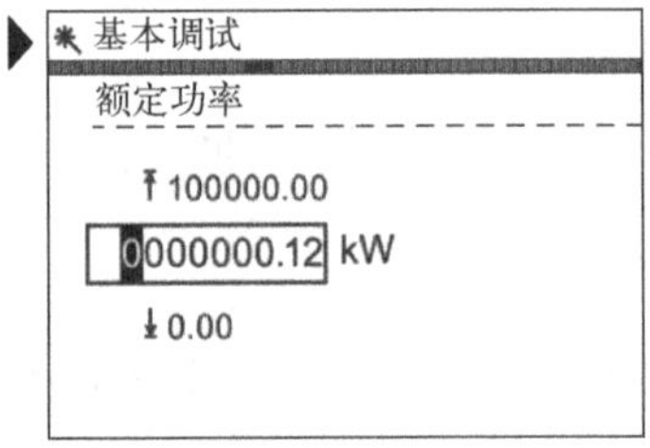

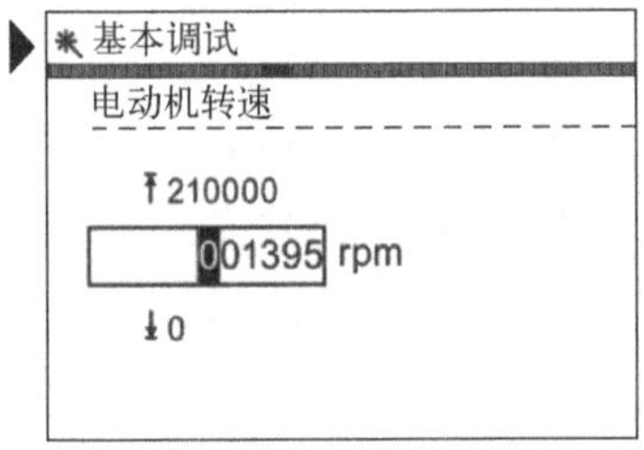

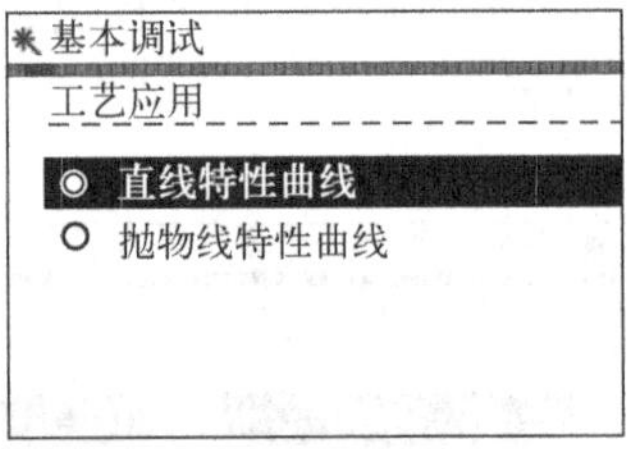

✳ 基本调试	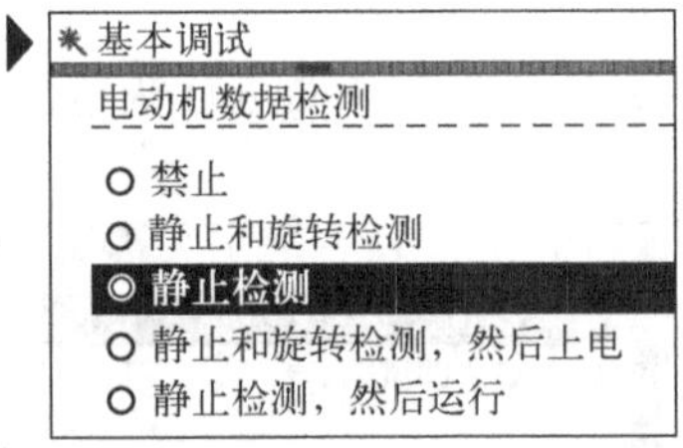 ▶ ✳ 基本调试	▶ ✳ 基本调试
工艺应用	电动机数据检测	宏源
◉ 直线特性曲线	○ 禁止	◉ 标准IO，带模拟量
○ 抛物线特性曲线	○ 静止和旋转检测	○ 2线（fwd/rev1）
	◉ 静止检测	○ 2线（fwd/rev2）
	○ 静止和旋转检测，然后上电	○ 3线（enable/fwd/rev）
	○ 静止检测，然后运行	○ 3线（enable/start/dir）
⑯ 选择技术应用	⑰ 选择需要的电动机数据检测功能	⑱ 选择宏源

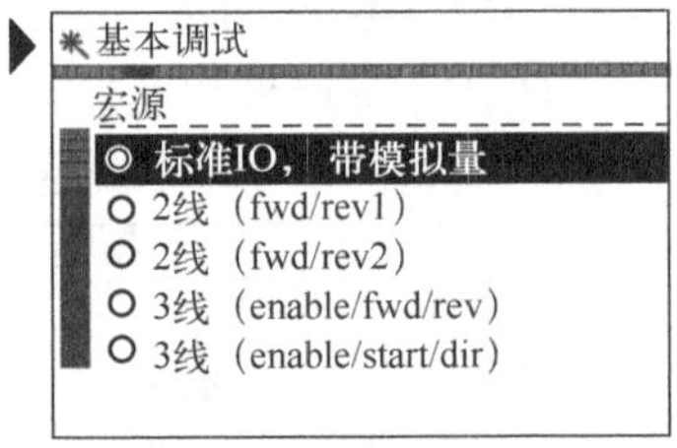

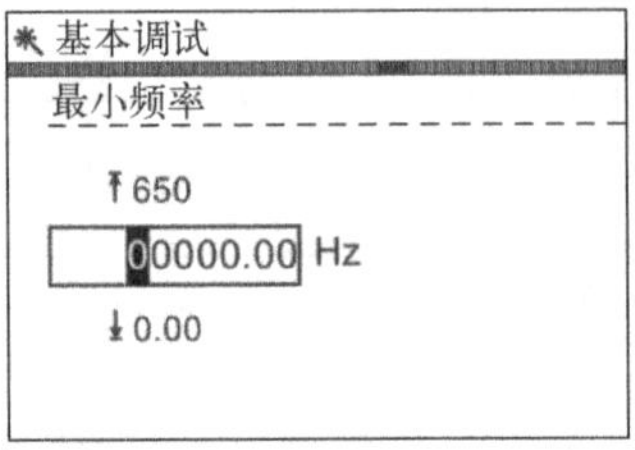

✳ 基本调试	▶ ✳ 基本调试	▶ ✳ 基本调试
最小频率	最大频率	斜坡上升
↑ 650	↑ 7000	↑ 999999.00
0 0000.00 Hz	0 0000.00 Hz	0 00010.00 s
↓ 0.00	↓ 0.00	↓ 0.00
⑲ 输入最小频率	⑳ 输入最大频率	㉑ 输入斜坡上升时间

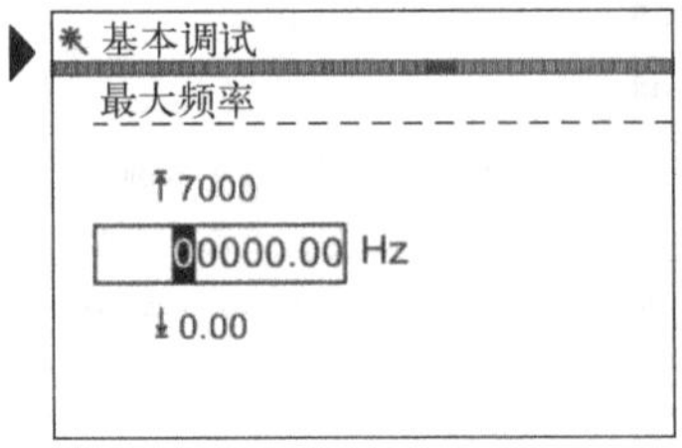

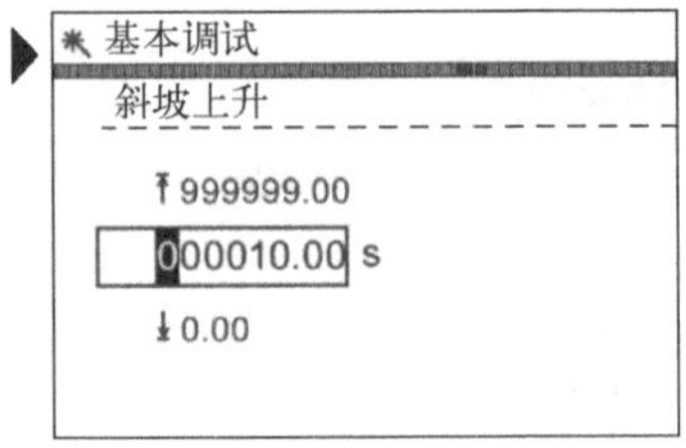

图 3-13 快速调试的基本步骤（续）

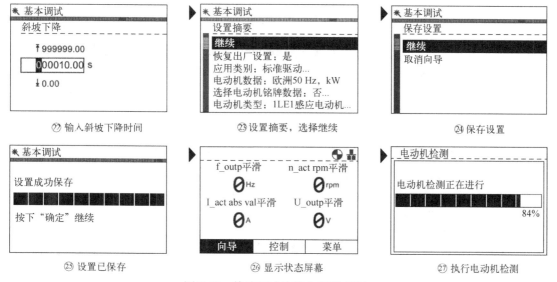

图 3-13　快速调试的基本步骤（续）

电动机数据识别时利用手动/自动切换按键切换到手动来启动变频器，完成电动机数据识别。

1）手动/自动切换按键切换到手动。

2）使用面板开机键手动起动电动机。

3）测量过程开始启动。

4）完成时，电动机关闭。

6．调试运行

电动机数据静态识别后，可以利用面板对变频器进行启动、设定值给定、点动和反向控制。

（1）启停变频器

按下开机键变频器启动。按下关机键变频器停机。

（2）设定值修改

设定值决定电动机的运行速度作为电动机全速运行的一个百分比。如需修改设定值，应执行以下操作，如图 3-14 所示。

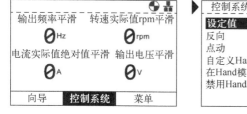
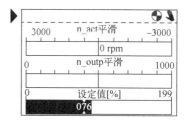

图 3-14　修改设定值

（3）点动运行

如果选择了点动功能，则每次按开机键电动机都能按预先确定的值手动旋转。如果持续按开机键，则电动机将会持续旋转，直至松开开机键。

如需启用或禁用点动功能，应执行以下操作，如图 3-15 所示。

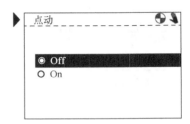

图 3-15 点动

（4）反向运行

如果选择了反向功能，则每次按开机键电动机都能按相反方向手动旋转。

如需启用或禁用反向功能，应执行以下操作，如图 3-16 所示。

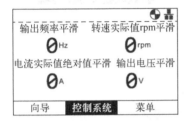 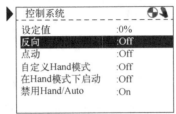 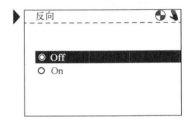

图 3-16 反向功能

利用 IOP 面板调试时在表 3-8 中记录变频器和电动机的运行数据。

表 3-8 变频器 IOP 面板控制运行记录

f/Hz	10	20	30	40	50	−10	−20	−30	−40	−50
I/A										
U/V										
n/(r/min)										

7. 保存和恢复数据

电动机识别完成后，保存数据是十分重要的，上传和下载选项允许用户在系统可用的各种存储器中保存参数设置，如图 3-17 所示。

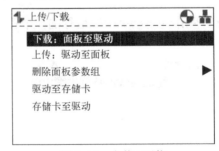

图 3-17 上传/下载

3.2.4 任务检测及评价

1. 预期成果

1）电源、变频器和电动机的接线正确；

2）变频器的参数复位操作；

3）能根据电动机的铭牌数据设置完成变频器快速调试；

4）完成变频器电动机数据辨识；

5）能操作智能型操作面板 IOP，实现电动机的起动、调速和停止；

6）能根据调速情况，观察、记录变频器和电动机的运行参数。

2. 检测要素

1）电源、变频器与电动机硬件接线的正确性；

2）变频器的面板操作及参数设置的熟练程度和正确性；

3）变频器的显示数据的读取方法和正确性；

4）文明施工、纪律安全、团队合作、设备工具管理等。

3. 评价

（1）小组互评

小组互评表见表 3-9。

表 3-9 IOP 面板控制电动机小组互评表

项目名称	IOP 面板控制电动机运行		小组名称			
序号	完成项目	验收记录	整改措施		完成时间	分数
1	使用面板对变频器复位					
2	正确输入电动机参数，并进行快速调试					
3	静态辨识					
4	IOP 面板起动					
5	IOP 面板转速调整					
6	IOP 面板点动					
7	IOP 面板反转					
总得分						

验收结论：

签字： 时间：

（2）展示评价

IOP 面板控制电动机评价表见表 3-10。

表 3-10 IOP 面板控制电动机评价表

序号	评价项目	评价内容	权重（%）	分数	学习情况记录
1	职业素养（15%）	分工合理，团队意识强，无旷课迟到	5		
		爱岗敬业，安全意识，责任意识	5		
		遵守安全规程，行业规范，现场 5s 标准	5		
2	专业能力（75%）	正确连接变频器、电动机主回路供电系统接线	10		
		能完成变频器的参数复位、会合理设置变频器的相关参数	5		
		完成快速调试及电动机数据辨识	15		

（续）

序号	评价项目	评价内容	权重（%）	分数	学习情况记录
2	专业能力（75%）	熟练使用变频器的智能操作面板 IOP	15		
		会正确读变频器的运行参数	10		
		施工合理、操作规范，在规定时间内正确完成任务	10		
		安全施工、质量、文明、团队意识强（工具保管、使用、收回情况；设备摆放、场地整理情况），无旷课、迟到现象	10		
3	创新意识（10%）	创新性思维和行动	10		
		总得分			

4. 思考与练习

一、单选题

1. G120 变频器 IOP 面板图标 表示（　　），JOG 表示（　　）， 表示（　　）。
  A. 点动　　　　B. 联网　　　　C. 手动　　　　D. 自动

2. 西门子 G120 变频器 IOP 面板的手动/自动切换键的作用是（　　）。
  A. IOP 和网络控制源的切换　　　　B. IOP 和外部控制源的切换
  C. 外部控制源和网络控制源的切换

3. G120 变频器 IOP 面板图标 表示（　　）， 表示（　　）。
  A. 报警　　　　B. 故障

4. G120 变频器 IOP 面板图标 旋转表示（　　），稳定表示（　　）。
  A. 变频器运行　　　　　　　　B. 变频器故障
  C. 变频器就绪　　　　　　　　D. 变频器报警

5. G120 变频器 IOP 面板有（　　）个按键。
  A. 5　　　　B. 6　　　　C. 7　　　　D. 8

二、多选题

1. IOP 智能型操作面板与 BOP-2 面板比较增强了 SINAMICS 变频器（　　）能力。
  A. 通信　　　　B. 调试　　　　C. 接口　　　　D. 控制

2. IOP 面板使用（　　）键锁定和解锁键盘。
  A. 开机键　　　　B. 帮助键　　　　C. 退出键　　　　D. 滚轮键

3. 西门子 G120 变频器 IOP 面板的滚轮键相当于 BOP-2 面板的（　　）。
  A. 向上键　　　　B. 向下键　　　　C. 确认键　　　　D. 退出键

三、简答题

1. IOP 面板如何锁定和解锁键盘？
2. G120 变频器如何使用 IOP 面板恢复出厂设置？
3. 简述 G120 变频器使用 IOP 面板快速调试步骤。

任务 3.3　使用 STARTER 软件调试

　　西门子 G120 变频器除了可以使用操作面板调试外，还可以使用软件进行调试，例如：安装有 STARTER 软件或者 SIMOTION 软件的 PC、安装有 Startdrive 软件的 PC、基于网络的操作单元 SmartAccess 进行调试。下面主要介绍使用 STARTER 软件进行调试。

 **【任务引入】**

STARTER 软件是一个用来调试西门子 SINAMICS 系列变频器的工具。STARTER 调试工具易于操作，它可以用于西门子 SINAMICS 系列所有变频器的调试、优化和诊断。该软件不仅可以作为单独的 PC 应用程序运行，也可以通过 Drive ES Basic 集成到与 TIA 兼容的 SIMATIC STEP 7 中，或者还可以集成到 SCOUT 配置系统（用于 SIMOTION）中。无论如何使用，它的基本功能和操作都不变。

该任务要求使用 STARTER 软件对 G120 变频器进行基本调试。使用 STARTER 软件完成 USB 电缆与变频器的通信连接，在线／离线创建项目，快速调试，使用软件中的 control panel 控制变频器的启停和转速。

STARTER 软件能够调试的设备除 SINAMICS 系列驱动器外，还有西门子以前的 MICROMASTER 4 系列通用变频器。

1. 所需设备

G120 变频器、G120 控制单元、安装有 STARTER 软件的计算机、USB 编程电缆、开关、三相异步电动机。

2. 所需工具和材料

万用表、螺丝刀、剥线钳、扳手、电线。

3. 任务要求

1）完成变频器主回路接线；

2）STARTER 软件的安装；

3）STARTER 软件的 USB 通信设置；

4）用 STARTER 软件创建一个新项目；

5）使用 STARTER 软件快速调试变频器；

6）设置基本参数；

7）电动机辨识优化；

8）用 STARTER 软件控制变频器。

4. 安全要求

1）送电前检查变频器输入侧无对地短路现象；

2）送电前检查变频器输出侧无对地短路现象；

3）检查电动机无短路、断路、接地现象且三相电阻平衡；

4）安装面板时保证安装到位；

5）保证接线正确牢固；

6）送电后检查面板显示是否正常；

7）主回路接线时要在变频器停电 5min 后进行，防止触电事故。

【任务目标】

1. 知识目标

1）熟悉 STARTER 软件的安装、界面及通信设置；
2）学会使用 STARTER 软件新建项目；
3）学会使用 STARTER 软件配置变频器及联机；
4）学会使用 STARTER 软件快速调试变频器。

2. 能力目标

1）能够为变频器主回路接线；
2）能够使用万用表对变频器主回路及电动机进行检查；
3）掌握 STARTER 软件的界面；
4）能够完成 STARTER 软件的 USB 编程电缆通信设置；
5）能够使用 STARTER 软件修改变频器参数；
6）能够使用 STARTER 软件新建在线和离线项目；
7）能够使用 STARTER 软件对变频器进行参数复位；
8）能够使用 STARTER 软件对变频器进行快速调试；
9）能够用 STARTER 软件控制电动机运行。

3. 素质目标

1）培养自主安装工控软件的方法；
2）通过软件的学习，熟悉惯用的电气英语单词，提高专业英语水平；
3）培养安装工控设备驱动的方法；
4）培养编程计算机的使用规范；

4. 素养目标

工控软件智能化控制发展：工控软件智能化控制是指利用人工智能、大数据、云计算等先进技术，对工控系统进行智能精细化控制，以实现自动化、智能化和高效化生产控制。随着信息技术和自动化技术的不断发展，工控软件智能化控制已经成为行业发展的必然趋势。这种控制方式采用了类似于人类思考方式的算法，可以自主学习、模仿和优化生产过程，使得生产线更具可操作性和精密度。智能化控制技术不仅可以提高生产效率、降低生产成本，还可以提高生产质量和安全性能，增强企业竞争力。同时，它还可以实现节能减排，对环保和可持续发展有着重要的作用。随着工控软件技术的发展，未来的智能化控制将不断升级和完善，将进一步促进工业自动化和数字化工厂的发展。

拿西门子 STARTER 软件来说，其通用性越来越好，不但适合西门子 SINAMICS 全系列产品，而且界面也做到了可视化，调试越来越简单、方便，不需要再去翻看参数手册。这是目前工控软件的发展趋势。

【任务分析】

根据任务要求，要使用 STARTER 软件对 G120 变频器进行基本调试，要熟悉 STARTER 软件，掌握 STARTER 软件与变频器的 USB 通信设置，熟悉 PM240 功率模块的主回路接线，熟悉 STARTER 软件调试变频器的方法。

3.3.1 STARTER 软件的安装

STARTER 软件可以在西门子的官方网站下载，网址为http:// support.automation.siemens. com/CN/view/en/26233208。

码3-3 STA-RTER 软件介绍

STARTER 软件有多种版本，分别为：V4.0、V4.1、V4.2、V4.3、V4.4、V4.5、V5.1、V5.3 和 V5.4 等。其中 V4.4 及以下版本可以安装到 Windows XP 系统当中，V4.5 以上版本只能安装到 Windows 7 或者 Windows 10 操作系统当中。最新的 V5.4 版本最好安装到 64 位 Windows 10 操作系统当中。因此在安装 STARTER 软件前，先要查询其与操作系统以及其他软件的兼容性。查询网址为：http://www.siemens.com/compatool。

STARTER 软件可以单独安装，也可以与特定版本的 STEP7 软件安装到同一台计算机上，建议安装 STARTER 软件前先安装与之兼容的 STEP7 软件。兼容性也可以到上述网址查询。

STARTER 软件的安装需要注意以下几个问题：

1）安装前根据自己的操作系统选择 STARTER 的版本，如果要安装最新版 STARTER 软件最好选择 64 位 Windows10 操作系统；

2）安装前先安装与所安装版本兼容的 STEP7 软件；

3）将西门子官方网站下载的 STARTER 软件所有的安装包解压到同一个文件夹下，压缩包的解压路径不能有中文；

4）安装前最好能重启计算机；

5）安装时建议关闭其他程序，包括杀毒软件、其他西门子软件等；

6）安装路径不能有中文；

7）如果已经安装了 STARTER 软件以及其中一部分 SSP，也可以单独安装其他的安装包。

3.3.2 STARTER 软件的界面

STARTER 软件安装完毕，桌面上会出现 STARTER 软件的快捷键，双击快捷方式图标，进入欢迎界面，在该界面上显示了 STARTER 软件的版本号，如图 3-18 所示。

图 3-18 STARTER 软件欢迎界面

软件打开后，初始界面如图 3-19 所示，默认打开帮助系统和项目向导，界面语言默认为英语。如果不使用帮助系统和项目向导，可以将其关闭。

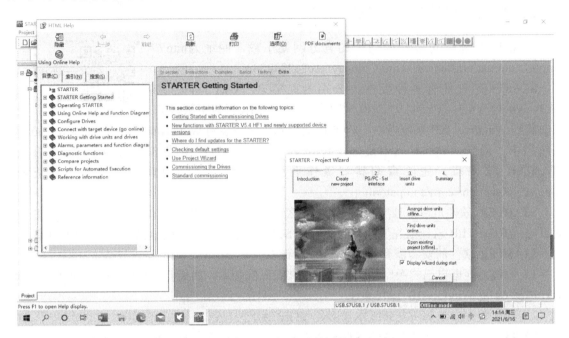

图 3-19　STARTER 软件初始界面

STARTER 软件打开后，其界面如图 3-20 所示。

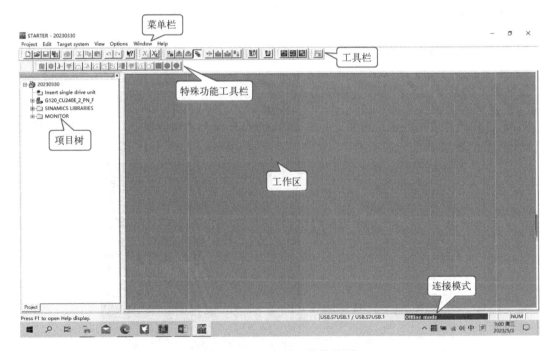

图 3-20　STARTER 软件界面

【任务实施】

3.3.3　STARTER 软件基本调试

1. 变频器的硬件接线

G120 变频器用装有 STARTER 调试工具的 PC 调试变频器，硬件接线与 BOP-2 面板硬件接线相同，如图 3-4 所示。

码 3-4　使用 STARTER 新建项目

2. STARTER 软件的 USB 通信设置

在实现 STARTER 软件与变频器通信前需要首先做好以下准备工作：

码 3-5　使用 STARTER 向导建项目

码 3-6　使用 STARTER 向导在线新建项目

- 将传动系统接好线，并将变频器送电；
- 所使用的编程 PC 已经安装好 STARTER 软件；
- 通过 USB 电缆连接 PC 和变频器。

码 3-7　使用 STARTER 向导新建项目通过访问节点

码 3-8　使用 STARTER 进行快速调试

设置 USB 接口时，首先接通变频器电源并打开 STARTER 软件，若是第一次使用 USB 连接 G120 设备，开机后会自动安装 G120 的驱动软件，安装顺序如图 3-21～图 3-24 所示。

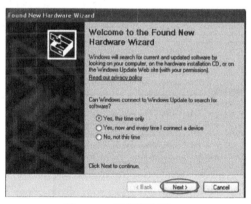

图 3-21　发现新硬件

图 3-22　选择自动安装硬件驱动

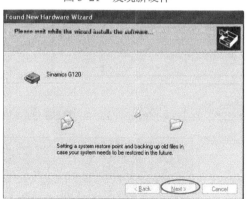

图 3-23　安装驱动

图 3-24　完成安装

3．STARTER 软件创建项目

在使用 STARTER 软件调试 G120 之前，需要先创建项目。项目创建的方法有四种：使用菜单离线创建、使用向导离线创建、使用向导在线创建和上传创建。

（1）使用菜单离线创建项目

离线创建项目一般适合创建项目时暂时没有实际硬件的情况，具体创建方法见表 3-11。

表 3-11　使用菜单离线创建项目

序号	说明	图示
1	单击菜单"Project"菜单下的"New"选项，新建一个项目	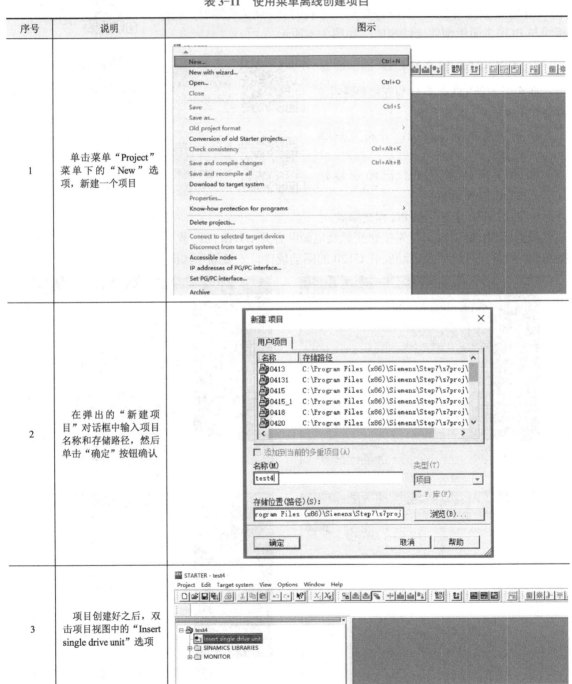
2	在弹出的"新建项目"对话框中输入项目名称和存储路径，然后单击"确定"按钮确认	
3	项目创建好之后，双击项目视图中的"Insert single drive unit"选项	

（续）

序号	说明	图示
4	打开"Insert single drive unit"对话框后，选择所要插入的变频器控制单元型号，并填入需要连接的变频器设备的实际版本号和访问方式等信息，然后单击"OK"按钮，会在项目中成功添加一个驱动单元	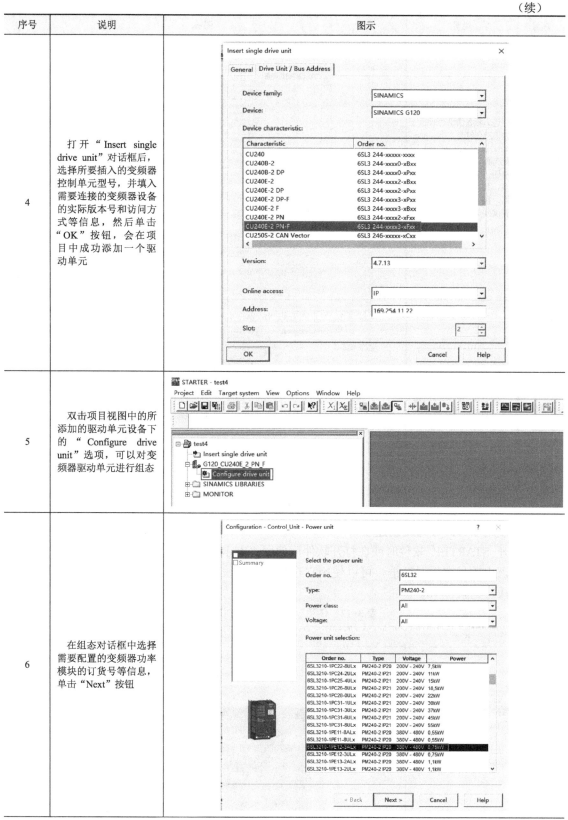
5	双击项目视图中的所添加的驱动单元设备下的"Configure drive unit"选项，可以对变频器驱动单元进行组态	
6	在组态对话框中选择需要配置的变频器功率模块的订货号等信息，单击"Next"按钮	

（续）

序号	说明	图示
7	进入设备信息对话框，如果没有勾选"Then start commissioning wizard"复选框，可单击"Finish"按钮，完成设备初步组态。如果勾选了该复选框，则会进入变频器的调试向导	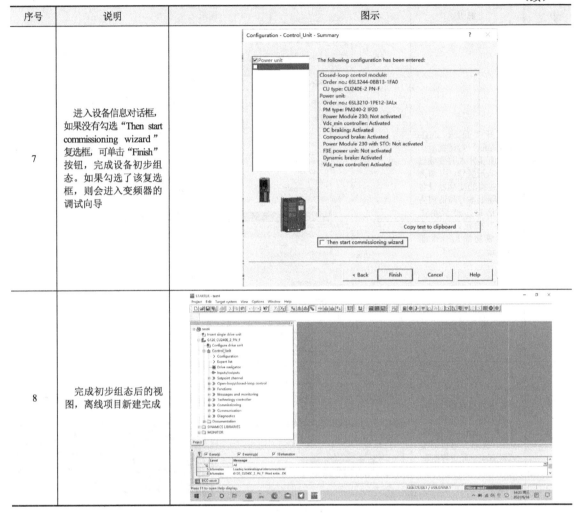
8	完成初步组态后的视图，离线项目新建完成	

（2）使用项目向导离线创建项目

在打开 STARTER 软件时或在打开软件后使用"Project"菜单下的"New with wizard"选项，可以调出项目向导对话框，可以使用它在线或者离线创建一个项目。首先介绍其离线创建项目的步骤，见表 3-12。

表 3-12 使用项目向导离线创建项目

序号	说明	图示
1	打开 STARTER 软件直接进入向导或在打开软件后单击"Project"菜单下的"New with wizard"选项，可以调出项目向导对话框	

（续）

序号	说明	图示
2	选择 "Arrange drive units offline" 选项	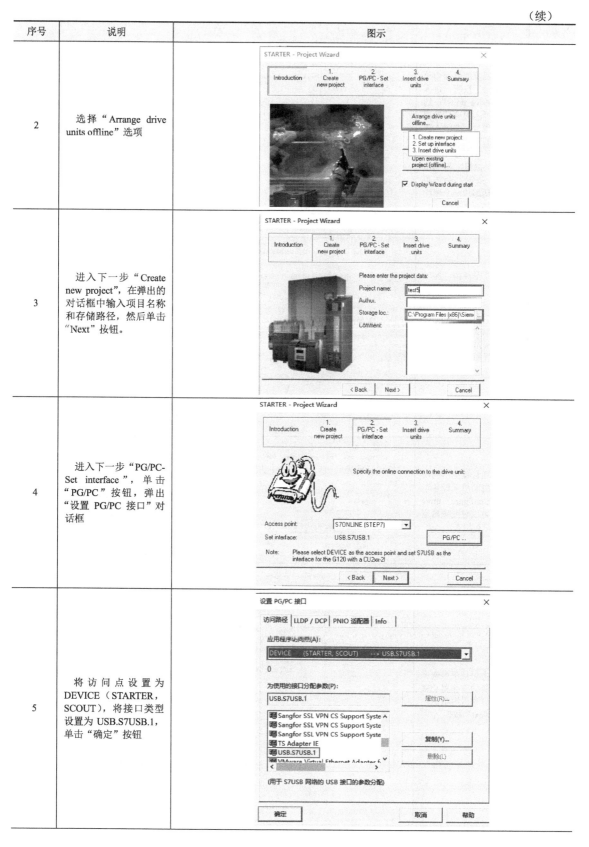
3	进入下一步 "Create new project"，在弹出的对话框中输入项目名称和存储路径，然后单击 "Next" 按钮。	
4	进入下一步 "PG/PC-Set interface"，单击 "PG/PC" 按钮，弹出 "设置 PG/PC 接口" 对话框	
5	将访问点设置为 DEVICE（STARTER，SCOUT），将接口类型设置为 USB.S7USB.1，单击 "确定" 按钮	

(续)

序号	说明	图示
6	在第四步的界面中单击"Next"按钮，进入"Insert drive units"，选择所要插入的变频器控制单元型号，并填入需要连接的变频器设备的实际版本号，单击"Insert"按钮，再单击"Next"按钮，会在项目中成功添加一个驱动单元	
7	进入下一步"Summary"，单击"Complete"按钮，完成向导设置进入项目视图	
8	双击项目视图中的所添加的驱动单元设备下的"Configure drive unit"，可以对变频器驱动单元进行组态	
9	在组态对话框中选择需要配置的变频器功率模块的订货号等信息，单击"Next"按钮	

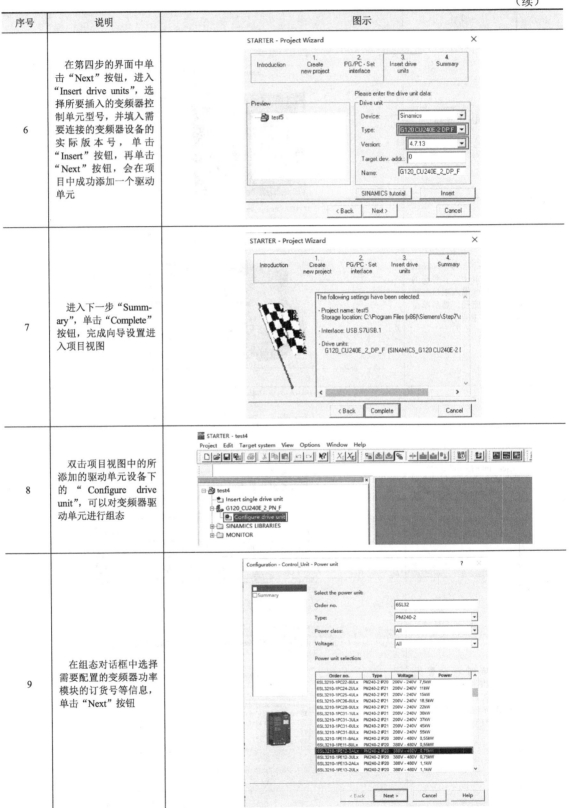

（续）

序号	说明	图示
10	进入设备信息对话框，如果没有勾选"Then start commissioning wizard"复选框，则单击"Finish"按钮，完成设备初步组态。如果勾选了该复选框，则会进入变频器的调试向导	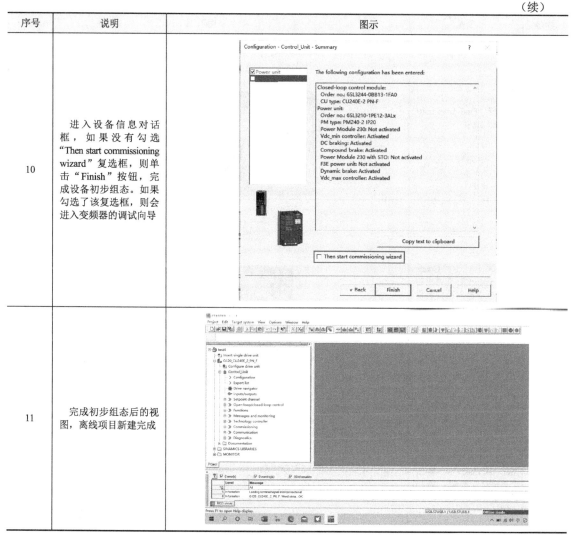
11	完成初步组态后的视图，离线项目新建完成	

（3）使用项目向导在线创建项目

在线创建项目一般适用于有实际硬件的情况。该创建方法需要首先与变频器进行在线连接。具体的创建方法见表 3-13。

表 3-13　使用项目向导在线创建项目

序号	说明	图示
1	打开 STARTER 软件时或在打开软件后单击"Project"菜单下的"New with wizard"选项，可以调出项目向导对话框	

（续）

序号	说明	图示
2	选择"Find drive units online"选项	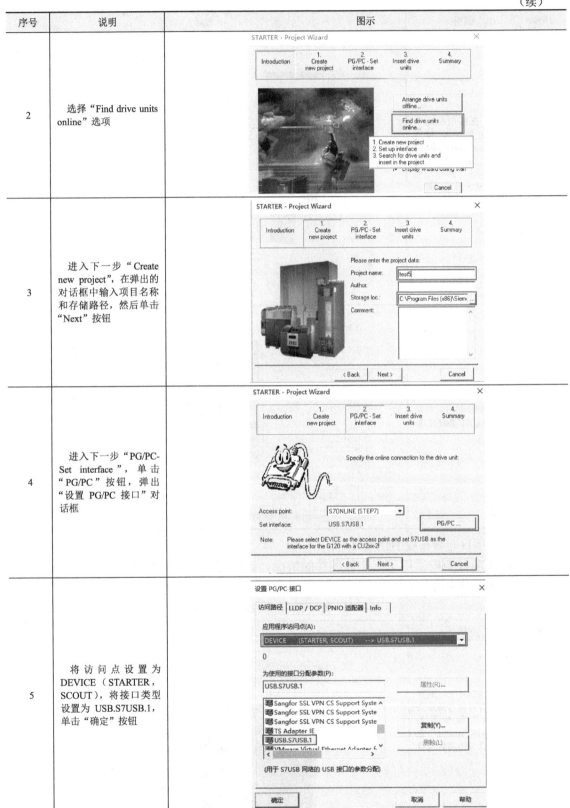
3	进入下一步"Create new project"，在弹出的对话框中输入项目名称和存储路径，然后单击"Next"按钮	
4	进入下一步"PG/PC-Set interface"，单击"PG/PC"按钮，弹出"设置 PG/PC 接口"对话框	
5	将访问点设置为 DEVICE（STARTER，SCOUT），将接口类型设置为 USB.S7USB.1，单击"确定"按钮	

（续）

序号	说明	图示
6	在第四步的界面中单击"Next"按钮，会自动寻找在线的变频器	
7	如果 PG/PC 设置正确，找到后会将搜索到的变频器添加到项目当中。单击"Next"按钮，进入下一步	
8	进入 "Summary"，单击 "Complete" 按钮，完成向导设置，进入项目视图	

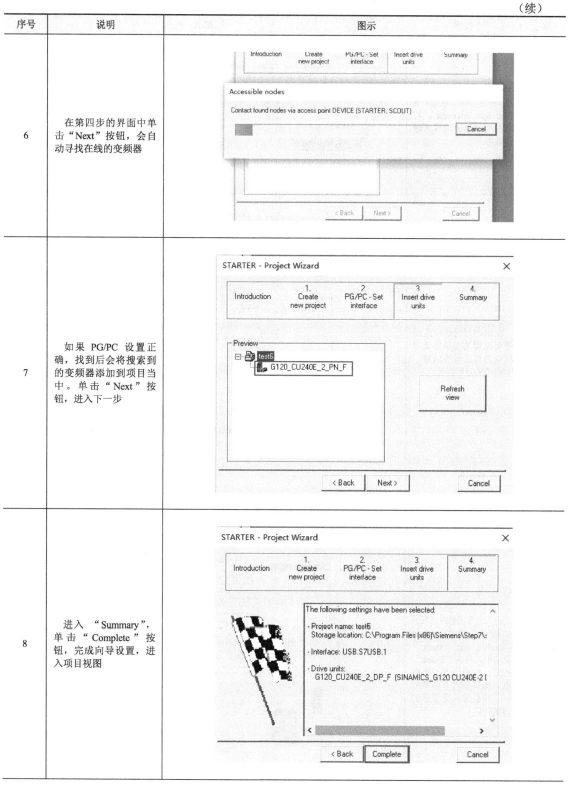

（续）

序号	说明	图示
9	双击项目视图中的所添加的驱动单元设备下的"Configure drive unit"，可以对变频器驱动单元进行组态	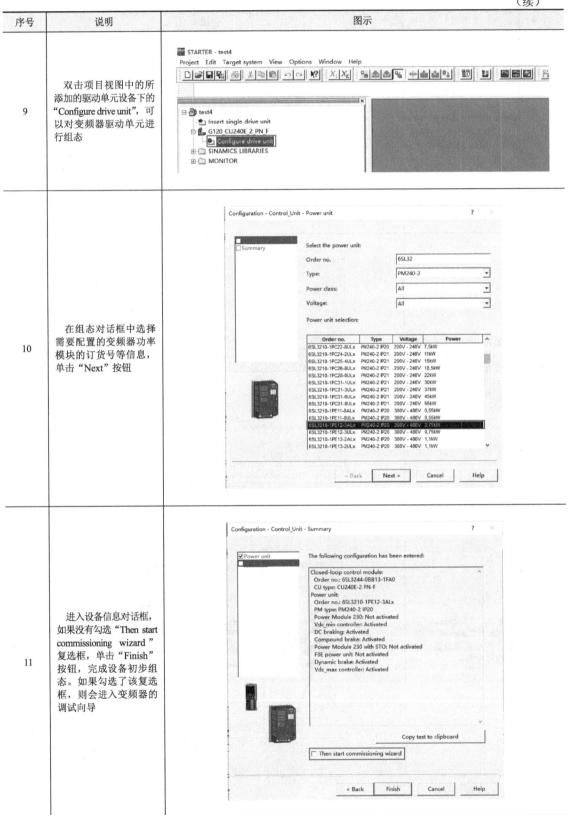
10	在组态对话框中选择需要配置的变频器功率模块的订货号等信息，单击"Next"按钮	
11	进入设备信息对话框，如果没有勾选"Then start commissioning wizard"复选框，单击"Finish"按钮，完成设备初步组态。如果勾选了该复选框，则会进入变频器的调试向导	

（续）

序号	说明	图示
12	完成初步组态后的视图，在线项目新建完成	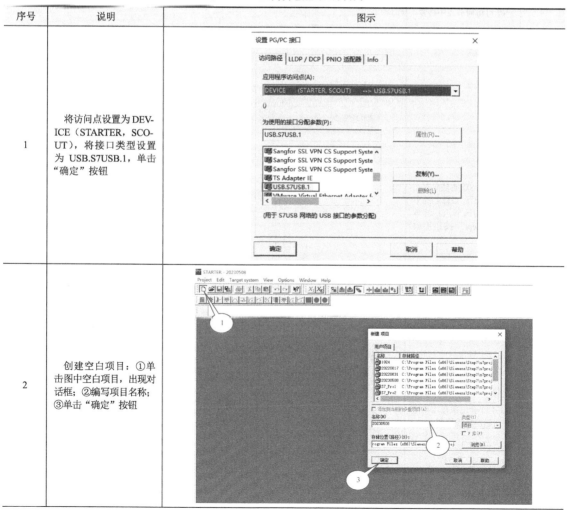

（4）上传并创建项目

上传并创建项目适用于 PC 已经连接好 G120 变频器的情况，具体的操作步骤见表 3-14。

表 3-14　上传并创建在线项目

序号	说明	图示
1	将访问点设置为 DEVICE（STARTER, SCOUT），将接口类型设置为 USB.S7USB.1，单击"确定"按钮	
2	创建空白项目：①单击图中空白项目，出现对话框；②编写项目名称；③单击"确定"按钮	

（续）

序号	说明	图示
3	项目创建好之后，单击项目视图中的寻找节点按钮	
4	在可访问节点中搜索	
5	如果 USB 通信配置正确，可出现 G120 的节点。①勾选节点；②单击"Accept"按钮接收项目	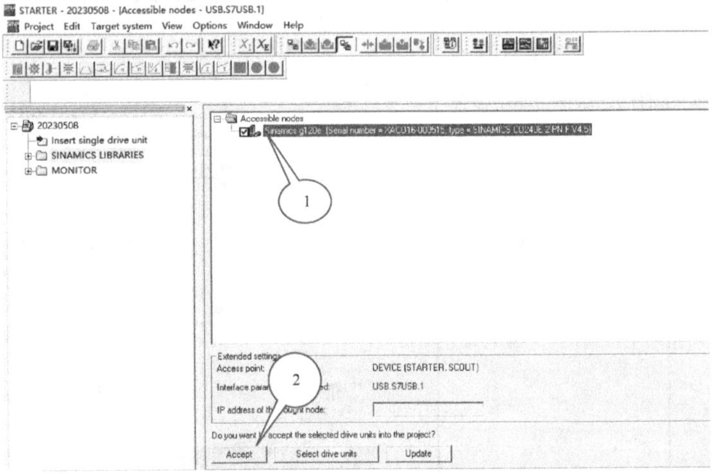
6	G120 会出现在项目当中，单击在线按钮	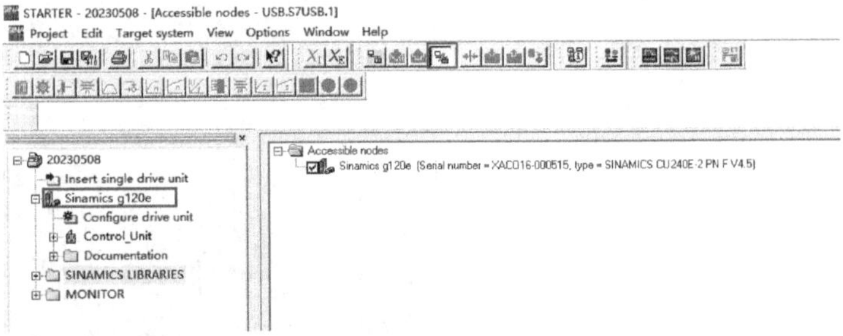

（续）

序号	说明	图示
7	进入分配目标设备对话框。单击"Connect to assigned devices"按钮	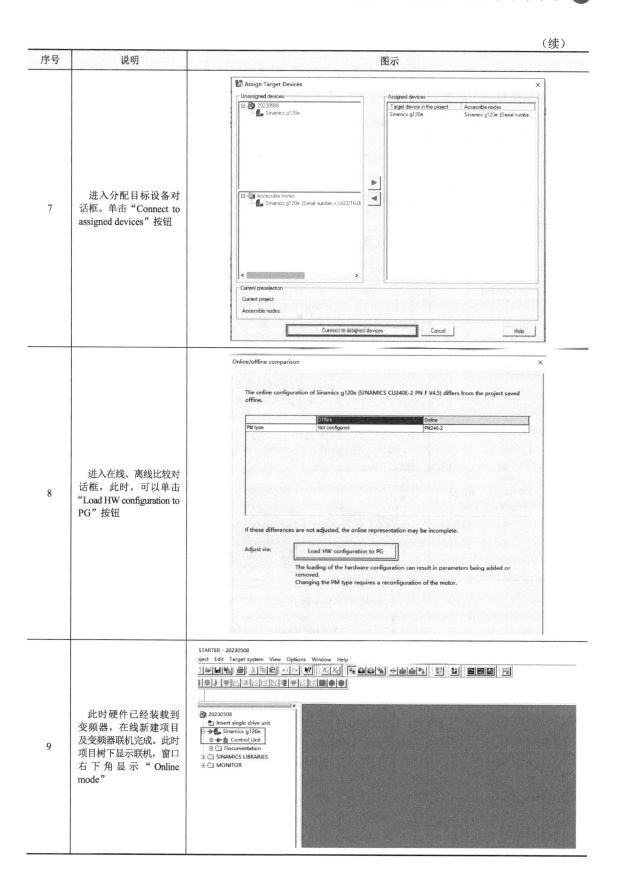
8	进入在线、离线比较对话框，此时，可以单击"Load HW configuration to PG"按钮	
9	此时硬件已经装载到变频器，在线新建项目及变频器联机完成。此时项目树下显示联机，窗口右下角显示"Online mode"	

4. 使用 STARTER 软件快速调试变频器

在 STARTER 软件中已经创建好项目，且与变频器联机并进入在线模式后，通常对一台新的变频器要进行三个步骤的调试，如图 3-25 所示。

图 3-25 新变频器调试的三个步骤

（1）参数复位

初次使用 G120 变频器时在调试过程中出现异常，或已经使用过需要再重新调试，需要将变频器恢复到出厂设置。

通过 STARTER 软件恢复出厂设置的步骤见表 3-15。

表 3-15 恢复出厂设置

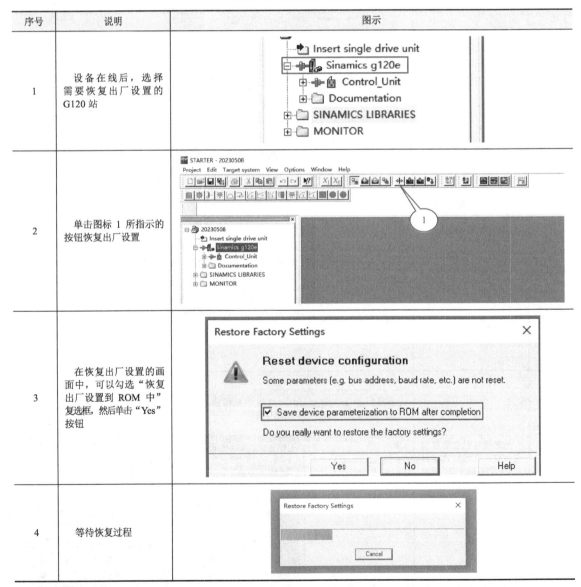

序号	说明	图示
1	设备在线后，选择需要恢复出厂设置的 G120 站	
2	单击图标 1 所指示的按钮恢复出厂设置	
3	在恢复出厂设置的画面中，可以勾选"恢复出厂设置到 ROM 中"复选框，然后单击"Yes"按钮	
4	等待恢复过程	

（2）快速调试

在快速调试前，首先完成变频器的硬件接线、G120 变频器 STARTER 软件调试变频器，硬件接线与 BOP-2 面板硬件接线相同，如图 3-4 所示。

通过 STARTER 软件快速调试的步骤见表 3-16。

表 3-16　快速调试

序号	说明	图示
1	双击 "Control_Unit" 下的 "Configuration"，显示控制单元视图，单击 "Wizard" 按钮进行参数设置	
2	选择控制方式，如果不确定哪种控制方式，可以选择 U/f 控制。单击 "Next" 按钮	
3	选择变频器接口的设置，可以选择宏，实现必要的控制源和命令源。单击 "Next" 按钮	

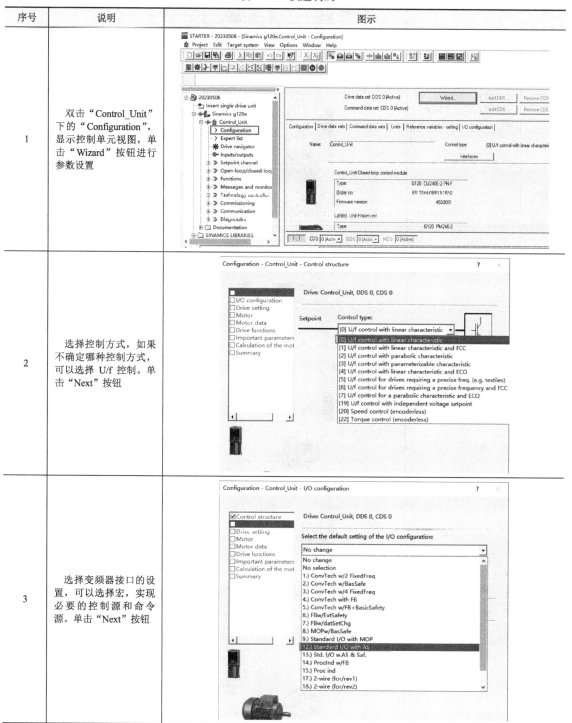

（续）

序号	说明	图示
4	设置变频器的输入电压，选择变频器的应用。低动态的轻过载应用：泵类或者风机；高动态的重过载应用：传送带等。单击"Next"按钮	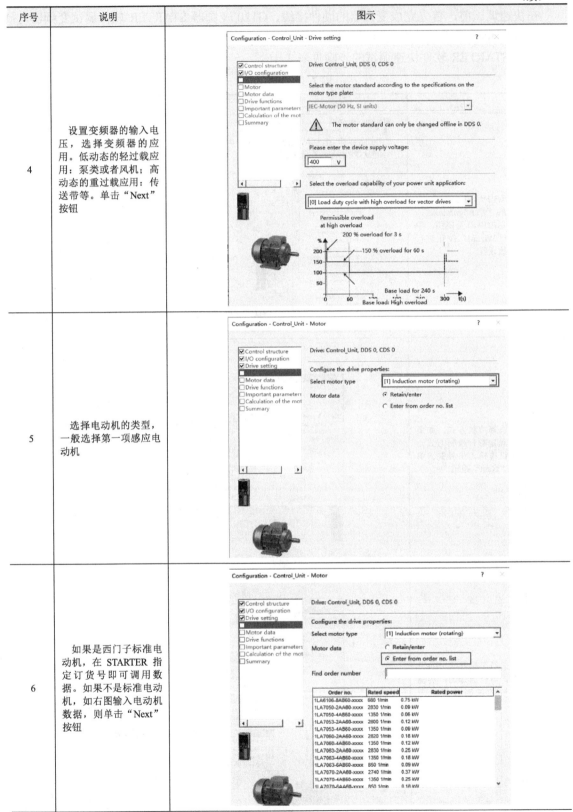
5	选择电动机的类型，一般选择第一项感应电动机	
6	如果是西门子标准电动机，在 STARTER 指定订货号即可调用数据。如果不是标准电动机，如右图输入电动机数据，则单击"Next"按钮	

（续）

序号	说明	图示
7	如果不是标准电动机，则输入电动机数据，单击"Next"按钮	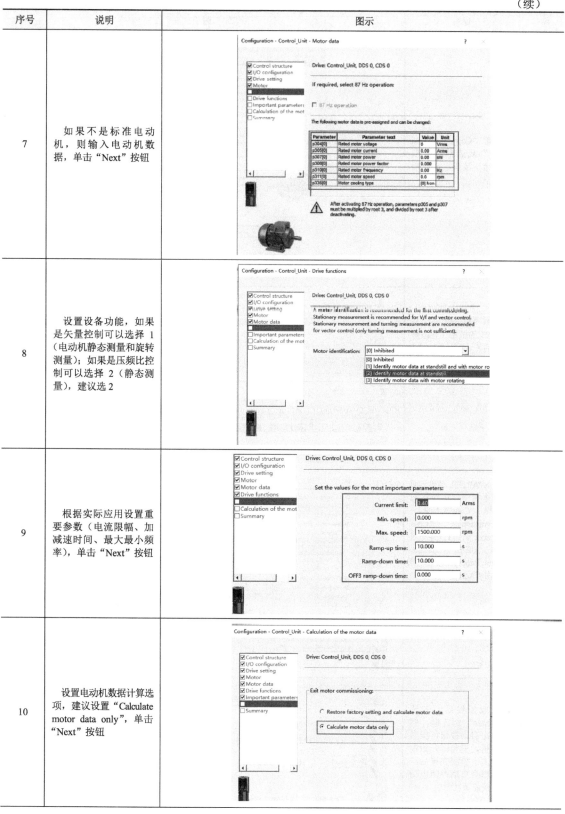
8	设置设备功能，如果是矢量控制可以选择 1（电动机静态测量和旋转测量）；如果是压频比控制可以选择 2（静态测量），建议选 2	
9	根据实际应用设置重要参数（电流限幅、加减速时间、最大最小频率），单击"Next"按钮	
10	设置电动机数据计算选项，建议设置"Calculate motor data only"，单击"Next"按钮	

（续）

序号	说明	图示
11	勾选"Copy RAM to ROM"复选框，单击"Finish"按钮，退出向导程序	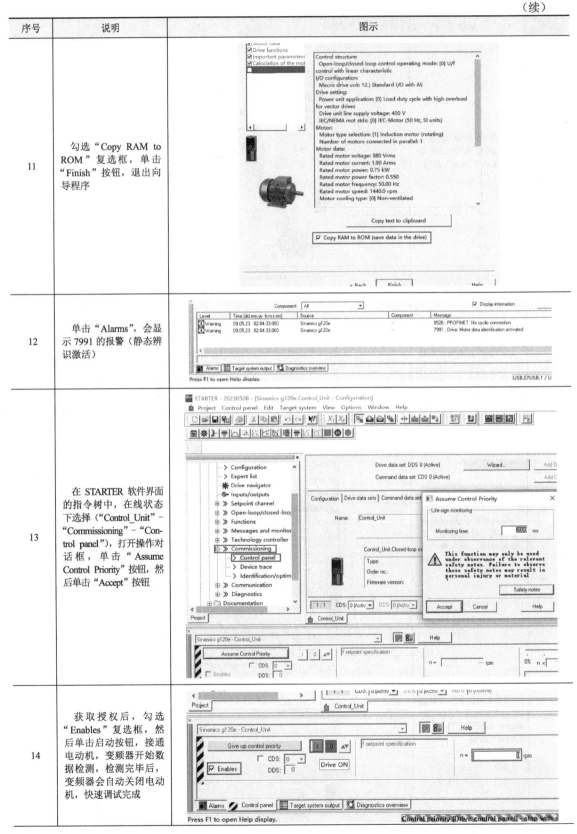
12	单击"Alarms"，会显示 7991 的报警（静态辨识激活）	
13	在 STARTER 软件界面的指令树中，在线状态下选择（"Control_Unit"-"Commissioning"-"Control panel"），打开操作对话框，单击"Assume Control Priority"按钮，然后单击"Accept"按钮	
14	获取授权后，勾选"Enables"复选框，然后单击启动按钮，接通电动机，变频器开始数据检测，检测完毕后，变频器会自动关闭电动机，快速调试完成	

（续）

序号	说明	图示
15	电动机静态辨识时，单击电动机图标，可以观察电动机的静态辨识情况	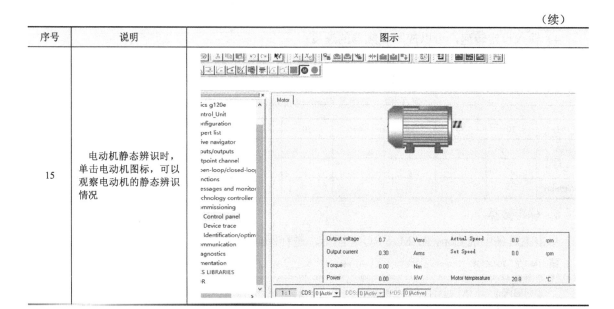

（3）功能调试

功能调试是指用户按照具体生产工艺的要求进行参数设置，要求不同，设置也不同，会在以后做详细介绍。

5. 调试运行

电动机数据静态辨识后，可以利用 Control panel 对变频器进行启动、设定值给定和反向控制，如图 3-26 所示。

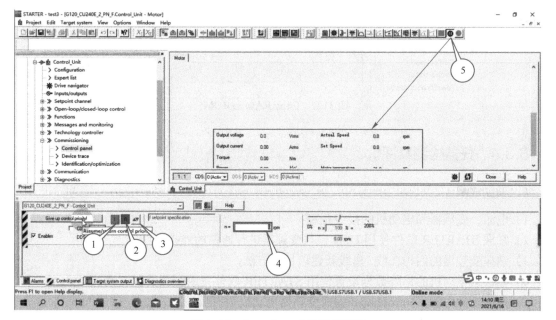

图 3-26　Control panel 控制变频器

1）单击启动按钮可以启动变频器；

2）单击停止按钮可以停止变频器；

3）单击反转按钮可以改变电动机旋转方向；

4）输入设定转速，可以控制变频器的速度；

5）单击电动机按钮可以看到电动机的实际速度、实际电流等数值。

使用 STARTRE 软件调试 G120 变频器时，在表 3-17 中记录变频器和电动机的运行数据。

表 3-17　变频器 Control panel 控制运行记录

f/Hz	10	20	30	40	50	-10	-20	-30	-40	-50
I/A										
U/V										
n/(r/min)										

6．保存数据

单击工具条中的 Copy RAM to ROM 图标，进行保存，如图 3-27 所示。

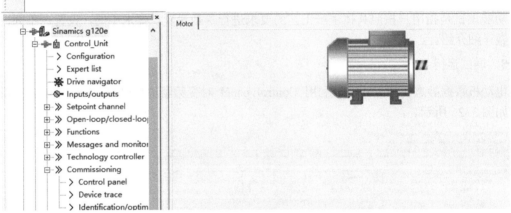

图 3-27　Copy RAM to ROM

3.3.4　任务检测及评价

1．预期成果

1）电源、变频器和电动机的接线正确；

2）掌握 STARTER 软件使用 USB 口与变频器进行通信的连接；

3）掌握变频器的四种在线 / 离线新建项目的方法；

4）能根据电动机的铭牌数据设置使用 STARTER 软件完成变频器快速调试；

5）使用软件中的 Control panel 完成变频器电动机数据辨识；

6）能操作软件中的 Control panel，实现电动机的起动、调速和停止；

7）能根据调速情况，观察、记录变频器和电动机的运行参数。

2. 检测要素

1）电源、变频器与电动机硬件接线的正确性；

2）STARTER 软件使用 USB 口与变频器通信连接；

3）变频器的四种在线/离线新建项目的方法；

4）根据电动机的铭牌数据设置使用 STARTER 软件完成变频器快速调试；

5）STARTER 软件掌握的熟练程度；

6）文明施工、纪律安全、团队合作、设备工具管理等。

3. 评价

（1）小组互评

小组互评表见表 3-18。

表 3-18　STARTER 软件控制电动机小组互评表

项目名称	STARTER 软件控制电动机运行		小组名称			
序号	完成项目	验收记录	整改措施		完成时间	分数
1	离线新建项目（2 种）					
2	在线新建项目（2 种）					
3	参数复位到工厂设置					
4	配置电动机参数及控制方式					
5	正确使用软件控制面板					
6	为电动机做静态辨识					
7	软件控制面板控制电动机					
	总得分					

验收结论：

签字：　　　　　　　　　时间：

（2）展示评价

STARTER 软件控制电动机评价表见表 3-19。

表 3-19　STARTER 软件控制电动机评价表

序号	评价项目	评价内容	权重（%）	分数	学习情况记录
1	职业素养（15%）	分工合理，团队意识强，无旷课、迟到	5		
		爱岗敬业，安全意识，责任意识	5		
		遵守安全规程、行业规范，现场 5s 标准	5		
2	专业能力（75%）	正确连接电源、变频器与电动机的硬件接线	5		
		STARTER 软件使用 USB 口与变频器通信连接	5		
		变频器的四种在线/离线新建项目的方法	10		
		根据电动机的铭牌数据设置使用 STARTER 软件完成变频器快速调试	20		
		使用软件中的 Control panel 完成变频器电动机数据辨识	10		
		能操作软件中的 Control panel，实现电动机的起动、调速和停止	10		

（续）

序号	评价项目	评价内容	权重（%）	分数	学习情况记录
2	专业能力（75%）	施工合理、操作规范，在规定时间内正确完成任务	5		
		安全施工、质量、文明、团队意识强（工具保管、使用、收回情况；设备摆放、场地整理情况），无旷课、迟到现象	10		
3	创新意识（10%）	创新性思维和行动	10		
总得分					

4．思考与练习

一、单选题

1．在 STARTER 软件中，⛏按钮表示（　　）。

    A．复位到工厂设置　　　B．参数的上传　　C．参数的下载　　D．复制 RAM 到 ROM

2．在 STARTER 软件中，⛏|按钮表示（　　）。

    A．复位到工厂设置　　　B．参数的上传　　C．参数的下载　　D．复制 RAM 到 ROM

3．在 STARTER 软件中，🖥按钮表示（　　）。

    A．复位到工厂设置　　　B．参数的上传　　C．参数的下载　　D．复制 RAM 到 ROM

4．在 STARTER 软件中，⊹按钮表示（　　）。

    A．复位到工厂设置　　　B．参数的上传　　C．参数的下载　　D．复制 RAM 到 ROM

5．在 STARTER 软件中，控制面板在哪个根目录下？（　　）

    A．Configuration　　　B．Setpoints　　　C．Functions　　　D．Commissioning

二、多选题

1．上位机运用 STARTER 软件通过 USB 接口连接 G120 变频器时，找不到设备，可能的原因是（　　）。

    A．PG/PC 接口设置错误　　　　　　　B．G120 驱动未安装

    C．软件版本低　　　　　　　　　　　D．变频器版本高

2．在西门子 G120 变频器的调试过程中，经常运用到的软件有（　　）。

    A．STEP7　　　　B．SIZER　　　C．STARTER　　D．SCOUT

3．下列软件中包含 STARTER 软件的是（　　）。

    A．STEP7　　　　B．SIZER　　　C．TIA　　　　D．SCOUT

三、练习题

1．练习使用 STARTER 软件新建项目的四种方法。

2．练习使用 STARTER 软件快速调试 G120 变频器。

上一学习情境介绍西门子 SINAMICS G120 变频器的基本调试，熟悉了几种调试工具：BOP-2、IOP 和 STARTER 软件。如果还需要对变频器的其他功能进行设置，则需要进行变频器的扩展调试。本学习情境介绍 G120 变频器的功能和扩展调试。

任务 4.1　认识 G120 变频器功能

变频器进行基本调试后，需要根据电气原理图和工艺要求对变频器进行进一步的调试，也就是扩展调试。在进行扩展调试前需要了解 G120 变频器的一些主要功能，变频器的主要功能如图 4-1 所示，主要包括：驱动控制器、安全功能、设定值和设定值处理、工艺控制器、电动机控制、驱动及负载装置保护、提升驱动的可用性、节能等。

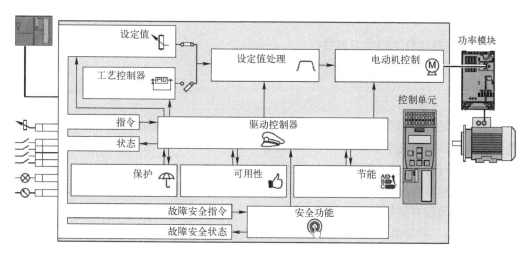

图 4-1　变频器的主要功能

【任务引入】

本任务要求了解变频器的主要功能、变频器中的信号互联（BICO 连接）、控制字和状态字、G120 变频器的各种宏、变频器的指令源和设定值的源。任务要求如下：

- 了解 G120 变频器的各主要功能；
- 掌握 G120 变频器的 BICO 连接；
- 掌握 G120 变频器的控制字与状态字；
- 了解 G120 变频器的宏设置；
- 掌握 G120 变频器的指令源和设定值的源。

【任务目标】

1. 知识目标

1）了解 G120 变频器的各主要功能；

2）掌握 G120 变频器的 BICO 连接；

3）掌握 G120 变频器的控制字与状态字；

4）了解 G120 变频器的宏设置；

5）掌握 G120 变频器的指令源和设定值的源。

2. 能力目标

1）能够为 BICO 参数进行 BICO 连接设置；

2）能够熟练掌握 G120 变频器的控制字 1 和状态字 1；

3）能够对 G120 变频器进行宏设置；

4）能够设置 G120 变频器的指令源和设定值的源。

3. 素质目标

1）促使学生养成自主的学习习惯；

2）学会用理论指导实践，在实践中寻找理论支持。

4. 素养目标

变频器的功能越来越强大：随着科学技术的不断进步，变频器的功能也在不断地发展。以下是变频器功能发展的几个方面。

1）功能复杂化：随着对变频器功能需求的提高，变频器的功能越来越复杂。现代变频器不仅可以实现基本的转速控制、转矩控制、运动控制等功能，还可以实现网络通信、CAN 总线控制、PLC 功能、数据存储等复杂的功能。

2）节能功能：变频器不仅可以实现对电动机的调速控制，还可以通过组合其他控制器实现电动机起停、降低负载、降低电流等节能功能。

3）安全性：现代变频器会通过各种检测报警机制，确保变频器在工作过程中不会发生故障和事故。此外，一些新型变频器还具有防雷、过电流保护和过温保护等功能，以确保使用的安全性。

4）体积减小：如今，随着电子技术的发展，变频器本身的电路板和其他外围设备的电路板之间集成度越来越高。这种趋势使得变频器的尺寸减小，使其更适合一些狭小的空间安装。

5）自我诊断：变频器可以利用自我诊断功能，检测不正常的使用条件、使用环境和电源问题。变频器在工作时如果检测到异常的条件，可以及时发出警报或关机，从而避免可能的故障。

【任务分析】

4.1.1　主要功能

1. 驱动控制器

码 4-1　G120 变频器的主要功能

变频器通过端子排或控制单元的现场总线接口从上级控制器获取其指令。驱动控制器定义了变频器如何响应指令，包括：电动机接通和关闭时的顺序控制、调整端子排的预设置、通过数字量输入控制右转和左转、通过 PROFIBUS 或 PROFINET 驱动控制器、Modbus RTU 驱动控制、USS 驱动控制、Ethernet/IP 驱动控制、JOG（点动）、限制位置控制。还包括切换变频器控制（指令数据组）——变频器可在不同的驱动控制器设置之间切换；电动机抱闸控制——变频器有一个电动机抱闸控制器，可关闭电动机抱闸使电动机保持在位置上；使用自由功能块——使用自由功能块可以在变频器内建立可配置的信号互联；选择物理单位——可以选择以何种物理单位制在变频器上显示相应的值。

2. 安全功能

安全功能用于对变频器功能的安全性有高要求的应用场合。扩展的安全功能监控驱动转速。

3. 设定值和设定值处理

设定值通常可确定电动机转速。设定值处理用于避免斜坡功能发生器使转速剧烈变化的情况，并将转速控制在最大值以下。

4. 工艺控制器

工艺控制器用来控制过程数据，如压力、温度、液位或流量。电动机控制从上级控制器或工艺控制器获取设定值。

5. 电动机控制

电动机控制用于使电动机跟踪转速设定值。用户可在不同的控制方式之间进行选择。电动机控制用于使电动机跟踪转速设定值。用户可在不同的控制方式之间进行选择。

6. 驱动及负载装置保护

保护功能可以避免损坏电动机、变频器和负载装置。包括：过电流保护、通过温度监控实现的变频器保护、带温度传感器的电动机保护、计算电动机温度以保护电动机、通过电压限值的电动机保护和变频器保护、监控负载装置可防止异常运行状态、监控驱动的负载装置。

7. 提升驱动的可用性

（1）动能缓冲（Vdc_min 控制）
动能缓冲会将负载装置的动能转换为电能，以应对瞬时掉电。
（2）捕捉重启（接通正在旋转的电动机）
"捕捉重启"功能可实现在电动机还在旋转时顺利接通电动机。

（3）自动重启

自动重启激活时，变频器会在电源掉电后尝试重新接通电动机并根据需要应答出现的故障。

8．节能

（1）效率优化

标准异步电动机的效率优化能在部分负载区域内降低电动机损耗。

（2）电源接触器控制

电源接触器控制可在电源需要时断开变频器，以降低变频器损耗。

（3）计算节省的能量

变频器会对比机械流量控制器计算出变频器模式所节省的能源。

4.1.2　信号互联（BICO 连接）

在学习变频器的 BICO 连接之前，首先要先了解变频器的参数，参数包括参数号和参数值，变频器的参数设置就是将参数值赋值给参数号。

码4-2　BICO 互联技术

参数号由一个前置的"p"或者"r"、参数号和可选用的下标或位数组组成。参数列表中的表达如下：

- p... 可调参数（可读写）。
- r... 显示参数（只读）。
- p0918 可调参数 918。
- p2051[0...13] 可调参数 2051，下标 0～13。
- p1001[0...n] 可调参数 1001，下标 0～n（n =可配置）。
- r0944 显示参数 944。
- r2129.0...15 显示参数 2129，位数组从位 0（最低位）到位 15（最高位）。

参数在文档中的其他写法如下：

- p1070[1]可调参数 1070，下标 1。
- p2098[1].3 可调参数 2098，下标 1，位 3。
- p0795.4 可调参数 795，位 4。

关于可调参数，出厂交货时的参数值在"出厂设置"项下列出，方括号内为参数单位。参数值可以在"最小值"和"最大值"确定的范围内修改。如果某个可调参数的修改会对其他参数产生影响，这种影响被称为"关联设置"。

BICO 功能是一种把变频器内部输入和输出功能联系在一起的设置方法，它是西门子变频器特有的功能，可以方便客户根据实际工艺要求来灵活定义端口。

修改了变频器中的信号互联后，可以调整变频器以适合不同的应用需求。这些不一定是高度复杂的任务。

在西门子 G120 变频器的参数表中，有些参数名称的前面标有以下字样："BI：""BO："" CI："" CO："" CO/BO："，它们就是 BICO 参数。可以通过 BICO 参数确定功能块输入信号的来源，确定功能块是从哪个模拟量接口或二进制接口读取输入信号的，这样用户便可以按照自己的要求，互联设备内各种功能块了。图 4-2 展示了五种 BICO 参数：

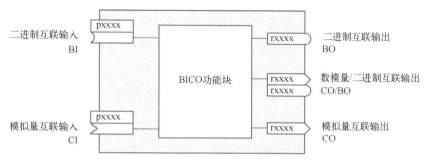

图 4-2　五种 BICO 参数

BI：二进制互联输入，即参数作为某个功能的二进制输入接口，通常与"p 参数"对应。

BO：二进制互联输出，即参数作为二进制输出信号，通常与"r 参数"对应。

CI：模拟量互联输入，即参数作为某个功能的模拟量输入接口，通常与"p 参数"对应。

CO：模拟量互联输出，即参数作为模拟量输出信号，通常与"r 参数"对应。

CO/BO：模拟量 / 二进制互联输出，是将多个二进制信号合并成一个"字"的参数，该字中的每一位都表示一个二进制互联输出信号，16 个位合并在一起表示一个模拟量互联输出信号。

两个 BICO 模块之间通过一个模拟量接口或二进制接口以及一个 BICO 参数进行互联。一个功能块的输入端连到另一个功能块的输出端：在 BICO 参数中输入各个模拟量接口或二进制接口的参数号，其输出信号会提供给 BICO 参数。

G120 变频器每个功能都由一个或多个相互连接的功能块组成，如图 4-3 所示。

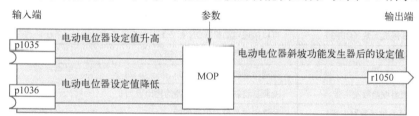

图 4-3　带有 BICO 参数的电动电位器功能块

大多数功能块可根据实际应用通过参数来调整。不能更改一个功能块内部的信号互联。但是可以更改功能块之间的连接，方法是，将一个功能块的输入和另一个功能块的对应输出连在一起。

和电气线路技术不同，功能块之间的信号互联不是采用电线，而是采用软件，如图 4-4 所示。

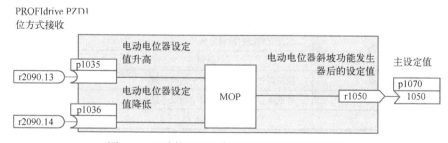

图 4-4　已连接 BICO 参数的电动电位器功能块

电动电位器升速参数 p1035（BI）连接了 PROFIdrive 发过来字的第 13 位 r2090.13（BO），

电动电位器降速参数 p1036（BI）连接了 PROFIdrive 发过来字的第 14 位 r2090.14（BO）。电动电位器设定值参数 r1050（CO）连接到了主给定值 p1070（CI）上。

4.1.3 控制字和状态字

1. 控制字

控制字就是对变频器的工作运行进行控制的一个字。一个十六进制的字可以分为 16 个位，每个控制位都对应不同的含义，例如：启动、停止控制位、OFF2 停车控制位、变频器使能控制位、故障复位控制位等。可以通过端子控制的方式或者通信控制的方式控制控制字的各个控制位，从而达到控制变频器的目的。

码4-3 G120
变频器的控制
字与状态字

G120 变频器通过通信接收到的控制字中每一位都有其特定的功能，在参数手册的 r0054 中有对每一位含义的说明，也可参考表 4-1。

表 4-1　G120 控制字 1 各位含义

位	含义	说明	参数
0	0 = OFF1	电动机按斜坡函数发生器的减速时间 p1121 制动。达到静态后变频器会关闭电动机	p840
	0 → 1 = ON	变频器进入"运行就绪"状态。另外位 3 = 1 时，变频器接通电动机	
1	0 = OFF2	电动机立即关闭，惯性停车	p844
	1 = OFF2 不生效	可以接通电动机（ON 指令）	
2	0 = 快速停机	快速停机：电动机按 OFF3 减速时间 p1135 制动，直到达到静态	p848
	1 = 快速停机无效（OFF3）	可以接通电动机（ON 指令）	
3	0 = 禁止运行	立即关闭电动机（脉冲封锁）	p852
	1 = 使能运行	接通电动机（脉冲使能）	
4	0 = 封锁斜坡函数发生器	变频器将斜坡函数发生器的输出设为 0	p1140
	1=不封锁斜坡函数发生器	允许斜坡函数发生器使能	
5	0 = 停止斜坡函数发生器	斜坡函数发生器的输出保持在当前值	p1141
	1=使能斜坡函数发生器	斜坡函数发生器的输出跟踪设定值	
6	0 = 封锁设定值	电动机按斜坡函数发生器减速时间 p1121 制动	p1142
	1 = 使能设定值	电动机按加速时间 p1120 升高到速度设定值	
7	0 → 1 = 应答故障	应答故障。如果仍存在 ON 指令，变频器进入"接通禁止"状态	p2103
8、9	预留		
10	0 = 不由 PLC 控制	变频器忽略来自现场总线的过程数据	p0854
	1 = 由 PLC 控制	由现场总线控制，变频器会采用来自现场总线的过程数据	
11	1 = 换向	取反变频器内的设定值	p1113
12	预留		
13	1 = 电动电位器升高	提高保存在电动电位器中的设定值	p1035
14	1 = 电动电位器降低	降低保存在电动电位器中的设定值	p1036
15	预留		

2. 状态字

变频器的状态字表示的是变频器目前的状态，是运行还是停机，是报警还是故障等。一个十六进制的字可以分为 16 个位，每个控制位都对应不同的含义。通过硬线连接端子的方式或者通信的方式来读取状态字的各个状态位，就可以知道变频器目前的状态。

G120 变频器通过通信发送的状态字中每一位都代表了变频器不同的状态，在参数手册的 r0052 中有对每一位含义的说明，也可参考表 4-2。

表 4-2　G120 状态字 1 各位含义

位	含义	说明	参数
0	1 = 接通就绪	电源已接通，电子部件已初始化，脉冲禁止	r899.0
1	1 = 运行准备	电动机已经接通（ON/OFF1 = 1），当前没有故障。收到"运行使能"指令（STW1.3），变频器会接通电动机	r899.1
2	1 = 运行已使能	电动机跟踪设定值。见"控制字 1 位 3"	r899.2
3	1 = 出现故障	在变频器中存在故障。通过 STW1.7 应答故障	r2139.3
4	1 = OFF2 未激活	惯性停车功能未激活	r899.4
5	1 = OFF3 未激活	快速停止未激活	r0899.5
6	1 = 接通禁止有效	只有在给出 OFF1 指令并重新给出 ON 指令后，才能接通电动机	r899.6
7	1 = 出现报警	电动机保持接通状态，无须应答	r2139.7
8	1 = 转速差在公差范围内	"设定 / 实际值"差在公差范围内	r2197.7
9	1 = 已请求控制	请求自动化系统控制变频器	r899.9
10	1 = 达到或超出比较转速	转速大于或等于最大转速	r2199.1
11	1 = 未达到转矩限值	电流或转矩的比较值不同	r1407.7
12	预留		
13	0 = 报警 "电动机过热"	—	r2135.14
14	1 = 电动机正转	变频器内部实际值>0	r2197.3
	0 = 电动机反转	变频器内部实际值<0	
15	0 = 报警 "变频器热过载"	—	r2135.15

4.1.4　G120 变频器的宏

SINAMICS G120 变频器为满足不同的接口定义提供了多种预定义接口宏，每种宏对应着一种接线方式。选择其中一种宏后变频器会自动设置与其接线方式相对应的一些参数，这样极大方便了用户的快速调试。在选用宏功能时请注意以下两点：

码4-4　G120 变频器的宏

1）如果其中一种宏定义的接口方式完全符合用户的应用，那么按照该宏的接线方式设计原理图，并在调试时选择相应的宏功能即可方便地实现控制要求。

2）如果所有宏定义的接口方式都不能完全符合用户的应用，那么可选择与用户的布线比较相近的接口宏，然后根据需要来调整输入 / 输出的配置。

宏的修改可以通过参数 p0015 来完成，注意修改参数 p0015 前，必须将 p0010 参数修改成 1 才行，修改步骤如下：

① 设置 p0010=1；

② 修改 p0015 的值；

③ 设置 p0010=0。

不同类型的控制单元有相应数量的宏，如 CU240B-2 有 8 种宏，CU240E-2 有 18 种宏。CU240B-2 的预定义接口宏见表 4-3，CU240E-2 的预定义接口宏见表 4-4。

表 4-3　CU240B-2 预定义接口宏

宏编号	宏功能	主要端子定义	主要参数设置	CU240B-2	CU240B-2 DP
7	现场总线 PROFIBUS 和点动之间切换	现场总线模式时 DI2: 故障复位 DI3: 低电平 点动模式时 DI0: JOG 1 DI1: JOG 2 DI2: 故障复位 DI3: 低电平	p0922=1 p810=722.3 p1055[1]=722.0 p1056[1]=722.1	—	X（默认）
9	电动电位器（MOP）	DI0: ON/OFF1 DI1: MOP 升高 DI2: MOP 降低 DI3: 故障复位	p840=722.0 p1035=722.1 p1036=722.2	X	X
12	双线制控制 1，模拟量调速	DI0: ON/OFF1 正转 DI1: 反转 DI2: 故障复位 AI0: 转速设定	p840=722.0 p1113=722.1 p1070=755.0	X（默认）	X
17	双线制控制 2，模拟量调速	DI0: ON/OFF1 正转 DI1: ON/OFF1 反转 DI2: 故障复位 AI0: 转速设定	p840=3333.0 p1113=3333.1 p1070=755.0	X	X
18	双线制控制 3，模拟量调速	DI0: ON/OFF1 正转 DI1: ON/OFF1 反转 DI2: 故障复位 AI0: 转速设定	p840=3333.0 p1113=3333.1 p1070=755.0	X	X
19	三线制控制 1，模拟量调速	DI0: Enable/OFF1 正转 DI1: 脉冲正转起动 DI2: 脉冲反转起动 DI4: 故障复位 AI0: 转速设定	p840=3333.0 p1113=3333.1 p1070=755.0	X	X
20	三线制控制 2，模拟量调速	DI0: Enable/OFF1 正转 DI1: 脉冲正转起动 DI2: 反转 DI4: 故障复位 AI0: 转速设定	p840=3333.0 p1113=3333.1 p1070=755.0	X	X
21	现场总线 USS 通信	DI2: 故障复位	p2020：通信速率 p2021：通信站地址 p2022：通信 PZD 长度 p2023：通信 PKW 长度	X	—

表 4-4　CU240E-2 预定义接口宏

宏编号	宏功能	主要端子定义	主要参数设置	CU240E-2	CU240E-2F	CU240E-2 DP	CU240E-2 DP F
1	双方向两线制控制，两个固定转速	DI0: ON/OFF1 正转 DI1: ON/OFF1 反转 DI2: 故障复位 DI4: 固定转速 1 DI5: 固定转速 1	p840=3333.0 p1113=3333.1 p1022=722.4 p1023=722.5	X	X	X	X
2	单方向两个固定转速，预留安全功能	DI0: ON/OFF1+固定转速 1 DI1: 固定转速 2 DI2: 故障复位 DI4: 预留安全功能 DI5: 预留安全功能	p840=722.0 p1020=722.0 p1021=722.1	X	X	X	X
3	单方向四个固定转速	DI0: ON/OFF1+固定转速 1 DI1: 固定转速 2 DI2: 故障复位 DI4: 固定转速 3 DI5: 固定转速 4	p840=722.0 p1020=722.0 p1021=722.1 p1022=722.4 P1023=722.5	X	X	X	X
4	现场总线 PROFIBUS 控制	—	p922=352	—	—	X	X

（续）

宏编号	宏功能	主要端子定义	主要参数设置	CU240E-2	CU240E-2F	CU240E-2 DP	CU240E-2 DP F
5	现场总线 PROFIBUS 控制预留安全功能	DI4：预留安全功能 DI5：预留安全功能	P0922=352	—	—	X	X
6	现场总线 PROFIBUS 控制预留两项安全功能	DI0：预留安全功能 DI1：预留安全功能 DI4：预留安全功能 DI5：预留安全功能	p0922=1	—	—	—	X
7	现场总线 PROFIBUS 和点动之间切换	现场总线模式时 DI2：故障复位 DI3：低电平 点动模式时 DI0：JOG 1 DI1：JOG 2 DI2：故障复位 DI3：高电平	p0922=1 p810=722.3 p1055[1]=722.0 p1056[1]=722.1	—	—	X （默认）	X （默认）
8	电动电位器（MOP）预留安全功能	DI0：ON/OFF1 DI1：MOP 升高 DI2：MOP 降低 DI3：故障复位 DI4：预留安全功能 DI5：预留安全功能	p840=722.0 p1035=722.1 p1036=722.2	X	X	X	X
9	电动电位器（MOP）	DI0：ON/OFF1 DI1：MOP 升高 DI2：MOP 降低 DI3：故障复位	p840=722.0 p1035=722.1 p1036=722.2	X	X	X	X
12	端子启动模拟量调速	DI0：ON/OFF1 正转 DI1：反转 DI2：故障复位 AI0：转速设定	p840=722.0 p1113=722.1 p1070=755.0	X	X	X	X
13	端子启动模拟量调速预留安全功能	DI0：ON/OFF1 正转 DI1：反转 DI2：故障复位 AI0：转速设定 DI4：预留安全功能 DI5：预留安全功能	p840=722.0 p1113=722.1 p1070=755.0	—	—	X	X
14	现场总线 PROFIBUS 控制和电动电位器（MOP）切换	现场总线模式时 DI1：外部故障 DI2：故障复位 MOP 模式时 DI0：ON/OFF1 DI1：外部故障 DI2：故障复位 DI4：MOP 升高 DI5：MOP 降低	p922=20	X	X	X	X
15	模拟量给定和电动电位器（MOP）给定切换	模拟量设定模式时 DI0：ON/OFF1 DI1：外部故障 DI2：故障复位 DI3：低电平 MOP 模式时 DI0：ON/OFF1 DI1：外部故障 DI2：故障复位 DI3：高电平 DI4：MOP 升高 DI5：MOP 降低	p810=722.3	X （默认）	X （默认）	X	X
17	双线制控制 2，模拟量调速	DI0：ON/OFF1 正转 DI1：ON/OFF1 反转 DI2：故障复位 AI0：转速设定	p840=3333.0 p1113=3333.1 p1070=755.0	X	X	X	X

（续）

宏编号	宏功能	主要端子定义	主要参数设置	CU240E-2	CU240E-2F	CU240E-2 DP	CU240E-2 DP F
18	双线制控制 3，模拟量调速	DI0：ON/OFF1 正转 DI1：ON/OFF1 反转 DI2：故障复位 AI0：转速设定	p840=3333.0 p1113=3333.1 p1070=755.0	X	—	X	—
19	三线制控制 1，模拟量调速	DI0：Enable/OFF1 正转 DI1：脉冲正转起动 DI2：脉冲反转起动 DI4：故障复位 AI0：转速设定	p840=3333.0 p1113=3333.1 p1070=755.0	X	X	X	X
20	三线制控制 2，模拟量调速	DI0：Enable/OFF1 正转 DI1：脉冲正转起动 DI2：反转 DI4：故障复位 AI0：转速设定	p840=3333.0 p1113=3333.1 p1070=755.0	X	X	X	X
21	现场总线 USS 通信	DI2：故障复位	p2020：通信速率 p2021：通信站地址 p2022：通信 PZD 长度 p2023：通信 PKW 长度	X	X	—	—

通过预定义接口宏可以定义变频器用什么信号控制启动，由什么信号来控制输出频率，在预定义接口宏不能完全符合要求时，必须根据需要通过 BICO 功能来调整指令源和设定值源。

4.1.5　指令源和设定值源

1．指令源

指令源指变频器收到控制指令的接口。在设置预定义接口宏 P0015 时，变频器会自动对指令源进行定义。表 4-5 所列举的参数设置中的参数 r722.0、r722.2、r722.3、r2090.0、r2090.1 均为指令源。指令源的参数一般为变频器控制字的参数，例如：p840（OFF1）、p844（OFF2）、p848（OFF3）等。

码 4-5　G120 变频器设定值通道

表 4-5　指令源参数举例

参数号	参数值	说明
p0840	722.0	将数字输入 DI0 定义为启动命令
	2090.0	将现场总线控制字 1 的第 0 位定义为启动命令
p0844	722.2	将数字输入 DI2 定义为 OFF2 命令
	2090.1	将现场总线控制字 1 的第 1 位定义为 OFF2 命令
p2013	722.3	将数字输入 DI2 定义为故障复位

（1）电动机接通和关闭指令

接通电源电压后，变频器通常都会进入"接通就绪"状态。在该状态下，变频器会一直等待接通电动机的指令。收到 ON 指令，变频器会接通电动机，又进入"运行"状态。收到 OFF 指令，变频器会进入"关闭"状态。使电动机停止的指令有三种：OFF1、OFF2、OFF3。

发出 OFF1 指令后，变频器对电动机进行制动，直至静止。在电动机静止后，变频器会将其关闭。变频器又回到"接通就绪"状态。发出 OFF2 指令后，变频器立即关闭电动机，不对电动机进行制动，电动机会惯性停车。OFF3 命令为"快速停止"指令，发出 OFF3 指令后，变频器以 OFF3 减速时间使电动机制动；在电动机静止后，变频器会将其关闭。该指令经常在非正常运行情况下使用，以使电动机快速制动。

电动机接通和关闭时变频器的顺序控制如图 4-5 所示。

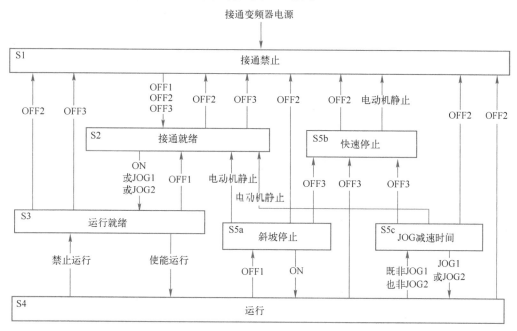

图 4-5　电动机接通和关闭时变频器的顺序控制

顺序控制确定了电动机从一种状态切换至另一种状态。

图 4-5 中，S1、S2、S3 表示电动机关闭的状态。其中 S1 表示接通禁止状态，在此状态下变频器等待新的 ON 指令，如果当前 ON 指令生效，必须重新激活 ON 指令才能使变频器退出该状态。S2 表示接通就绪状态，变频器等待接通电动机的指令；S3 表示运行就绪状态，变频器等待"运行使能"，变频器出厂设置时该指令"运行使能"是一直激活的。

S4、S5a、S5b、S5c 表示电动机接通的状态。其中 S4 表示运行状态，此时电动机已接通；S5a、S5c 表示正常停止状态，电动机已被 OFF1 指令关闭并以斜坡函数发生器的减速时间制动；S5b 表示快速停止状态，变频器以 OFF3 减速时间使电动机制动。

ON、JOG 1、JOG 2、使能运行表示变频器接通电动机；OFF1、OFF3 表示变频器使电动机制动；OFF2 表示变频器脉冲禁止。

（2）点动功能

点动功能即 JOG 功能，通常是指通过现场指令短时移动到一个机械组件，指令"JOG 1"或"JOG 2"用来接通或关闭电动机。仅当变频器状态为"接通就绪"时，指令才生效。JOG功能时电动机的工作时序如图 4-6 所示。

在接通后，电动机将加速到 JOG 1 设定值或 JOG 2 设定值。两个不同的设定值可分配至电动机反转和正转。

JOG 模式下，生效的斜坡功能发生器与 ON/OFF1 指令下相同。

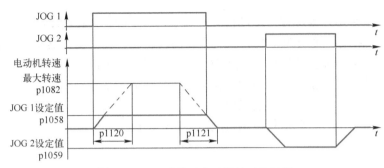

图 4-6 JOG 功能时电动机的工作时序

2. 设定值源

设定值源指变频器收到设定值的接口,在设置预定义接口宏 p0015 时,变频器会自动对设定值源进行定义。主设定值 p1070 的常用设定值源参数值及其说明见表 4-6,r1050、r755.0、r1024、r2050.1、r755.1 均为设定值源。

表 4-6 p1070 的常用设定值源参数值及其说明

参数号	参数值	说明
p1070	1050	将电动电位器作为主设定值
	755.0	将模拟量输入 AI0 作为主设定值
	1024	将固定转速作为主设定值
	2050.1	将现场总线作为主设定值
	755.1	将模拟量输入 AI1 作为主设定值

变频器通过设定值源收到主设定值。主设定值通常是电动机转速。变频器设定值的源如图 4-7 所示。

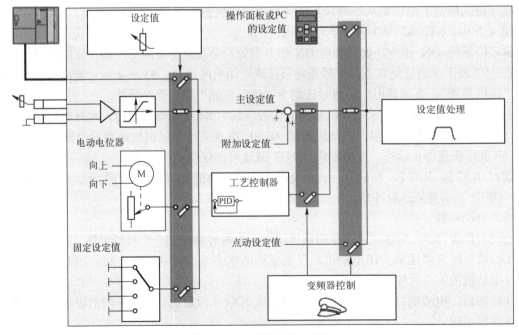

图 4-7 变频器的设定值源

主设定值的来源可以是以下几种：
- 变频器的现场总线接口。
- 变频器的模拟量输入。
- 变频器内模拟的电动电位器。
- 变频器内保存的固定设定值。

上述来源也可以是附加设定值的来源。

3．设定值处理

设定值处理通过以下功能影响设定值：
- "取反"，电动机旋转方向换向。
- "禁用旋转方向"功能能防止电动机在错误的方向上旋转，这在传送带、挤出机、泵或风扇应用中很有意义。
- "抑制带"能防止电动机在抑制带内持续运行。该功能能避免机械共振，因为它只能暂时允许特定的转速。
- "转速限制"能避免电动机及其驱动的负载出现过高转速。
- "斜坡函数发生器"能防止突然的设定值变化。这样电动机就可以以降低的转矩加速和制动。

设定值处理如图 4-8 所示。

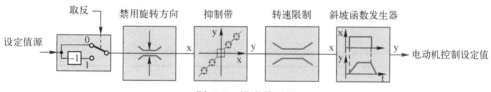

图 4-8　设定值处理

（1）取反

该功能通过二进制信号取反设定值符号。将参数 p1113 和用户所选的二进制信号互联，以通过外部信号取反设定值。

（2）禁用旋转方向

在变频器出厂设置中，电动机的正负旋转方向都已使能。如需禁用旋转方向，应将相应的参数设为 1。

p1110=1，禁止负向旋转方向；p1111=1，禁止正向旋转方向。

（3）抑制带

在 0 到设定转速的范围内，一个驱动支路上（如电动机、联轴器、芯轴、机械设备）可能有一个或多个共振点，这些共振点会导致振动。此时，抑制带可以避免共振频率内的运动，可通过 p1080 和 p1082 设置频率限值。此外，在运行期间还可通过模拟量互联 p1085 和 p1088 对此限值进行控制。G120 变频器有四个抑制带，防止电动机长期在某个转速范围内运行。

（4）转速限制

设置最小转速后，变频器可防止电动机长期以低于最小转速的转速运行。只有在电动机的加速或减速过程中，变频器才允许电动机转速（绝对值）短时间低于最小转速。p1080 为设置最小转速的参数。

最大转速可以限制两个旋转方向的转速设定值。一旦超出该值，变频器便输出报警或故障信息。当需要按照方向而定来限制转速时，可以确定每个方向的最大转速。p1082 为设置最小转速的参数。

（5）斜坡函数发生器

设定值通道中的斜坡功能发生器用来限制转速设定值的变化速率（加速度）。加速度降低会导致电动机加速转矩降低。这样电动机就可以减少负荷且生产设备也得到了保护。

G120 变频器有两种斜坡功能发生器可供选择：简单斜坡函数发生器和扩展斜坡函数发生器。

1）简单斜坡函数发生器

简单斜坡函数发生器限制加速度，但不限制急动度。它具有上升和下降斜坡，用于紧急停机（OFF3）的下降斜坡。简单斜坡函数发生器如图 4-9 所示。

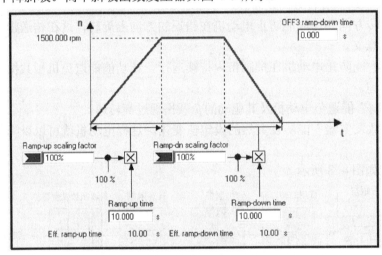

图 4-9　简单斜坡函数发生器

2）扩展斜坡函数发生器

扩展斜坡函数发生器不仅限制加速度，而且还通过设定值调整对加速度的变化（急动度）进行限制。如此一来便不会突然形成电动机转矩。扩展斜坡函数发生器的加速时间和减速时间是可以单独设置的。这两个时间只和实际应用紧密相关，可以是几百毫秒（如传送带传动），也可以是几分钟（如离心机）。扩展斜坡函数发生器如图 4-10 所示。

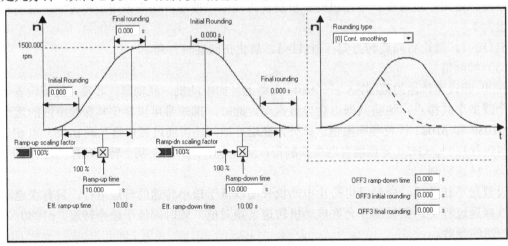

图 4-10　扩展斜坡函数发生器

从图 4-10 可以看出，起始段圆弧和结束段圆弧可以实现平滑加速和减速。电动机的加速时间和减速时间会加上圆弧时间：

- 有效的加速时间 ＝ p1120 + 0.5×(p1130 + p1131)。
- 有效的减速时间 ＝ p1121 + 0.5×(p1130 + p1131)。

4.1.6　任务检测及评价

一、单选题

1. 变频器进行完（　　　）后，需要根据电气原理图和工艺要求对变频器进行进一步的调试，也就是（　　　）。

　　A. 基本调试　　　　B. 快速调试　　　　C. 扩展调试　　　　D. 参数调试

2. 西门子 G120 变频器有一种把变频器内部输入和输出功能联系在一起的设置方法叫（　　　）功能。

　　A. BI　　　　　B. BI　　　　　C. CO　　　　　D. BICO　　　　　E. CI

3. 在西门了 G120 变频器的参数表中有（　　　）种 BICO 参数。

　　A. 3　　　　　D. 4　　　　　C. 5　　　　　D. 6

4. 西门子 G120 变频器的控制字 1 有（　　　）种停车方式。

　　A. 1　　　　　B. 2　　　　　C. 3　　　　　D. 4

5. G120 变频器用（　　　）来表示变频器目前的状态。

　　A. 控制字　　　　B. 状态字　　　　C. 参数　　　　D. 面板

6. G120 变频器的宏是通过（　　　）参数来进行修改的。

　　A. p0003　　　　B. p0004　　　　C. p0010　　　　D. p0015

7. G120 变频器 CU240E-2 有（　　　）种宏。

　　A. 8　　　　　B. 10　　　　　C. 15　　　　　D. 18

8. （　　　）指变频器收到控制指令的接口。

　　A. 参数　　　　B. 指令源　　　　C. 设定值源　　　　D. 控制字

9. （　　　）源指变频器收到设定值的接口。

　　A. 参数　　　　B. 指令源　　　　C. 设定值源　　　　D. 控制字

10. 参数号前是一个前置的"p"的参数是（　　　），是一个前置的"r"的参数是（　　　）。

　　A. 可调参数　　　　B. 基本参数　　　　C. 控制参数　　　　D. 显示参数

11. G120 变频器有（　　　）个抑制带，防止电动机长期在某个转速范围内运行。

　　A. 1　　　　　B. 2　　　　　C. 3　　　　　D. 4

二、多选题

1. 在西门子 G120 变频器的参数表中 BICO 参数有哪些类型？（　　　）

　　A. BI　　　　B. BO　　　　C. CI　　　　D. CO　　　　E. CO/BO

2. G120 变频器的停车方式有（　　　）。

　　A. OFF1　　　　B. OFF2　　　　C. OFF3　　　　D. OFF4

3. 电动机接通和关闭时变频器的顺序控制中，（　　　）表示电动机关闭的状态。

  A. S1   B. S2   C. S3   D. S4

4. 电动机接通和关闭时变频器的顺序控制中，（   ）表示电动机接通的状态。

  A. S4   B. S5a   C. S5b   D. S5c

5. G120 变频器主设定值的来源可以是（   ）。

  A. 变频器的现场总线接口   B. 变频器的模拟量输入

  C. 变频器内模拟的电动电位器   D. 变频器内保存的固定设定值

三、简答题

1. G120 变频器常见的设定值的源有哪些？

2. 修改 G120 变频器的宏的步骤是什么？

3. G120 变频器简单斜坡函数发生器和扩展斜坡函数发生器有什么区别？

4. 简述点动功能。

任务 4.2   G120 变频器的基础调试

  在了解了 G120 变频器的基本功能、熟悉了变频器的调试软件 STARTER 的基础上，下面就要对变频器进行调试了。首先介绍 I/O 端子对变频器的控制，就是要根据变频器的接线原理图对变频器进行调试。

【任务引入】

  本任务采用外部开关量控制 G120 变频器完成电动机的正向点动和反向点动、电动机的起动和可逆运行。调速采用两种方法，一是采用电动机电动电位器实现，二是采用模拟量输入 0 实现。本任务不仅要完成外部开关量与变频器的硬件连接，还需要设置对应的开关量和模拟量端子参数，才能够实现。

1. 所需设备

  G120 变频器、G120 控制单元、安装有 STARTER 软件的计算机、USB 编程电缆、开关、三相异步电动机、操作箱（带有开关、按钮、指示灯、电动电位器和指针表）。

2. 所需工具和材料

  万用表、螺丝刀、剥线钳、扳手、电线。

3. 任务要求

1）完成变频器主回路接线；

2）完成变频器控制回路的接线；

3）完成电动机的正向点动和反向点动；

4）完成电动机的起动和可逆运行；

5）采用模拟量输入 0 实现电动机调速；

6）采用电动机电动电位器实现电动机调速。

4. 安全要求

1）送电前检查变频器输入侧无对地短路现象；

2）送电前检查变频器输出侧无对地短路现象；

3）检查电动机无短路、断路、接地现象且三相电阻平衡；

4）检测控制回路按照控制要求接线准确无误；

5）保证接线正确牢固；

6）送电后检查面板显示是否正常；

7）主回路接线时要在变频器停电 5min 后进行，防止触电事故。

【任务目标】

1．知识目标

1）熟悉 G120 变频器 CU 上的 I/O 接线；

2）学会电动机的正向点动和反向点动。

3）学会电动机的起动和可逆运行；

4）学会使用电动电位器实现电动机调速；

5）学会使用模拟量输入 0 实现电动机调速。

2．能力目标

1）能够为变频器主回路接线；

2）会使用万用表对变频器主回路及电动机进行检查；

3）熟悉 G120 变频器的 I/O，并能按照原理图接线；

4）能够设置参数实现电动机的正向点动和反向点动；

5）能够设置参数实现电动机的起停；

6）能够设置参数实现电动机的可逆运行；

7）能够设置参数使用电动电位器为电动机调速；

8）能够设置参数使用模拟量输入 0 为电动机调速。

3．素质目标

1）培养学生送电前检查设备和接线准确性的习惯；

2）培养学生在调试过程中做记录的习惯。

4．素养目标

关于电的知识：

电，作为现代工业生产的基本动力，虽然为大家带来了许多便利，但不可否认，由于种种原因，电气设备产生的问题也给人类的生产与生活带来不少烦恼与损失。因此，电气安全已成为企业维护和保障职工健康以及顺利完成各项任务的重要工作内容。

【任务分析】

要完成任务，首先要了解 G120 变频器的 I/O 端子。西门子 G120 变频器 I/O（输入/输出）端子主要有四种：DI（数字量输入）端子、DO（数字量输出）端子、AI（模拟量输入）端子和AO（模拟量输出）端子。以图 4-11 所示的 CU240B/E 为例，介绍 G120 的 I/O 端子。图中共有 6 路 DI、3 路 DO、2 路 AI 和 2 路 AO。下面就一一介绍如何设置变频器 I/O。

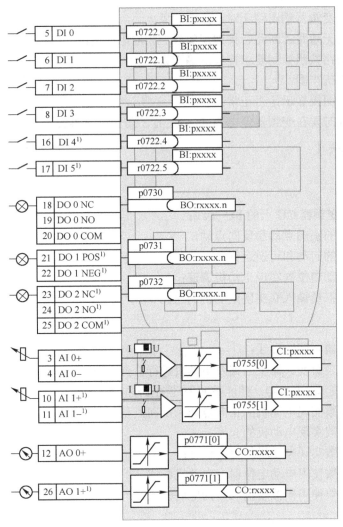

图 4-11 CU240B/E I/O 端子

4.2.1 数字量输入 DI

如图 4-12 所示，数字量输入 DI 端子号为 5、6、7、8、16、17，分别对应 DI0~DI5，对应的参数分别为 r0722.0~r0722.5。每个 DI 的功能是可以修改的，将 DI 的状态参数与选中的二进制互联输入连接在一起即可修改 DI 的功能。二进制互联输入在参数手册的参数表中以 "BI" 表示。部分 BI 参数含义见表 4-7。

码4-6 G120
变频器I/O端子

图 4-12 数字量输入 DI

表 4-7　变频器的二进制互联输入 BI 参数含义（选择）

BI	含义	BI	含义
p0810	指令数据组选择 CDS 位 0	p1055	JOG 位 0
p0840	ON/OFF1	p1056	JOG 位 1
p0844	OFF2	p1113	设定值取反
p0848	OFF3	p1201	捕捉再启动使能的信号源
p0852	使能运行	p2103	第 1 次应答故障
p1020	转速固定设定值选择位 0	p2106	外部故障 1
p1021	转速固定设定值选择位 1	p2112	外部警告 1
p1022	转速固定设定值选择位 2	p2200	工艺控制器使能
p1023	转速固定设定值选择位 3	p3330	双线 / 三线控制的控制指令 1
p1035	电动电位器设定值升高	p3331	双线 / 三线控制的控制指令 2
p1036	电动电位器设定值降低	p3332	双线 / 三线控制的控制指令 3

实例：如图 4-13 所示，如果要通过数字量输入 DI1 来应答变频器故障，将故障应答 (p2103) 指令和 DI1 相连，即设置 p2103 = 722.1 便可实现。

图 4-13　数字量输入的互联

4.2.2　数字量输出 DO

如图 4-14 所示，数字量输出端子号 18、19、20 对应 DO0，数字量输出端子号 21、22 对应 DO1，数字量输出端子号 23、24、25 对应 DO2，DO0～DO2 分别对应参数 p0730、p0731、p0732。

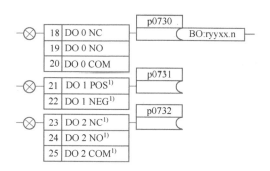

图 4-14　数字量输出 DO

必须将 DO 的状态参数与选中的二进制互联输出连接在一起，才可以修改 DO 的功能。二进制互联输出在参数手册的参数表中以"BO"表示。部分 BO 参数含义见表 4-8。

表 4-8　变频器的二进制互联输出 BO 参数含义（选择）

BO	含义	BO	含义
0	禁用数字量输出	r0052.08	0 信号：设定 / 实际转速偏差
r0052.00	1 信号：接通就绪	r0052.09	1 信号：已请求控制
r0052.01	1 信号：待机	r0052.10	1 信号：达到最高转速（p1082）
r0052.02	1 信号：运行已使能	r0052.11	0 信号：达到 I、M、P 极限
r0052.03	1 信号：存在故障 如果信号连接至数字量输出端上，则信号 r0052.03 取反	r0052.13	0 信号：报警"电动机过热"
		r0052.14	1 信号：电动机正转
r0052.04	0 信号：OFF2 生效	r0052.15	0 信号：报警"变频器过载"
r0052.05	0 信号：OFF3 生效	r0053.00	1 信号：直流制动生效
r0052.06	1 信号："接通禁止"生效	r0053.02	1 信号：转速>最低转速（p1080）
r0052.07	1 信号：存在报警	r0053.06	1 信号：转速≥设定转速（r1119）

实例：如图 4-15 所示，将 DO1 与故障存在的 BICO 参数相连，通过数字量输出 DO1 来表示变频器有故障。设置 p0731 = 52.3。

图 4-15　数字量输出 DO 的互联

4.2.3　模拟量输入 AI

如图 4-16 所示，模拟量输入端子号 3、4 对应 AI0，模拟量输入端子号 10、11 对应 AI1，分别对应参数 r0755[0]、r0755[1]。

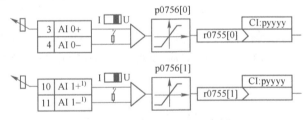

图 4-16　模拟量输入 AI 实例

使用参数 p0756[x] 和变频器上的开关确定模拟量输入的类型。确定模拟量输入的功能只需要将用户选择的模拟量互联输入 CI 与参数 r0755[x]相连。

在设置模拟量输入 AI 时，首先要确定模拟量输入的类型，变频器提供了一系列预定义设置，可以使用参数 p0756 进行选择，见表 4-9。

表 4-9　变频器的模拟量输入 AI 类型（选择）

通道	类型	测量范围	参数	设定值
AI0	单极电压输入	0~+10V	p0756[0]=	0
	单极电压输入受监控	+2~+10V		1
	单极电流输入	0~+20mA		2

（续）

通道	类型	测量范围	参数	设定值
AI0	单极电流输入受监控	+4~+20mA	p0756[0]=	3
	双极电压输入	−10~+10V		4
	未连接传感器	—		8
AI1	单极电压输入	0~+10V	p0756[1]=	0
	单极电压输入受监控	+2~+10V		1
	单极电流输入	0~+20mA		2
	单极电流输入受监控	+4~+20mA		3
	双极电压输入	−10~+10V		4
	未连接传感器	—		8

另外，还必须设置 AI 对应的开关。该开关位于控制单元正面保护盖的后面。开关拨至右侧开关位置"U"（出厂设置）为电压输入，开关拨至左侧"I"为电流输入，如图 4-17 所示。

图 4-17 AI 类型设置开关

用 p0756 修改了模拟量输入的类型后，变频器会自动调整模拟量输入的定标。线性的定标曲线由两个点（p0757，p0758）和（p0759，p0760）确定。参数 p0757~p0760 的一个索引分别对应了一个模拟量输入，例如：参数 p0757[0]~p0760[0]属于模拟量输入 AI0，如图 4-18、图 4-19 所示。参数含义见表 4-10。

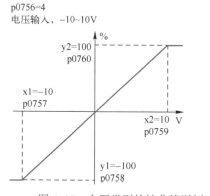

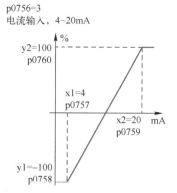

图 4-18 电压类型特性曲线举例　　图 4-19 电流类型特性曲线举例

表 4-10 定标曲线参数含义

定标参数	说明
p0757	曲线第 1 个点的 x 坐标[p0756 确定单位]
p0758	曲线第 1 个点的 y 坐标[p200x 的百分比] p200x 是基准参数，例如：p2000 是基准转速
p0759	曲线第 2 个点的 x 坐标[p0756 确定单位]
p0760	曲线第 2 个点的 y 坐标[p200x 的百分比]
p0761	断线监控的动作阈值

当预定义的类型和用户的应用不符时，需要自定义定标曲线。例如：变频器应通过 AI0 将"6～12mA"范围内的信号换算成"-100%～100%"范围内的百分比。低于 6mA 时会触发变频器的断线监控。

设置步骤如下：①将控制单元上模拟量输入 0 的 DIP 开关设置为电流输入（"I"）；②设置 p0756[0]=3，将模拟量输入 0 定义为带有断线监控的电流输入；③设置 p0757[0]=6.0 (x1)、p0758[0]=-100.0(y1)、p0759[0]=12.0(x2)、p0760[0] = 100.0(y2)、p0761[0] = 6，如图 4-20 所示。

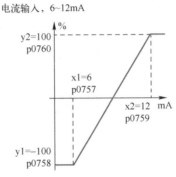

图 4-20　自定义特性曲线举例

将选择的 CI 与参数 p0755 相连，即可确定模拟量输入的功能。参数 p0755 的索引表示对应的模拟量输入，例如：p0755[0]表示模拟量输入 AI0。变频器的模拟量互联输入 CI 见表 4-11。

表 4-11　变频器的模拟量互联输入 CI（选择）

CI	含义	CI	含义
p1070	主设定值	p2253	工艺控制器设定值 1
p1075	附加设定值	p2264	工艺控制器实际值

实例：如图 4-21 所示，将 AI0 和附加设定值的信号源相连，以通过模拟量输入 AI0 给定附加设定值。设置 p1075 = 755[0]。

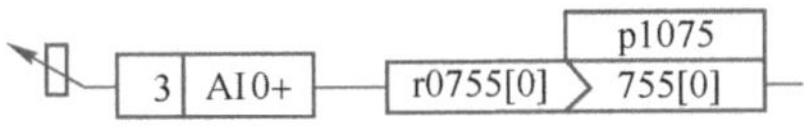

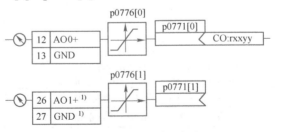

图 4-21　模拟量输入 AI 实例

4.2.4　模拟量输出 AO

如图 4-22 所示，模拟量输出端子号 12、13 对应 AO0，模拟量输出端子号 26、27 对应 AO1，分别对应参数 p0771[0]、p0771[1]。

图 4-22　模拟量输出 AO 实例

使用参数 p0776[x]确定模拟量输出的类型。确定模拟量输入的功能只需要将选择的模拟量互联输出 CO 与参数 p0771[x]相连。模拟量互联输出在参数手册的参数表中以"CO"表示。

在设置模拟量输出 AO 时，首先要确定模拟量输入的类型，变频器提供了一系列预定义设置，可以使用参数 p0776 进行选择，见表 4-12。

表 4-12　变频器的模拟量输出 AO 类型（选择）

通道	类型	测量范围	参数	设定值
AO0	电流输出（出厂设置）	0~+20 mA	P0776[0]=	0
	电压输出	0~+10 V		1
	电流输出	+4~+20 mA		2
AO1	电流输出（出厂设置）	0~+20 mA	p0776[1]=	0
	电压输出	0~+10 V		1
	电流输出	+4~+20 mA		2

用 p0776 修改了模拟量输出的类型后，变频器会自动调整模拟量输出的定标。线性的定标曲线由两个点（p0777，p0778)和（p0779，p0780)确定。参数 p0777~p0780 的一个索引分别对应了一个模拟量输出，例如：参数 p0777[0]~p0780[0]属于模拟量输出 AO0，如图 4-23、图 4-24 所示。参数含义见表 4-13。

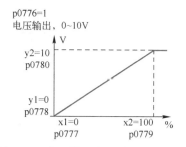

图 4-23　电压输出类型特性曲线举例

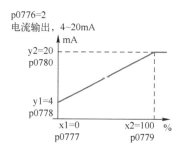

图 4-24　电流输出类型特性曲线举例

表 4-13　定标曲线参数含义

定标参数	说明
p0777	曲线第 1 个点的 x 坐标[p200x 的%值] p200x 是基准参数，例如：p2000 是基准转速
p0778	曲线第 1 个点的 y 坐标[V 或者 mA]
p0779	曲线第 2 个点的 x 坐标[p200x 的%值]
p0780	曲线第 2 个点的 y 坐标[V 或者 mA]

当预定义的类型和应用不符时，需要自定义定标曲线。例如：变频器应通过 AO0 将"0%~100%"范围内的信号换算成"6~12mA"范围内的输出信号值。

设置步骤如下：①设置 p0776[0] = 2，从而将模拟量输出 0 设为电流输出；②设置 p0777[0] = 0.0 (x1)、p0778[0] = 6.0 (y1)、p0779[0] = 100.0 (x2)、p0780[0] = 12.0 (y2)，如图 4-25 所示。

将选择的 CO 与参数 p0771 相连，即可确定模拟量输出的

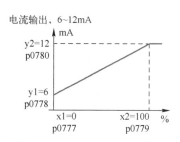

图 4-25　自定义特性曲线举例

功能。参数 p0771 的索引表示对应的模拟量输出，例如：p0771[0]表示模拟量输出 AO0。

表 4-14　变频器的模拟量互联输入 CO（选择）

CO	含义	CO	含义
r0021	经过滤波的转速实际值	r0026	经过滤波的直流母线电压
r0024	经过滤波的输出频率	r0027	经过滤波的电流实际值
r0025	经过滤波的输出电压		

实例：如图 4-26 所示，将 AO0 和输出电流信号相连，以通过模拟量输出 0 输出变频器的输出电流。设置 p0771.0 = 27。

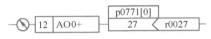

图 4-26　模拟量输出 AO 实例

【任务实施】

4.2.5　变频器典型电路的装调

1. 变频器的接线

（1）主回路的接线

G120 变频器的基本运行的主回路接线图与 BOP-2 面板硬件接线相同，如图 3-4 所示。

（2）实训装置介绍

G120 变频器的实训装置如图 4-27 所示。

码 4-7　操作箱 I、O 的设置

码 4-8　运行+可逆运行+正反转点动

码 4-9　运行+可逆运行+电动电位计给定

图 4-27　G120 变频器的实训装置

变频器的实训设备主要包括 G120 变频器、S7-300 PLC 和操作箱。操作箱如图 4-28 所示。

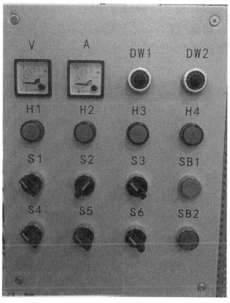

图 4-28　操作箱

操作箱上包含六个开关（S1～S6）和两个按钮（SB1、SB2），可以作为指令源连接变频器的数字量输入 DI；有两个多圈电动电位器（DW1、DW2），可以作为设定值源连接变频器的模拟量输入 AI；有四个指示灯（H1～H4），可以作为状态指示连接变频器的数字量输出 DO；有两块指针式仪表，第一块仪表的输入信号为 0～10V，第二块仪表的输入信号为 0～20mA，可以指示变频器电压、速度、转矩、功率、速度等，连接变频器的模拟量输出 AO。

（3）控制回路的接线

G120 变频器基本运行的控制回路接线图如图 4-29 所示。

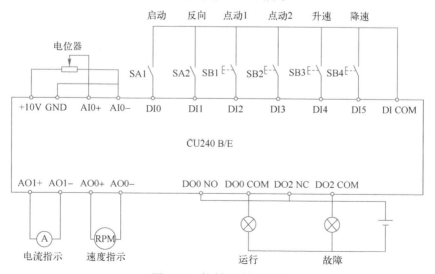

图 4-29　控制回路接线图

按照任务要求，模拟量输入 AI0 连接了一个多圈电位器，实现模拟量给定。数字量输入

DI0、DI1 分别连接了两个手动开关，实现变频器的启停和可逆运行。数字量输入 DI2～DI5 分别连接了一个自复位按钮，实现变频器的点动和电动电位器给定升降速运行。模拟量输出 AO0、AO1 连接了电流指示表和速度指示表，实现实际电流和速度的指示。数字量输出 DO0、DO2 连接了指示灯，实现变频器运行和故障的状态显示。

（4）通信的连接

使用 USB 通信电缆将装有 STARTER 软件的编程 PC 与 G120 变频器进行连接，并确保通信正常。

2．电动机的基本运行

（1）外部端子控制变频器单向运行

用端子控制变频器单向和可逆运行的控制回路如图 4-29 所示。采用一个开关和一个多圈电位器实现电动机的单向运行。开关 SA1 的一端分别与输入端子 5 连接，另一端并联连接到端子 9（24V）上。多圈电位器连接到端子 1、2、3、4 上。分别由端子 5 控制电动机的起停，多圈电位器控制电动机的转速。

接通变频器电源，按照情境 3 的任务对电动机进行基本调试后，利用外部端子控制变频器的单向运行的步骤见表 4-15。

表 4-15　使用外部端子控制变频器单向运行

序号	说明	图示
1	在完成基本调试后，双击"Control_Unit"下的"Inputs/outputs"显示 CU 端子输入 / 输出界面，可以配置 I/O	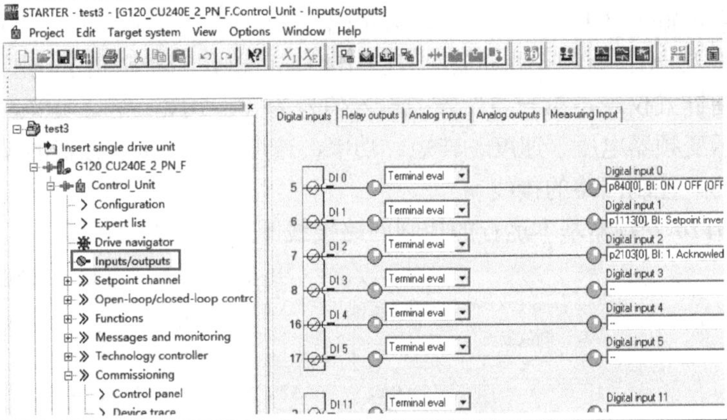
2	选择"Digital inputs"，单击端子 5（DI0）对应的功能选项。单击"Further interconnections"按钮	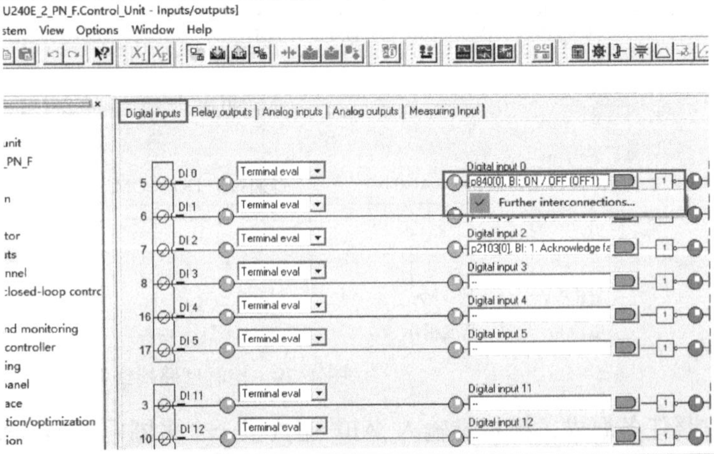

（续）

序号	说明	图示
3	在参数选择对话框中，勾选 p840[0]，单击"OK"按钮，将端子 DI0 设为变频器的启停功能	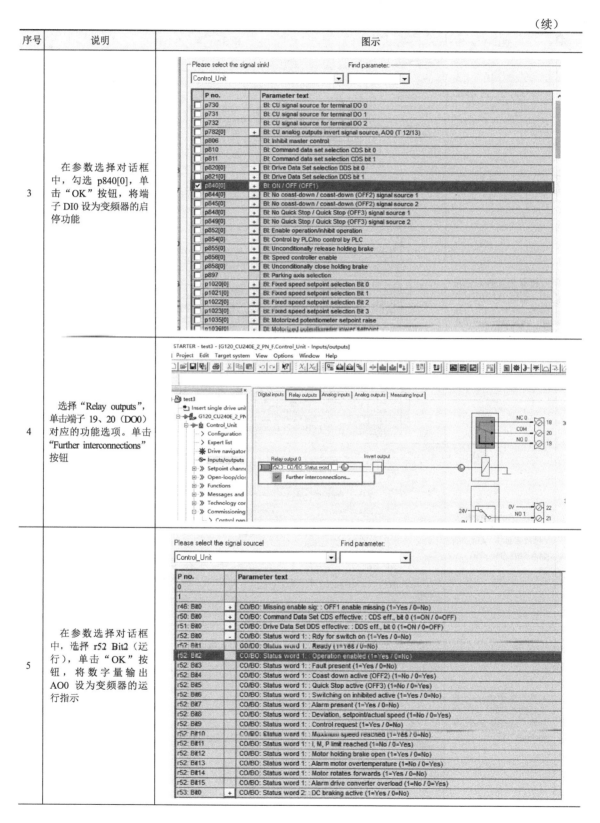
4	选择"Relay outputs"，单击端子 19、20（DO0）对应的功能选项。单击"Further interconnections"按钮	
5	在参数选择对话框中，选择 r52 Bit2（运行），单击"OK"按钮，将数字量输出 AO0 设为变频器的运行指示	

（续）

序号	说明	图示
6	单击端子 23、25（DO2）对应的功能选项。单击"Further interconnections"按钮	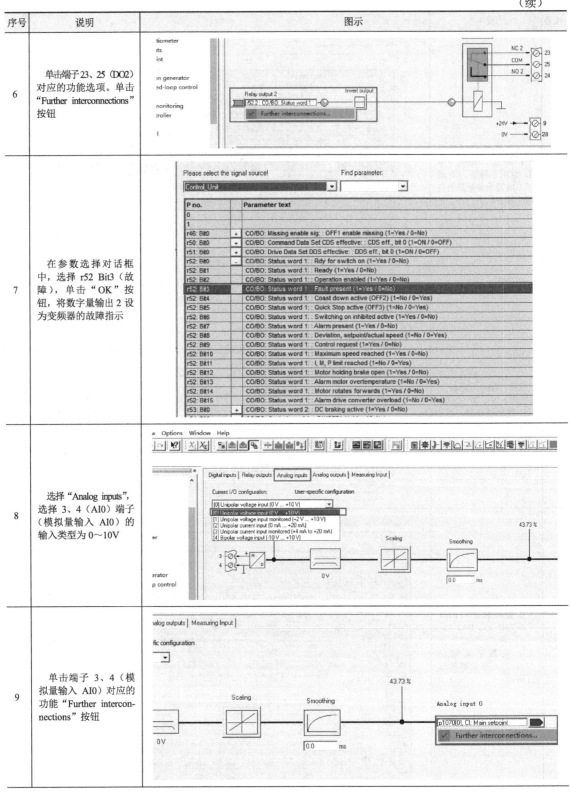
7	在参数选择对话框中，选择 r52 Bit3（故障），单击"OK"按钮，将数字量输出 2 设为变频器的故障指示	
8	选择"Analog inputs"，选择 3、4（AI0）端子（模拟量输入 AI0）的输入类型为 0~10V	
9	单击端子 3、4（模拟量输入 AI0）对应的功能"Further interconnections"按钮	

（续）

序号	说明	图示
10	在参数选择对话框中，勾选 p1070[0]（主给定），单击"OK"按钮，将模拟量输入 AI0 设为变频器的主给定	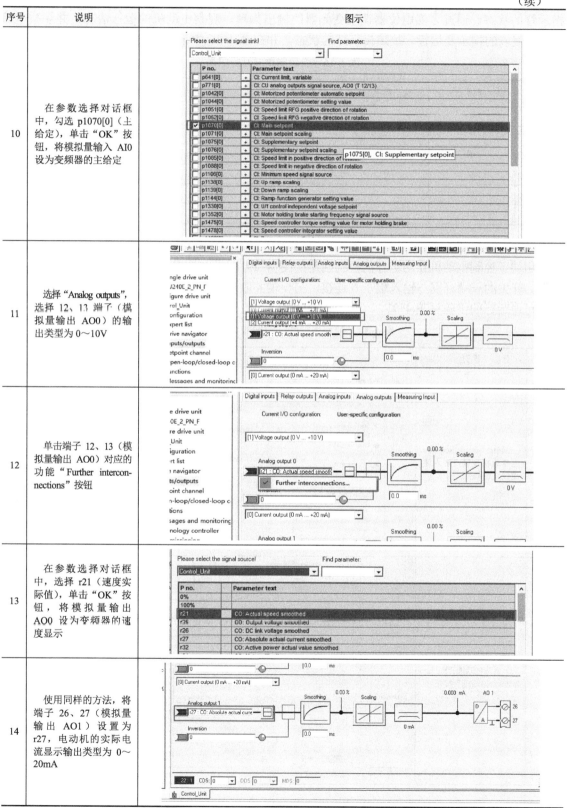
11	选择"Analog outputs"，选择 12、13 端子（模拟量输出 AO0）的输出类型为 0～10V	
12	单击端子 12、13（模拟量输出 AO0）对应的功能"Further interconnections"按钮	
13	在参数选择对话框中，选择 r21（速度实际值），单击"OK"按钮，将模拟量输出 AO0 设为变频器的速度显示	
14	使用同样的方法，将端子 26、27（模拟量输出 AO1）设置为 r27，电动机的实际电流显示输出类型为 0～20mA	

设置完成后，合上开关 SA1，观察电动机的运行情况。观察电流表和速度表及运行、故障指示灯的状态。通过多圈电位器调节变频器的输出频率，观察电动机的运行情况，并观察电流表和速度表的指示及运行、故障指示灯的状态。并在表 4-16 中记录变频器的运行数据。

表 4-16　变频器单向运行记录

序号	电位器输入电压	输出频率/Hz	输出电流	速度表转速	电流表电流	运行指示灯	故障指示灯
1	0						
2	2						
3	4						
4	6						
5	8						
6	10						

（2）可逆运行

用端子控制电动机点动运行的控制回路如图 4-29 所示。采用开关 SA2 实现电动机的可逆运行。开关的一端分别与输入端子 6 连接，另一端并联连接到端子 9（24V）上。

可逆运行的步骤见表 4-17。

表 4-17　使用外部端子控制变频器可逆运行

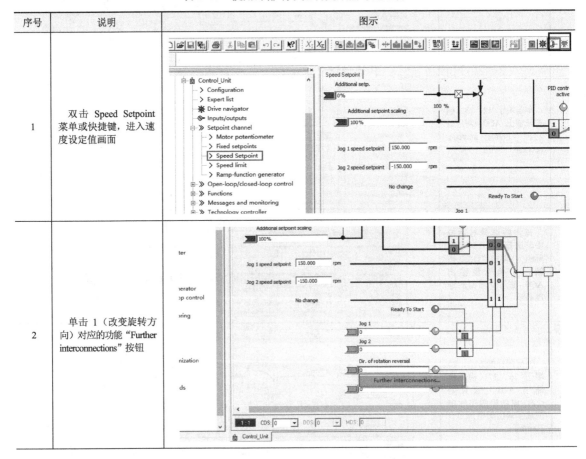

序号	说明	图示
1	双击 Speed Setpoint 菜单或快捷键，进入速度设定值画面	
2	单击 1（改变旋转方向）对应的功能"Further interconnections"按钮	

（续）

序号	说明	图示
3	在参数选择对话框中，选择 r722：Bit1（端子 6），单击 "OK" 按钮	Please select the signal source!　Find parameter:　Control_Unit P no.　Parameter text r46: Bit0 + CO/BO: Missing enable sig: : OFF1 enable missing (1=Yes / 0=No) r50: Bit0 + CO/BO: Command Data Set CDS effective: : CDS eff., bit 0 (1=ON / 0=OFF) r51: Bit0 + CO/BO: Drive Data Set DDS effective: : DDS eff., bit 0 (1=ON / 0=OFF) r52: Bit0 + CO/BO: Status word 1: : Rdy for switch on (1=Yes / 0=No) r53: Bit0 + CO/BO: Status word 2: : DC brsking active (1=Yes / 0=No) r54: Bit0 + CO/BO: Control word 1: : ON/OFF1 (1=Yes / 0=No) r55: Bit0 + CO/BO: Supplementary control word : Fixed setp bit 0 (1=Yes / 0=No) r56: Bit0 + CO/BO: Status word, closed-loop control : Initialization completed (1=Yes / 0=No) r722: Bit0 − CO/BO: CU digital inputs, status : DI 0 (T. 5) (1=High / 0=Low) r722: Bit1 CO/BO: CU digital inputs, status : DI 1 (T. 6) (1=High / 0=Low) r722: Bit2 CO/BO: CU digital inputs, status : DI 2 (T. 7) (1=High / 0=Low) r722: Bit3 CO/BO: CU digital inputs, status : DI 3 (T. 8) (1=High / 0=Low) r722: Bit4 CO/BO: CU digital inputs, status : DI 4 (T. 16) (1=High / 0=Low) r722: Bit5 CO/BO: CU digital inputs, status : DI 5 (T. 17) (1=High / 0=Low) r722: Bit11 CO/BO: CU digital inputs, status : DI 11 (T. 3, 4) (1=High / 0=Low) r722: Bit12 CO/BO: CU digital inputs, status : DI 12 (T. 10, 11) AI 1 (1=High / 0=Low) r723: Bit0 + CO/BO: CU digital inputs, status inverted : DI 0 (T. 5) (1=High / 0=Low) r751: Bit0 + BO: CU analog inputs status word : Analog input AI0 wire breakage (1=Yes / 0=No) r785: Bit0 + BO: CU analog outputs status word : AO 0 negative (1=Yes / 0=No)

设置完成后，合上开关 SA1，观察电动机的运行情况。用多圈电位器调节变频器的输出频率，观察电动机的运行情况，并观察电流表和速度表的指示及运行、故障指示灯的状态。合上开关 SA2，观察电动机的运行情况。并在表 4-18 中记录变频器的运行数据。

表 4-18　变频器单向运行记录

序号	电位器输入电压	数字输入状态		输出频率/Hz	输出电流	速度表转速	电流表电流	运行指示灯	故障指示灯
		SA1	SA2						
1	0	1	0						
		0	1						
2	2	1	0						
		0	1						
3	4	1	0						
		0	1						
4	6	1	0						
		0	1						
5	8	1	0						
		0	1						
6	10	1	0						
		0	1						

（3）点动运行

用端子控制电动机点动运行的控制回路如图 4-29 所示。采用两个自复位按钮实现电动机的点动运行。按钮的一端分别与输入端子 7、8 连接，另一端并联连接到端子 9（24V）上。

点动运行的设置步骤见表 4-19。

表 4-19　使用外部端子控制变频器点动运行

序号	说明	图示
1	双击 Speed Setpoint 菜单或快捷键，进入速度设定值画面	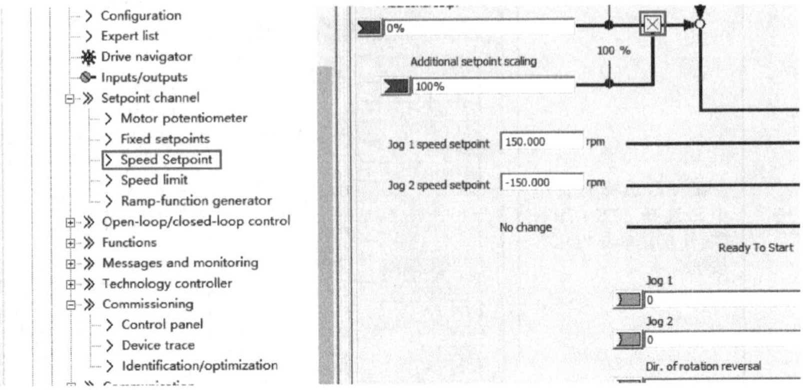
2	单击 1（点动 1 速度设定），设定速度为 150r/min（界面中单位显示为"rpm"，后同），单击 2（点动 1）对应的功能"Further interconnections"按钮	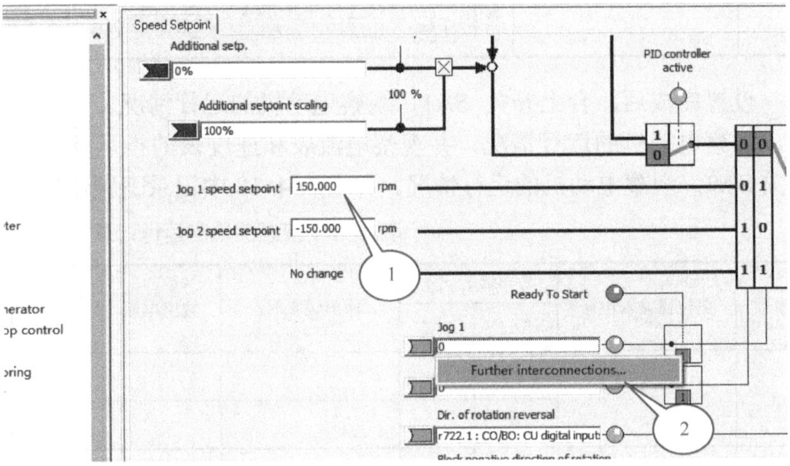
3	在参数选择对话框中，选择 r722：Bit2（端子 7），单击"OK"按钮	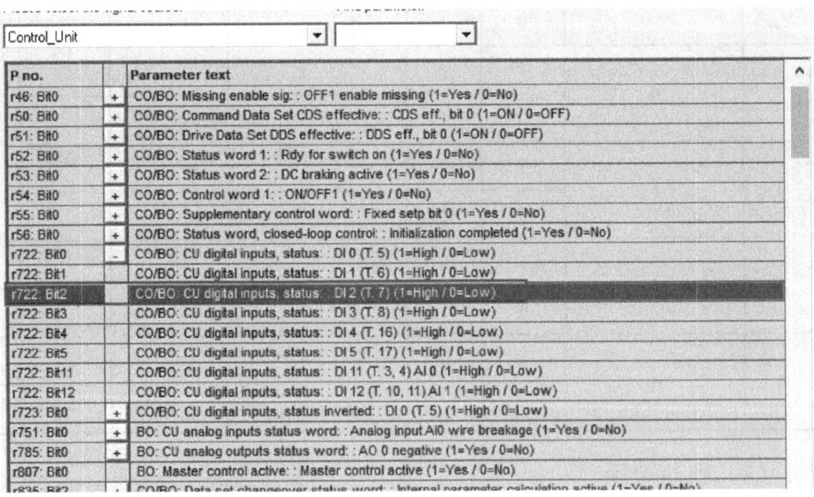

（续）

序号	说明	图示
4	按照同样的方法，将点动 2 速度设为 -150r/min，控制源为 r722.3（端子 8）	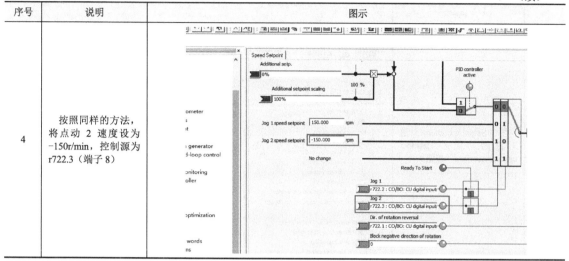

设置完成后，按下按钮 SB1，观察电动机的运行情况，并观察电流表和速度表的指示及运行、故障指示灯的状态。松开 SB1，观察电动机的运行情况。按下按钮 SB2，观察电动机的运行情况，并观察电流表和速度表的指示及运行、故障指示灯的状态。并在表 4-20 中记录变频器的运行数据。松开 SB2，观察电动机的运行情况。

表 4-20　变频器点动运行记录

序号	数字输入状态		输出频率/Hz	输出电流	速度表转速	电流表电流	运行指示灯	故障指示灯
	SB1	SB2						
1	0	0						
2	1	0						
3	0	1						

（4）采用电动电位器实现电动机调速

采用电动电位器控制电动机速度的控制回路如图 4-29 所示。采用两个自复位按钮控制电动机的速度。按钮的一端分别与输入端子 16、17 连接，另一端并联连接到端子 9（24V）上。

采用电动电位器的设置步骤见表 4-21。

表 4-21　使用电动电位器控制变频器运行

序号	说明	图示
1	双击 Motor potentiometer 菜单，进入电动电位器设置画面	

（续）

序号	说明	图示
2	单击 Setpoint higher（升速对应的功能）"Further interconnections"按钮	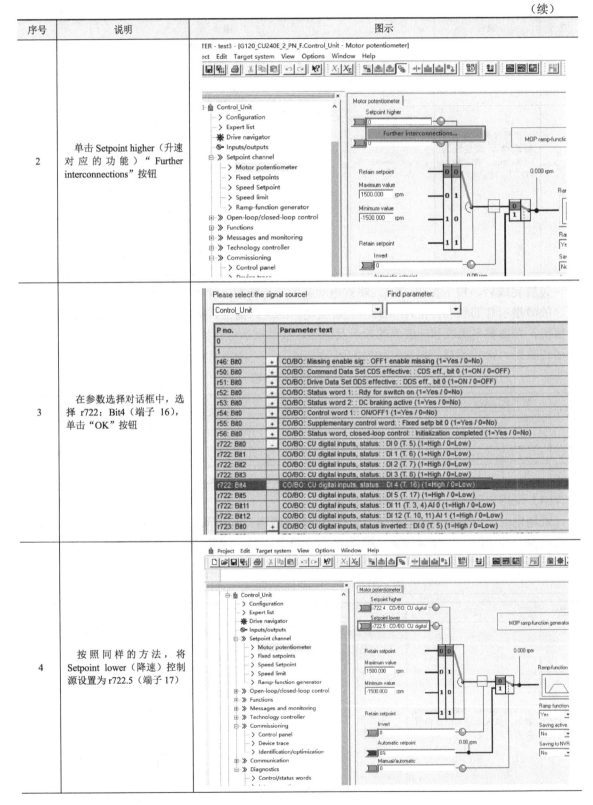
3	在参数选择对话框中，选择 r722：Bit4（端子 16），单击"OK"按钮	
4	按照同样的方法，将 Setpoint lower（降速）控制源设置为 r722.5（端子 17）	

（续）

序号	说明	图示
5	将电动电位器的输出连接到主给定 p1070[0]上	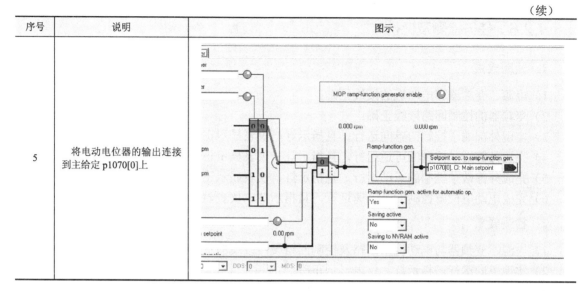

设置完成后，合上开关 SA1，按下按钮 SB3，电动机开始加速，观察电动机的运行情况，并观察电流表和速度表的指小及运行、故障指示灯的状态，松开 SB3，观察电动机的运行情况，并观察电流表和速度表的指示及运行、故障指示灯的状态。按下按钮 SB4，电动机开始降速，观察电动机的运行情况，并观察电流表和速度表的指示及运行、故障指示灯的状态。并在表 4-22 中记录变频器的运行数据。松开 SB4，观察电动机的运行情况，并观察电流表和速度表的指示及运行、故障指示灯的状态。断开开关 SA1，电动机停止运行。

表 4-22 电动电位器控制变频器运行记录

序号	数字输入状态			加减速后给定/Hz	输出频率/Hz	输出电流	速度表转速	电流表电流	运行指示灯	故障指示灯
	SA1	SB3	SB4							
1	0	0	0	0						
2	1	1	0	10						
	1	1	0	20						
	1	1	0	30						
	1	1	0	40						
	1	1	0	50						
3	1	0	1	40						
	1	0	1	30						
	1	0	1	20						
	1	0	1	10						
	1	0	1	0						
	1	0	1	-10						
	1	0	1	-20						
	1	0	1	-30						
	1	0	1	-40						
	1	0	1	-50						

4.2.6　任务检测及评价

1. 预期成果

1）电源、变频器和电动机的接线正确；

2）变频器的控制回路接线正确；

3）实现外部端子控制的单向运行，且指示灯、仪表显示正确；

4）完成外部端子控制的可逆运行，且指示灯、仪表显示正确；

5）完成外部端子控制的点动运行，且指示灯、仪表显示正确；

6）完成电动电位器控制的升降速运行，且指示灯、仪表显示正确。

2. 检测要素

1）电源、变频器与电动机主回路及控制回路硬件接线的正确性；

2）实现单向运行，指示灯、仪表显示正确；

3）实现可逆运行，指示灯、仪表显示正确；

4）实现点动运行，指示灯、仪表显示正确；

5）实现电动电位器升降速运行，指示灯、仪表显示正确；

6）文明施工、纪律安全、团队合作、设备工具管理等。

3. 评价

（1）小组互评

小组互评表见表4-23。

表4-23　变频器典型线路的装调小组互评表

项目名称	变频器典型线路的装调		小组名称			
序号	完成项目	验收记录	整改措施		完成时间	分数
1	控制回路的接线					
2	使用软件对电动机快速调试					
3	I/O 设置					
4	外部端子控制的单向运行					
5	外部端子控制的可逆运行					
6	外部端子控制的点动运行					
7	电动电位器控制的升降速运行					
总得分						

验收结论：

签字：　　　　　　　　时间：

（2）展示评价

变频器典型线路的装调评价表见表4-24。

表 4-24　变频器典型线路的装调评价表

序号	评价项目	评价内容	权重（%）	分数	学习情况记录
1	职业素养（15%）	分工合理，团队意识强，无旷课迟到	5		
		爱岗敬业，安全意识，责任意识	5		
		遵守安全规程，行业规范，现场 5s 标准	5		
2	专业能力（75%）	正确连接电源、变频器与电动机的硬件接线	5		
		控制回路接线无误	5		
		实现单向运行，指示灯、仪表显示正确	15		
		实现可逆运行，指示灯、仪表显示正确	10		
		实现点动运行，指示灯、仪表显示正确	10		
		实现电动电位器升降速运行，指示灯、仪表显示正确	15		
		施工合理、操作规范，在规定时间内正确完成任务	5		
		安全施工、质量、文明、团队意识强（工具保管、使用、收回情况；设备摆放、场地整理情况），无旷课、迟到现象	10		
3	创新意识（10%）	创新性思维和行动	10		
总得分					

4. 思考与练习

一、单选题

1. 西门子 G120 变频器 I/O（输入 / 输出）端子主要有（　　）种。

　　A. 1　　　　　　B. 2　　　　　　C. 3　　　　　　D. 4

2. 以常用的 CU240B/E 为例，有（　　）路 DI。

　　A. 2　　　　　B. 3　　　　　C. 4　　　　　D. 5　　　　　E. 6

3. 以常用的 CU240B/E 为例，有（　　）路 DO。

　　A. 2　　　　　B. 3　　　　　C. 4　　　　　D. 5　　　　　E. 6

4. 以常用的 CU240B/E 为例，有（　　）路 AI。

　　A. 2　　　　　B. 3　　　　　C. 4　　　　　D. 5　　　　　E. 6

5. 以常用的 CU240B/E 为例，有（　　）路 AO。

　　A. 2　　　　　B. 3　　　　　C. 4　　　　　D. 5　　　　　E. 6

6. 将故障应答（p2103）指令和 DI1 相连，以通过数字量输入 DI 1 来应答变频器的故障信息。设置 p2103=（　　）。

　　A. 722.0　　　B. 722.1　　　C. 722.2　　　D. 722.3

7. 将 AO0 输出电流信号相连，以通过模拟量输出 AI0 输出变频器的输出电流。设置 p771=（　　）。

　　A. 21　　　　B. 25　　　　C. 26　　　　D. 27

二、多选题

1. 西门子 G120 变频器的 I/O（输入 / 输出）端子分别是（　　）。

　　A. 数字量输入端子 DI　　　　　　B. 数字量输出端子 DO

　　C. 模拟量输入端子 AI　　　　　　D. 模拟量输出端子 AO

2. 西门子 G120 变频器 I/O（输入 / 输出）（　　）需要标定。

　　A. 数字量输入端子 DI　　　　　　B. 数字量输出端子 DO

C. 模拟量输入端子 AI　　　　　　D. 模拟量输出端子 AO

三、简答题

1. G120 变频器通过 AI0 将"4～20mA"范围内的信号换算成"−100%～100%"范围内的百分比，低于 4mA 时会触发变频器的断线监控，参数如何设置？

2. G120 变频器应通过 AO0 将"0～100 %"范围内的信号换算成"2～10V"范围内的输出信号值，参数如何设置？

任务 4.3　G120 变频器的多段速装调

【任务引入】

在很多应用中，只需要电动机在通电后以固定转速运转，或在不同的固定转速之间来回切换。本任务采用外部开关量控制 G120 变频器完成电动机的多段速运行。

1. 所需设备

G120 变频器、G120 控制单元、安装有 STARTER 软件的计算机、USB 编程电缆、开关、三相异步电动机、操作箱（带有开关、按钮、指示灯、电动电位器和指针表）。

2. 所需工具和材料

万用表、螺丝刀、剥线钳、扳手、电线。

3. 任务要求

1）完成变频器主回路的接线；

2）完成变频器控制回路的接线；

3）完成直接选择的电动机三段速运行；

4）完成直接选择的电动机七段速运行；

5）完成二进制选择的电动机三段速运行；

6）完成二进制选择的电动机七段速运行。

4. 安全要求

1）送电前检查变频器输入侧无对地短路现象；

2）送电前检查变频器输出侧无对地短路现象；

3）检查电动机无短路、断路、接地现象且三相电阻平衡；

4）检测控制回路是否按照控制要求接线且准确无误；

5）保证接线正确牢固；

6）送电后检查面板显示是否正常；

7）主回路接线时要在变频器停电 5min 后进行，防止触电事故。

【任务目标】

1. 知识目标

1）熟悉 G120 变频器 CU 上的 I/O 接线；

2）学会直接选择的固定给定设置；

3）学会二进制选择的固定给定设置。

2. 能力目标

1）能够为变频器主回路接线；

2）会使用万用表对变频器主回路及电动机进行检查；

3）熟悉 G120 变频器的 I/O，并能按照原理图接线；

4）能够设置参数实现直接选择的固定给定设置（三段速和七段速）；

5）能够设置参数实现二进制选择的固定给定设置（三段速和七段速）。

3. 素质目标

1）学会采用多种方法解决实际问题；

2）培养安全用电的意识素养及用电规范。

4. 素养目标

常见的电气安全隐患：对于一般的工业企业，电气事故主要有触电、电气火灾和爆炸、雷电危害、静电危害。引起电气事故的原因很多，有时也很复杂。工业企业一般有以下常见的电气安全隐患。

1）电线暴露：电线暴露是一种很常见的电气安全隐患。暴露的电线可能导致触电、起火或电路短路等。

2）电路负荷过大：电路负荷过大会导致电线过热，从而引起电线起火的危险。

3）电器老化：电器老化也是一种潜在的安全隐患。电器长时间使用会导致部件老化，从而增加电气故障和火灾的风险。

4）不合格电器：一些不合格的电器也会对电气安全造成威胁。不合格的电器可能存在电线松动、电路短路等问题，增加了电触电和火灾的风险。

5）落雷：落雷也是一种常见的电气安全隐患。落雷可能导致用电设备损坏，进而引发火灾、触电等。

6）不当操作：不当操作也是一种电气安全隐患。在使用电器时，不按照说明书要求操作会增加触电和火灾的风险。

7）电线绝缘破裂：电线绝缘破裂也是一种很常见的电气安全隐患。绝缘破裂会导致电流流过非预期的路线，增加触电和火灾等的风险。

【任务分析】

要完成任务，必须了解变频器固定给定的设置方法。G120 变频器提供了两种选择转速固定设定值的方法：转速固定设定值的直接选择和转速固定设定值的二进制选择。

4.3.1　转速固定设定值的直接选择

转速固定设定值的直接选择就是一个数字量输入选择一个固定给定值。设置 4 个不同的转速固定设定值。通过添加 1～4 个转速固定设定值，可得到最多 16 个不同的设定值。转速固定值的直接选择的参数设置如图 4-30 所示。

码 4-10　多段速控制

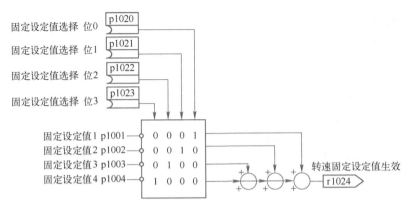

图 4-30　转速固定设定值的直接选择

多个数字量同时激活时，选定的设定值对应固定设定值的叠加。最多可以设置 4 个数字输入信号。采用直接选择模式需要设置 p1016=1，见表 4-25。

表 4-25　转速固定设定值的直接选择

参数号	说明	参数号	说明
p1020	固定设定值 1 的选择信号	p1001	固定设定值 1
p1021	固定设定值 2 的选择信号	p1002	固定设定值 2
p1022	固定设定值 3 的选择信号	p1003	固定设定值 3
p1023	固定设定值 4 的选择信号	p1004	固定设定值 4

4.3.2　转速固定设定值的二进制选择

转速固定设定值的二进制选择就是通过四个选择位的不同组合，准确地从 16 个中选择一个转速固定设定值。转速固定值的二进制选择的参数设置如图 4-31 所示。

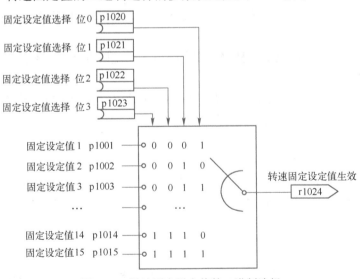

图 4-31　转速固定设定值的二进制选择

4 个数字量输入通过二进制编码方式选择固定频率，使用这种方法最多可以选择 15 个固定频率。数字输入不同的状态对应的固定设定值见表 4-26，采用二进制选择模式需要设置

p1016=2，见表 4-26。

表 4-26   转速固定设定值的二进制选择

固定设定值	p1023 选择的 DI 状态	p1022 选择的 DI 状态	p1021 选择的 DI 状态	p1020 选择的 DI 状态
p1001 固定设定值 1	0	0	0	1
p1002 固定设定值 2	0	0	1	0
p1003 固定设定值 3	0	0	1	1
p1004 固定设定值 4	0	1	0	0
p1005 固定设定值 5	0	1	0	1
p1006 固定设定值 6	0	1	1	0
p1007 固定设定值 7	0	1	1	1
p1008 固定设定值 8	1	0	0	0
p1009 固定设定值 9	1	0	0	1
p1010 固定设定值 10	1	0	1	0
p1011 固定设定值 11	1	0	1	1
p1012 固定设定值 12	1	1	0	0
p1013 固定设定值 13	1	1	0	1
p1014 固定设定值 14	1	1	1	0
p1015 固定设定值 15	1	1	1	1

码 4-11   直接选择的三段速运行

码 4-12   直接选择的七段速运行

码 4-13   二进制三段速

码 4-14   二进制选择的七段速运行

4.3.3   G120 变频器多段速运行电路的装调

1. 变频器的接线

（1）主回路的接线

G120 变频器的基本运行的主回路接线图与 BOP-2 面板硬件接线相同，如图 3-4 所示。

（2）控制回路的接线

G120 变频器基本运行的控制回路接线图如图 4-32 所示。

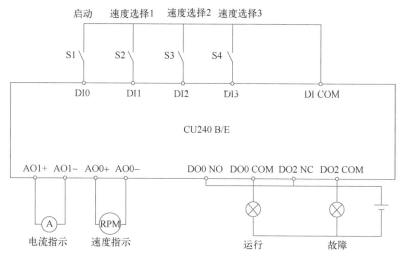

图 4-32   控制回路接线图

按照任务要求，数字量输入 DI0～DI3 连接了 4 个开关，分别控制变频器的启停和速度的选择。模拟量输出连接了电流指示表和速度指示表，实现实际电流和速度的指示。数字量输出连接了指示灯，实现变频器运行和故障的状态显示。

（3）通信的连接

使用 USB 通信电缆将装有 STARTER 软件的编程 PC 与 G120 变频器进行连接，并确保通信正常。

2．电动机多段速运行电路的装调

（1）直接选择频率的电动机三段速

本任务是利用变频器的外部开关量端子实现电动机的三段速运行控制，具体的要求是变频器的输出转速分别是 300r/min[⊖]、700r/min 和 1000r/min 三种，使电动机能工作在三个不同转速。

直接选择频率的电动机三段速运行控制回路如图 4-32 所示，开关 S1 的一端分别与输入端子 DI0 连接，另一端并联连接到端子 DI COM（24V）上，控制电动机的起停。开关 S2、S3 的一端分别与输入端子 DI1、DI2 连接，另一端并联连接到端子 DI COM（24V）上，选择电动机的频率。

接通变频器电源，按照情境 3 的任务对电动机进行基本调试后，首先按照任务 4.2 设置步骤设置 DI0、DO0、DO2 及 AO0、AO1 的功能，将 DI0 设置为电动机起停，DO0 设置为运行状态指示，DO2 设置为故障状态指示，AO0 和 AO1 分别设置为速度指示和电流指示，然后按照表 4-27 中的步骤调试变频器。

表 4-27 直接选择频率的三段速运行

序号	说明	图示
1	双击 "Fixed setpoints"，进入固定设定值画面	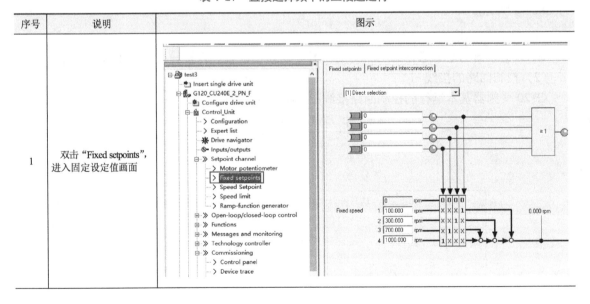

⊖ r/min（转每分）为转速单位，在本书软件截图中用 "rpm" 表示。

（续）

序号	说明	图示
2	单击"Fixed setpoints"，单击固定设定值模式设置，选择"Direct selection"	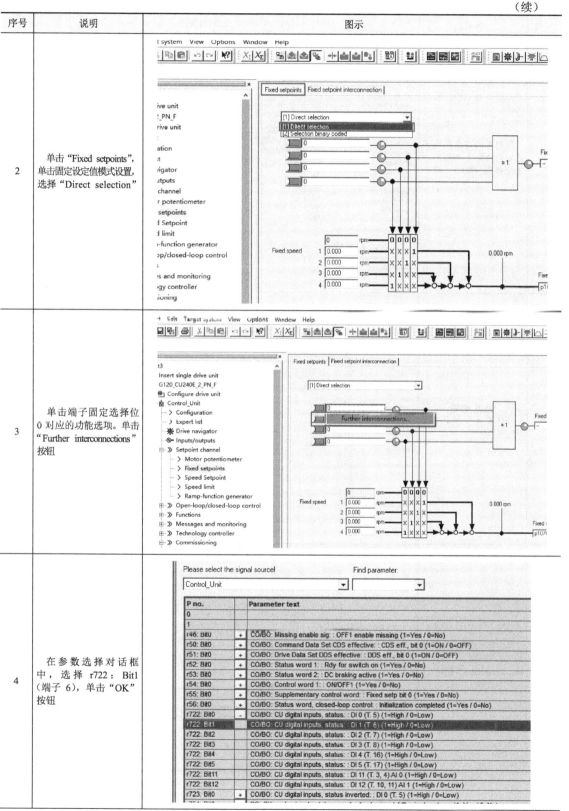
3	单击端子固定选择位0对应的功能选项。单击"Further interconnections"按钮	
4	在参数选择对话框中，选择 r722：Bit1（端子 6），单击"OK"按钮	

（续）

序号	说明	图示
5	用同样的方法将端子固定选择位 1 对应的功能选择为 r722.2（端子 7）	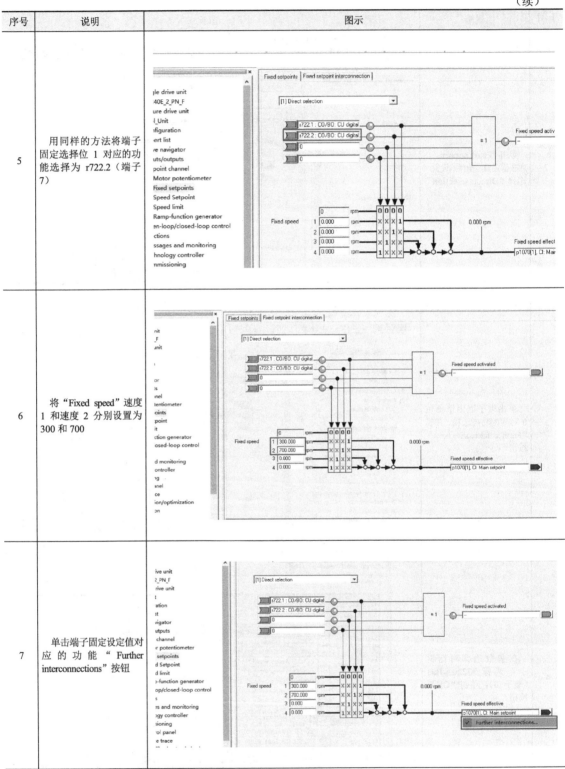
6	将"Fixed speed"速度 1 和速度 2 分别设置为 300 和 700	
7	单击端子固定设定值对应的功能" Further interconnections"按钮	

（续）

序号	说明	图示
8	在参数选择对话框中，勾选 p1070[0]（主给定），单击"OK"按钮，将固定给定值设为变频器的主给定	Please select the signal sink!　Find parameter: Control_Unit P no.　Parameter text □ p641[0]　+　CI: Current limit, variable □ p771[0]　+　CI: CU analog outputs signal source, AO0 (T 12/13) □ p1042[0]　+　CI: Motorized potentiometer automatic setpoint □ p1044[0]　+　CI: Motorized potentiometer setting value □ p1051[0]　+　CI: Speed limit RFG positive direction of rotation □ p1052[0]　+　CI: Speed limit RFG negative direction of rotation ☑ p1070[0]　-　CI: Main setpoint □ p1070[1]　　CI: Main setpoint □ p1071[0]　+　CI: Main setpoint scaling □ p1075[0]　+　CI: Supplementary setpoint □ p1076[0]　+　CI: Supplementary setpoint scaling □ p1085[0]　+　CI: Speed limit in positive direction of rotation □ p1088[0]　+　CI: Speed limit in negative direction of rotation □ p1106[0]　+　CI: Minimum speed signal source □ p1138[0]　+　CI: Up ramp scaling □ p1139[0]　+　CI: Down ramp scaling □ p1144[0]　+　CI: Ramp-function generator setting value □ p1330[0]　+　CI: U/f control independent voltage setpoint □ p1352[0]　+　CI: Motor holding brake starting frequency signal source □ p1475[0]　+　CI: Speed controller torque setting value for motor holding brake □ p1478[0]　+　CI: Speed controller integrator setting value

设置完成后，合上开关 S1，观察电动机的运行情况。然后按照表 4-28 操作开关量开关 S2、S3，观察电流表和速度表及运行、故障指示灯的状态。并在表 4-28 中记录变频器的运行数据。

表 4-28　直接选择频率的三段速运行记录

序号	数字量输入			输出频率/Hz	输出电流	速度表转速	电流表电流	运行指示灯	故障指示灯
	S1	S3	S2						
1	0	0	0						
2	1	0	0						
3	1	0	1						
4	1	1	0						
5	1	1	1						

（2）直接选择频率的电动机七段速

本任务是利用变频器的外部开关量端子实现电动机的七段速运行控制，具体的要求是变频器的输出转速分别是 100r/min、300r/min、400r/min、700r/min、800r/min、1000r/min 和 1100r/min 七种，使电动机能工作在七个不同转速。

直接选择频率的电动机七段速运行控制回路如图 4-32 所示，开关 S1 的一端分别与输入端子 DI0 连接，另一端并联连接到端子 DI COM（24V）上，控制电动机的起停。开关 S2、S3、S4 的一端分别与输入端子 DI1、DI2、DI3 连接，另一端并联连接到端子 DI COM（24V）上，选择电动机的频率。

接通变频器电源，按照以上七段速任务对电动机进行调试后，按照以下步骤调试变频器，直接选择频率的七段速的步骤见表 4-29。

表 4-29　直接选择频率的七段速运行

序号	说明	图示
1	双击"Fixed setpoints"，进入固定设定值画面	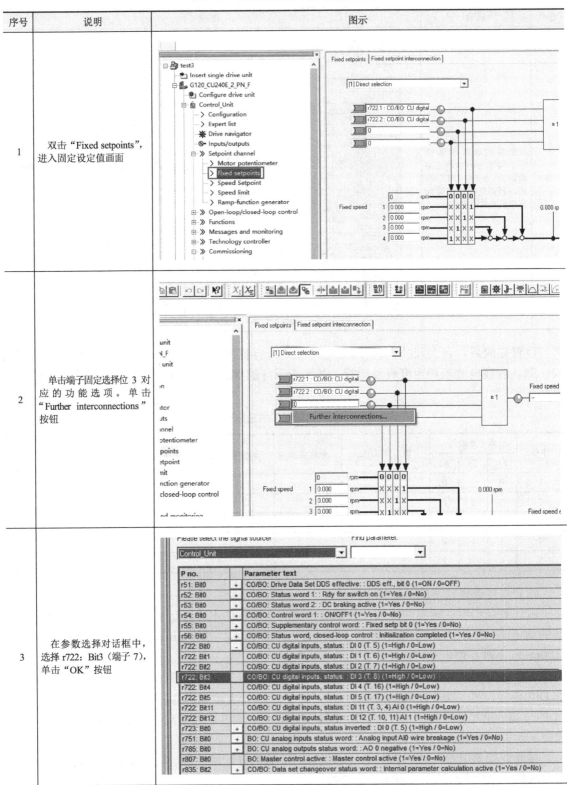
2	单击端子固定选择位 3 对应的功能选项。单击"Further interconnections"按钮	
3	在参数选择对话框中，选择 r722：Bit3（端子 7），单击"OK"按钮	

（续）

序号	说明	图示
4	将 "Fixed speed" 速度 1、2 和 3 分别设置为 100、300 和 700	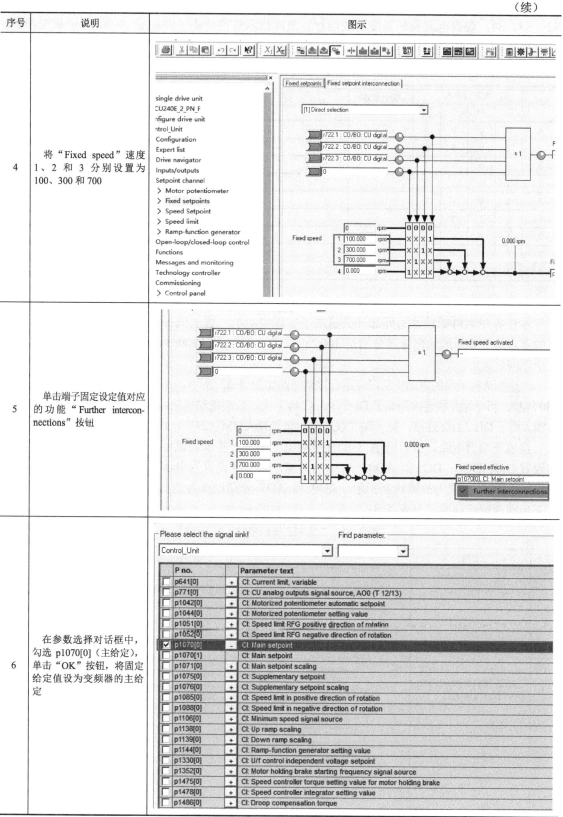
5	单击端子固定设定值对应的功能 "Further interconnections" 按钮	
6	在参数选择对话框中，勾选 p1070[0]（主给定），单击 "OK" 按钮，将固定给定值设为变频器的主给定	

设置完成后，合上开关 S1，观察电动机的运行情况。然后按照表 4-30 操作开关量开关 S2、S3、S4，观察电流表和速度表及运行、故障指示灯的状态。并在表 4-30 中记录变频器的运行数据。

表 4-30 直接选择频率的七段速运行记录

序号	数字量输入				输出频率 /Hz	输出电流	速度表转速	电流表电流	运行 指示灯	故障 指示灯
	S1	S4	S3	S2						
1	0	0	0	0						
2	1	0	0	0						
3	1	0	0	1						
4	1	0	1	0						
5	1	0	1	1						
6	1	1	0	0						
7	1	1	0	1						
8	1	1	1	0						
9	1	1	1	1						

（3）二进制选择频率的电动机三段速

本任务是利用变频器的外部开关量端子实现电动机二进制选择频率的三段速运行控制，具体的要求是变频器的输出转速分别是 100r/min、500r/min 和 1000r/min 三种，使电动机能工作在三个不同转速。

二进制选择频率的电动机三段速运行控制回路如图 4-32 所示，开关 S1 的一端分别与输入端子 DI0 连接，另一端并联连接到端子 DI COM（24V）上，控制电动机的起停。开关 S2、S3 的一端分别与输入端子 DI1、DI2 连接，另一端并联连接到端子 DI COM（24V）上，选择电动机的频率。

接通变频器电源，按照情境 3 的任务对电动机进行基本调试后，首先按照任务 4.2 设置步骤设置 DI0、DO0、DO2 及 AO0、AO1 的功能，将 DI0 设置为电动机起停，DO0 设置为运行状态指示、DO2 设置为故障状态指示，AO0 和 AO1 分别设置为速度指示和电流指示，然后按照以下步骤调试变频器，见表 4-31。

表 4-31 二进制选择频率的三段速运行

序号	说明	图示
1	双击 "Fixed setpoints"，进入固定设定值画面	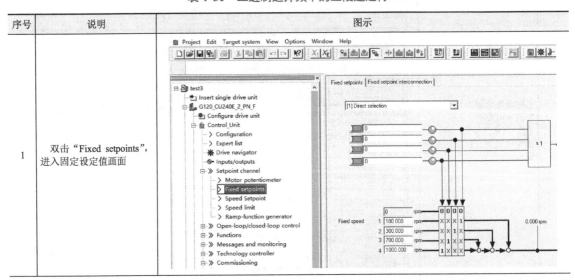

（续）

序号	说明	图示
2	单击"Fixed setpoints"，单击固定设定值模式设置，选择"Selection binary coded"	
3	单击端子固定选择位 0 对应的功能选项。单击"Further interconnections"按钮	
4	在参数选择对话框中，选择 r722：Bit1（端子 6），单击"OK"按钮	

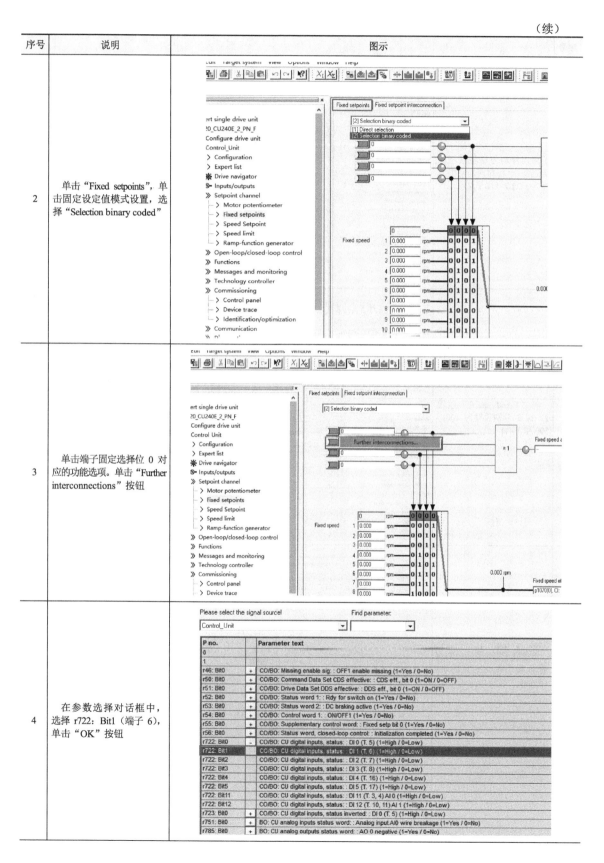

（续）

序号	说明	图示
5	用同样的方法将端子固定选择位 1 对应的功能选择为 r722.2（端子 7）	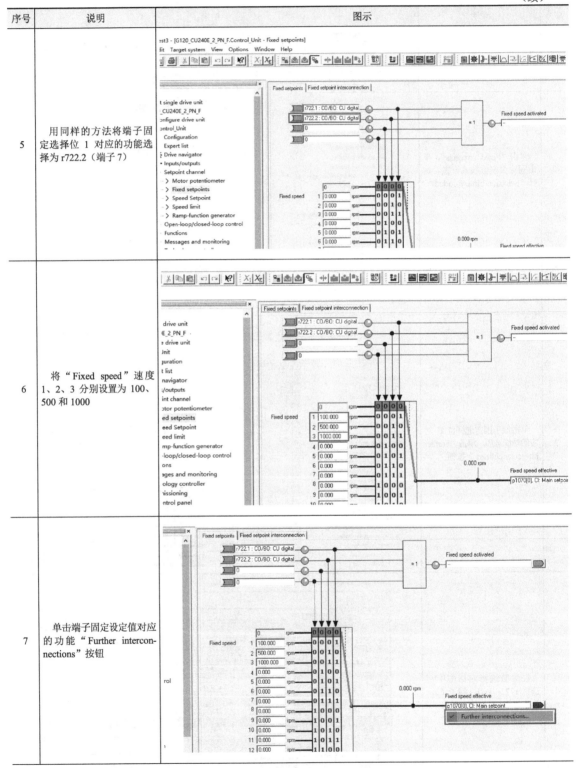
6	将"Fixed speed"速度 1、2、3 分别设置为 100、500 和 1000	
7	单击端子固定设定值对应的功能"Further interconnections"按钮	

（续）

序号	说明	图示
8	在参数选择对话框中，勾选 p1070[0]（主给定），单击"OK"按钮，将固定给定值设为变频器的主给定	Please select the signal sink!　Find parameter: Control_Unit P no.　Parameter text □ p641[0]　+　CI: Current limit, variable □ p771[0]　+　CI: CU analog outputs signal source, AO0 (T 12/13) □ p1042[0]　+　CI: Motorized potentiometer automatic setpoint □ p1044[0]　+　CI: Motorized potentiometer setting value □ p1051[0]　+　CI: Speed limit RFG positive direction of rotation □ p1052[0]　+　CI: Speed limit RFG negative direction of rotation ☑ p1070[0]　-　CI: Main setpoint □ p1070[1]　+　CI: Main setpoint □ p1071[0]　+　CI: Main setpoint scaling □ p1075[0]　+　CI: Supplementary setpoint □ p1076[0]　+　CI: Supplementary setpoint scaling □ p1085[0]　+　CI: Speed limit in positive direction of rotation □ p1088[0]　+　CI: Speed limit in negative direction of rotation □ p1106[0]　+　CI: Minimum speed signal source □ p1138[0]　+　CI: Up ramp scaling □ p1139[0]　+　CI: Down ramp scaling □ p1144[0]　+　CI: Ramp-function generator setting value □ p1330[0]　+　CI: U/f control independent voltage setpoint □ p1352[0]　+　CI: Motor holding brake starting frequency signal source □ p1475[0]　+　CI: Speed controller torque setting value for motor holding brake □ p1478[0]　+　CI: Speed controller integrator setting value

设置完成后，合上开关 S1，观察电动机的运行情况。然后按照表 4-32 操作开关量开关 S2、S3，观察电流表和速度表及运行、故障指示灯的状态。并在表 4-32 中记录变频器的运行数据。

表 4-32　二进制选择频率的三段速运行记录

序号	数字量输入			输出频率/Hz	输出电流	速度表转速	电流表电流	运行指示灯	故障指示灯
	S1	S3	S2						
1	0	0	0						
2	1	0	0						
3	1	0	1						
4	1	1	0						
5	1	1	1						

（4）二进制选择频率的电动机七段速

本任务是利用变频器的外部开关量端子实现电动机二进制选择频率的七段速运行控制，具体的要求是变频器的输出转速分别是 100r/min、300r/min、500r/min、750r/min、900r/min、1100r/min 和 1250r/min 七种，使电动机能工作在七个不同转速。

二进制选择频率的电动机七段速运行控制回路如图 4-32 所示，开关 S1 的一端分别与输入端子 DI0 连接，另一端并联连接到端子 DI COM（24V）上，控制电动机的起停。开关 S2、S3、S4 的一端分别与输入端子 DI1、DI2、DI3 连接，另一端并联连接到端子 DI COM（24V）上，选择电动机的转速。

接通变频器电源，按照以上七段速任务对电动机进行调试后，按照以下步骤调试变频器，二进制选择频率的七段速的步骤见表 4-33。

表4-33　二进制选择频率的七段速运行

序号	说明	图示
1	双击"Fixed setpoints"，进入固定设定值画面	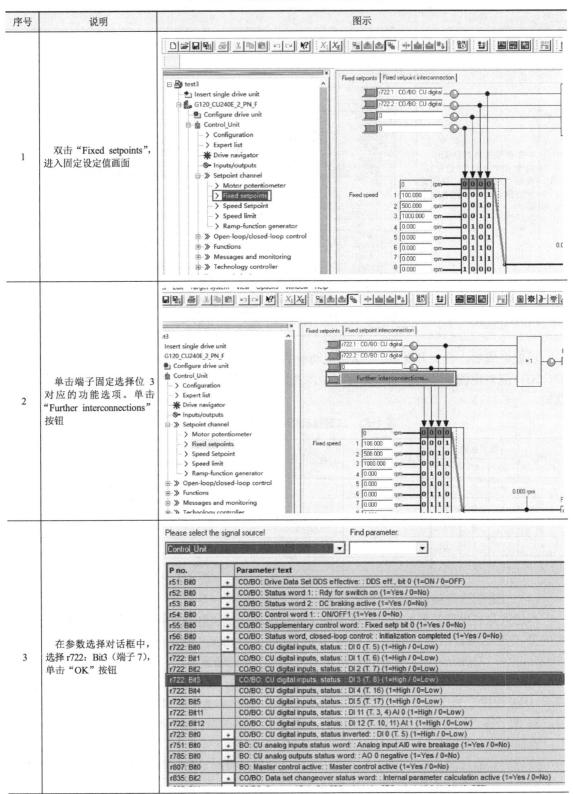
2	单击端子固定选择位 3 对应的功能选项。单击"Further interconnections"按钮	
3	在参数选择对话框中，选择r722：Bit3（端子7），单击"OK"按钮	

（续）

序号	说明	图示
4	将"Fixed speed"速度 1～7 分别设置为 100、300、500、750、900、1100 和 1250	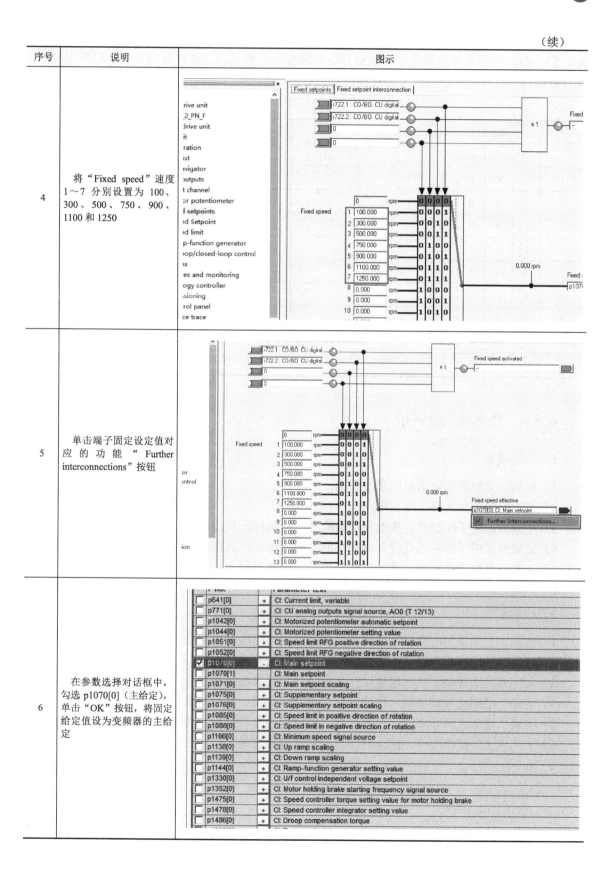
5	单击端子固定设定值对应的功能"Further interconnections"按钮	
6	在参数选择对话框中，勾选 p1070[0]（主给定），单击"OK"按钮，将固定给定值设为变频器的主给定	

设置完成后，合上开关 S1，观察电动机的运行情况。然后按照表 4-34 操作开关量开关 S2、S3、S4，观察电流表和速度表及运行、故障指示灯的状态。并在表 4-34 中记录变频器的运行数据。

表 4-34　二进制选择频率的七段速运行记录

序号	数字量输入				输出频率/Hz	输出电流	速度表转速	电流表电流	运行指示灯	故障指示灯
	S1	S4	S3	S2						
1	0	0	0	0						
2	1	0	0	0						
3	1	0	0	1						
4	1	0	1	0						
5	1	0	1	1						
6	1	1	0	0						
7	1	1	0	1						
8	1	1	1	0						
9	1	1	1	1						

4.3.4　任务检测及评价

1．预期成果

1）电源、变频器和电动机的接线正确；

2）变频器的控制回路接线正确；

3）完成外部端子控制的直接选择频率的三段速运行，且指示灯、仪表显示正确；

4）完成外部端子控制的直接选择频率的七段速运行，且指示灯、仪表显示正确；

5）完成外部端子控制的二进制选择频率的三段速运行，且指示灯、仪表显示正确；

6）完成外部端子控制的二进制选择频率的七段速运行，且指示灯、仪表显示正确。

2．检测要素

1）电源、变频器与电动机主回路及控制回路硬件接线的正确性；

2）实现直接选择频率的三段速运行，指示灯、仪表显示正确；

3）实现直接选择频率的七段速运行，指示灯、仪表显示正确；

4）实现二进制选择频率的三段速运行，指示灯、仪表显示正确；

5）实现二进制选择频率的七段速运行，指示灯、仪表显示正确；

6）文明施工、纪律安全、团队合作、设备工具管理等。

3．评价

（1）小组互评

小组互评表见表 4-35。

表 4-35　G120 变频器多段速运行电路的装调小组互评表

项目名称	G120 变频器多段速运行电路的装调		小组名称		
序号	完成项目	验收记录	整改措施	完成时间	分数
1	控制回路的接线				
2	使用软件对电动机快速调试				
3	I/O 设置				
4	直接选择频率的三段速运行				
5	直接选择频率的七段速运行				
6	二进制选择频率的三段速运行				
7	二进制选择频率的七段速运行				
总得分					

验收结论：

签字：　　　　　　　　时间：

（2）展示评价

G120 变频器多段速运行电路的装调评价表见表 4-36。

表 4-36　G120 变频器多段速运行电路的装调评价表

序号	评价项目	评价内容	权重（%）	分数	学习情况记录
1	职业素养（15%）	分工合理，团队意识强，无旷课迟到	5		
		爱岗敬业，安全意识，责任意识	5		
		遵守安全规程，行业规范，现场 5s 标准	5		
2	专业能力（75%）	正确连接电源、变频器与电动机的硬件接线	5		
		控制回路接线无误	5		
		实现直接选择频率的三段速运行	15		
		实现直接选择频率的七段速运行	10		
		实现二进制选择频率的三段速运行	15		
		实现二进制选择频率的七段速运行	10		
		施工合理、操作规范，在规定时间内正确完成任务	5		
		安全施工、质量、文明、团队意识强（工具保管、使用、收回情况；设备摆放、场地整理情况），无旷课、迟到现象	10		
3	创新意识（10%）	创新性思维和行动	10		
总得分					

4. 思考与练习

一、单选题

1. 西门子 G120 变频器提供了（　　）种选择转速固定设定值的方法。

　　A. 1　　　　　　　　B. 2　　　　　　　　C. 3　　　　　　　　D. 4

2. 西门子 G120 变频器固定设定值选择采用直接选择模式需要设置 p1016=（　　），采用二进制选择模式需要设置 p1016=（　　）。

　　A. 0　　　　　　　　B. 1　　　　　　　　C. 2　　　　　　　　D. 3

3. 西门子 G120 变频器的多段速控制，采用直接选择模式，p1020 和 p1021 的信号为 1，p1001=200r/min，p1002=500r/min，p1003=600r/min 时，变频器的运行速度是（　　）r/min。

　　A. 600　　　　　　　B. 700　　　　　　　C. 800　　　　　　　D. 1100

4. 西门子 G120 变频器的多段速控制，采用二进制选择模式，p1020 和 p1021 的信号为 1，p1001=200r/min，p1002=500r/min，p1003=600r/min 时，变频器的运行速度是（　　）r/min。

　　A. 600　　　　　　　B. 700　　　　　　　C. 800　　　　　　　D. 1100

5. 西门子 G120 变频器实现三段速控制，除启停开关外，最少需要使用（　　）个量输入端子。

　　A. 2　　　　　　　　B. 3　　　　　　　　C. 4　　　　　　　　D. 5

6. 西门子 G120 变频器实现七段速控制，除启停开关外，最少需要使用（　　）个量输入端子。

　　A. 2　　　　　　　　B. 3　　　　　　　　C. 4　　　　　　　　D. 5

7. 西门子 G120 变频器实现十五段速控制，除启停开关外，最少需要使用（　　）个量输入端子。

　　A. 2　　　　　　　　B. 3　　　　　　　　C. 4　　　　　　　　D. 5

二、多选题

1. 西门子 G120 变频器提供的选择转速固定设定值的方法分别是（　　）。

　　A. 端子选择　　　　B. 二进制选择　　　　C. 直接选择　　　　D. 间接选择

2. 固定设定值的选择位信号的参数是（　　）。

　　A. p1020　　　　　　B. p1021　　　　　　C. p1022　　　　　　D. p1023

三、简答题

1. 利用 G120 变频器的外部开关量端子实现电动机的七段速运行控制，具体的要求是变频器的输出转速分别是 100r/min、300r/min、400r/min、700r/min、800r/min、1000r/min 和 1100r/min 七种，使电动机能工作在七个不同转速，如何设置参数？

2. 利用 G120 变频器的外部开关量端子实现电动机的七段速运行控制，具体的要求是变频器的输出转速分别是 100r/min、300r/min、400r/min、500r/min、800r/min、1000r/min 和 1100r/min 七种，使电动机能工作在七个不同转速，如何设置参数？

任务 4.4　G120 变频器本地／远程控制的装调

【任务引入】

在某些应用中，变频器需要由不同的上级控制器操作。SINAMICS G120 变频器支持多个命令参数组（CDS）的切换功能，通过该功能可实现多种不同控制方式的切换，为用户在实际的应用过程中提供了更灵活的选择。

1. 所需设备

G120 变频器、G120 控制单元、安装有 STARTER 软件的计算机、USB 编程电缆、开关、三相异步电动机、操作箱（带有开关、按钮、指示灯、电动电位器和指针表）。

2. 所需工具和材料

万用表、螺丝刀、剥线钳、扳手、电线。

3. 任务要求

1）完成变频器主回路接线；

2）完成变频器控制回路接线；

3）完成 CDS 切换的设置；

4）完成手自动切换的两路设置。

4. 安全要求

1）送电前检查变频器输入侧无对地短路现象；

2）送电前检查变频器输出侧无对地短路现象；

3）检查电动机无短路、断路、接地现象且三相电阻平衡；

4）检测控制回路是否按照控制要求接线且准确无误；

5）保证接线正确牢固；

6）送电后检查面板显示是否正常；

7）主回路接线时要在变频器停电 5min 后进行，防止触电事故。

【任务目标】

1. 知识目标

1）熟悉 G120 变频器 CU 上的 I/O 接线；

2）学会使用命令参数组（CDS）切换设置；

3）学会本地／远程切换两路的设置。

2. 能力目标

1）能够为变频器主回路接线；

2）会使用万用表对变频器主回路及电动机进行检查；

3）熟悉 G120 变频器的 I/O，并能按照原理图接线；

4）能够设置命令参数组（CDS）；

5）能够设置参数实现本地／远程两路切换。

3. 素质目标

1）熟练掌握多地控制设备的操作方法，具有良好的技术操作能力；

2）能够及时发现问题、错误，及时改正。

4. 素养目标

用电安全意识：

1）讲解安全操作规程；

2）停送电时的注意事项；

3）特别讲解变频器停电后仍有危险电压，5min 后才能进行拆接线。

【任务分析】

要完成任务，必须了解变频器命令参数组（CDS）。

CDS（command data set）：命令数据设置。不同 CDS 的值代表不同的命令数据组。命令数据组里有多组参数值供用户选择。

4.4.1 CDS 控制模式的切换

在实际应用中，经常会遇到变频器控制模式切换的情况。有时要求切换命令源，有时要求切换给定。例如：

码 4-15　本地/远程切换

远程控制：现场总线通信控制变频器（控制与给定均为通信）、现场 PLC 输出通过端子控制变频器（数字量启停，模拟量、多段速或者电动电位器调速）。

本地控制：现场本地操作箱控制（数字量启停、模拟量调速）。

图 4-33 为本地 / 远程控制切换的简单示意图。

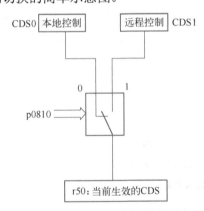

图 4-33　本地/远程控制切换的示意图

如图 4-33 所示，当 p0810=0 时，CDS0 激活生效，变频器为本地控制。当 p0810=1 时，CDS1 激活生效，变频器为远程控制。

【任务实施】

4.4.2 变频器本地 / 远程电路的装调

1. 变频器的接线

（1）主回路的接线

G120 变频器的基本运行的主回路接线图与 BOP-2 面板硬件接线相同，如图 3-4 所示。

（2）控制回路的接线

G120 变频器基本运行的控制回路接线图如图 4-34 所示。

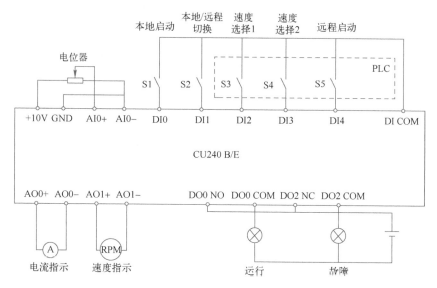

图 4-34　控制回路接线图

按照任务要求，数字量输入 DI0～DI4 连接了 5 个开关，分别控制变频器的启停、本地/远程切换和速度的选择。模拟量输出连接了电流指示表和速度指示表，实现实际电流和速度的指示。数字量输出连接了指示灯，实现变频器运行和故障的状态显示。

（3）通信的连接

使用 USB 通信电缆将装有 STARTER 软件的编程 PC 与 G120 变频器进行连接，并确保通信正常。

2. 电动机本地/远程电路的装调

本任务是利用变频器的外部开关量端子实现电动机的本地/远程运行控制，由开关 S2 切换本地和远程控制的源。具体的要求是当 S2 打开时为本地模式，由开关 S1 控制变频器启动，由多圈电位器通过模拟量输入 AI0 实现速度的调节。当 S2 闭合时为远程模式，由开关 S5 控制变频器启动，由开关 S3、S4 改变变频器的转速，变频器的输出转速分别是 300r/min、700r/min 和 1000r/min 三种。

直接选择频率的电动机三段速运行控制回路如图 4-34 所示，开关 S3、S4、S5 的一端分别与输入端子 DI2、DI3、DI4 连接，另一端并联连接到端子 DI COM（24V）上，控制电动机的起停和本地/远程切换。开关 S3～S5 为 PLC 数字量输出的无源点，一端与输入端子 DI2、DI3、DI5 连接，另一端并联连接到端子 DI COM（24V）上，选择电动机的频率。

接通变频器电源，首先按照任务 4.2 中的外部端子控制变频器单向运行对电动机进行调试，将 DI0 设为启停，将 AI0 设为变频器的给定控制变频器的转速。在调试时要注意，如图 4-35 所示的 CDS0 始终是激活状态（Active）。

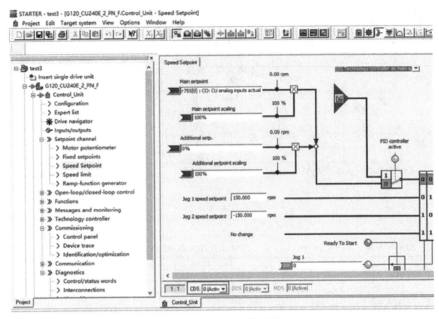

图4-35 CDS0为激活状态

然后按照表4-37的步骤调试变频器。

表4-37 使用外部端子控制变频器三段速运行

序号	说明	图示
1	双击"Control_Unit"下的"Configuration"显示控制单元视图	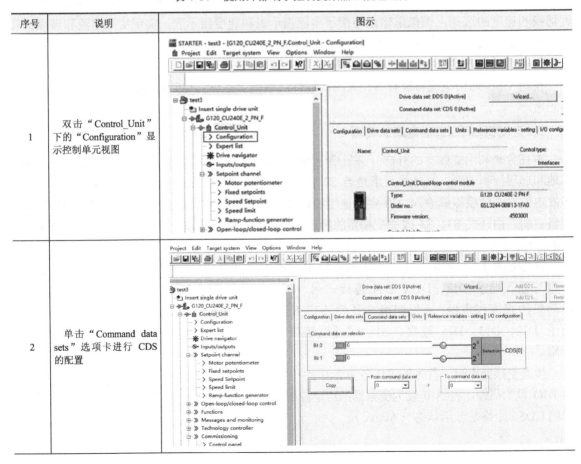
2	单击"Command data sets"选项卡进行CDS的配置	

（续）

序号	说明	图示
3	单击 CDS "Bit 0" 对应的功能选项。单击 "Further interconnections" 按钮	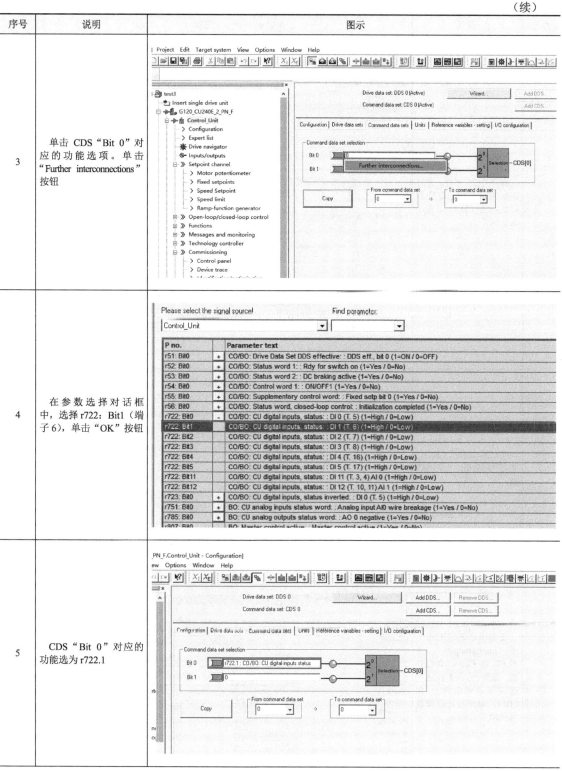
4	在参数选择对话框中，选择 r722：Bit1（端子 6），单击 "OK" 按钮	
5	CDS "Bit 0" 对应的功能选为 r722.1	

（续）

序号	说明	图示
6	将开关 S2 闭合，此时 Bit0 对应的指示灯变为绿色。且 CDS0 变为未激活状态	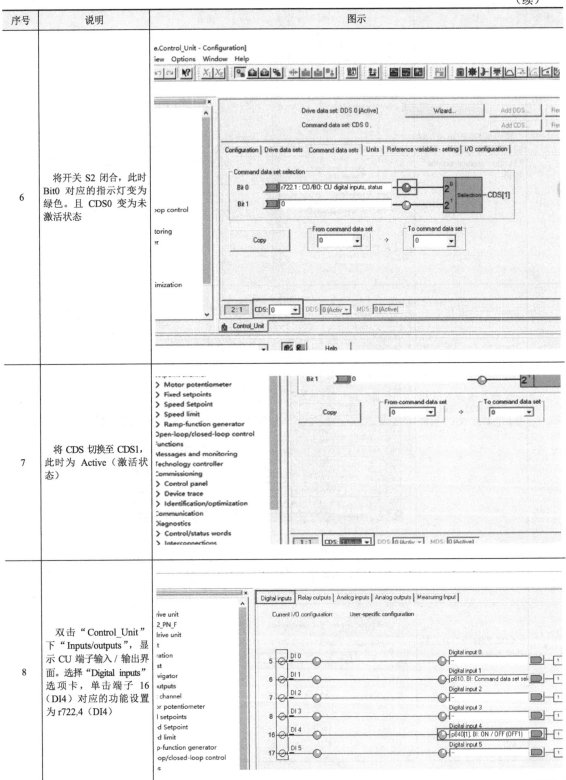
7	将 CDS 切换至 CDS1，此时为 Active（激活状态）	
8	双击"Control_Unit"下"Inputs/outputs"，显示 CU 端子输入/输出界面。选择"Digital inputs"选项卡，单击端子 16（DI4）对应的功能设置为 r722,4（DI4）	

（续）

序号	说明	图示
9	进入"Fixed setpoints"画面，将端子固定选择位 0、1 设置为 r722.2（DI2）、r722.3（DI3）。将"Fixed speed"速度 1 和速度 2 分别设置为 300 和 700	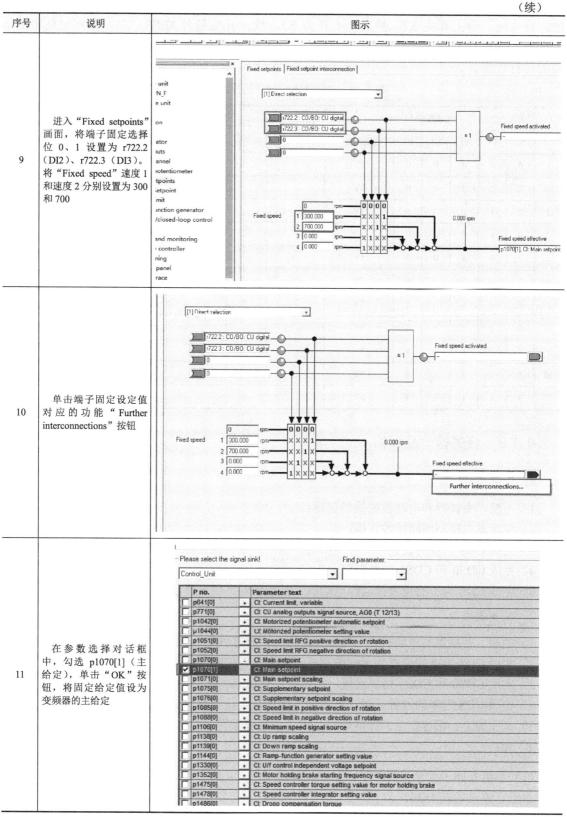
10	单击端子固定设定值对应的功能"Further interconnections"按钮	
11	在参数选择对话框中，勾选 p1070[1]（主给定），单击"OK"按钮，将固定给定值设为变频器的主给定	

设置完成后，将开关 S2 断开，合上开关 S1，使用多圈电位器进行调速，观察电动机的运行情况。合上开关 S2，然后合上开关 S5，操作开关量开关 S3、S4，观察电动机的运行情况。同时观察电流表和速度表及运行、故障指示灯的状态。并在表 4-38 中记录变频器的运行数据。

表 4-38　变频器本地/远程切换运行记录

序号	数字量输入						输出频率 /Hz	输出 电流	速度表 转速	电流表 电流	运行 指示灯	故障 指示灯
	S2	S1	S5	S4	S3	电位计输入						
1	0	0	0	0	0	0V						
2	0	1	0	0	0	2V						
3	0	1	0	0	0	5V						
4	0	1	0	0	0	10V						
5	0	0	1	0	0	5V						
6	1	0	1	0	0	5V						
7	1	0	1	0	1	5V						
8	1	0	1	1	0	5V						
9	1	0	1	1	1	5V						
10	1	1	0	1	1	5V						
11	1	1	1	1	1	5V						

4.4.3　任务检测及评价

1．预期成果

1）电源、变频器和电动机的接线正确；

2）变频器的控制回路接线正确；

3）完成 CDS 为 0 的设置并运行电动机，且指示灯、仪表显示正确；

4）完成 CDS0 和 CDS1 切换设置；

5）完成 CDS 为 1 的设置并运行电动机，且指示灯、仪表显示正确。

2．检测要素

1）电源、变频器与电动机主回路及控制回路硬件接线的正确性；

2）实现 CDS 为 0 的设置并运行电动机，指示灯、仪表显示正确；

3）实现 CDS0 和 CDS1 切换设置，指示灯、仪表显示正确；

4）实现 CDS 为 1 的设置并运行电动机，指示灯、仪表显示正确；

5）文明施工、纪律安全、团队合作、设备工具管理等。

3．评价

（1）小组互评

小组互评表见表 4-39。

表 4-39　G120 变频器本地/远程切换电路的装调小组互评表

项目名称	G120 变频器本地/远程切换电路		小组名称		
序号	完成项目	验收记录	整改措施	完成时间	分数
1	控制回路的接线				
2	使用软件对电动机快速调试				
3	I/O 设置				
4	实现 CDS 为 0 的设置并运行				
5	完成 CDS 为 1 的设置并运行				
总得分					

验收结论：

签字：　　　　　　时间：

（2）展示评价

变频器本地/远程切换电路的装调评价表见表 4-40。

表 4-40　G120 变频器本地/远程切换电路的装调评价表

序号	评价项目	评价内容	权重(%)	分数	学习情况记录
1	职业素养（15%）	分工合理，团队意识强，无旷课迟到	5		
		爱岗敬业，安全意识，责任意识	5		
		遵守安全规程，行业规范，现场 5s 标准	5		
2	专业能力（75%）	正确连接电源、变频器与电动机的硬件接线	10		
		控制回路接线无误	10		
		实现 CDS 为 0 的设置并运行电动机，指示灯、仪表显示正确	15		
		实现 CDS0 和 CDS1 切换设置	10		
		实现 CDS 为 1 的设置并运行电动机，指示灯、仪表显示正确	15		
		施工合理、操作规范，在规定时间内正确完成任务	5		
		安全施工、质量、文明、团队意识强（工具保管、使用、收回情况；设备摆放、场地整理情况），无旷课、迟到现象	10		
3	创新意识（10%）	创新性思维和行动	10		
总得分					

4. 思考与练习

一、单选题

1. G120 变频器的命令参数组是（　　）。

　　A. DDS　　　　　B. CDS　　　　　C. MDS　　　　　D. EDS

2. 当 p0810=0 时，（　　）激活生效，变频器为本地控制。当 p0810=1 时，（　　）激活生效，变频器为远程控制。

　　A. CDS0　　　　　B. CDS1　　　　　C. CDS2　　　　　D. CDS3

二、多选题

1. G120 变频器的切换命令参数组的参数是（　　　）。

   A．p0810　　　　　　B．p0811　　　　　　C．p0820　　　　　　D．p0821

2. 变频器控制模式的切换包括切换（　　）。

   A．电动机参数　　　B．命令源　　　　　C．设定值源　　　D．编码器参数

三、练习题

1. 利用变频器的外部开关量端子实现电动机的本地／远程运行控制，本地为多圈电位器控制的模拟量输入多圈电位器，远程为电动电位器给定。DI0 为切换开关，启动按钮本地为 DI1，远程为 DI2。

2. 利用变频器的外部开关量端子实现电动机的本地／远程运行控制，本地为电动电位器给定，远程为三段速。DI5 为切换开关，启动按钮本地为 DI0，远程为 DI1。

在现代工业控制系统中，PLC 和变频器综合应用最为普遍。总线通信控制方法是目前变频器与 PLC 通信最常用的通信方法。使用总线通信控制方法，仅仅通过一条网络电缆连接变频器和 PLC，就能完成变频器的启停、频率设定，并且很容易实现多台电动机同步。该系统运行成本低，抗干扰能力强。

西门子 SINAMICS G120 变频器可以通过串行接口、DP 总线、以太网等和上位机或其他设备进行网络通信。不同型号的 G120 变频器控制单元，具有不同的现场总线接口。

G120 变频器集成到西门子自动化系统当中最常用的方式是采用 PROFIBUS 或者 PROFINET 进行通信。

任务 5.1　认识 PROFIBUS 和 PROFINET

在介绍 G120 变频器与 PLC 的 PROFIBUS 和 PROFINET 通信之前，首先需要了解 PROFIBUS 和 PROFINET 的通信功能，西门子变频器是如何实现 PROFIBUS 和 PROFINET 通信的。

【任务引入】

该任务要求了解 PROFIBUS 和 PROFINET 通信的知识，知道西门子变频器的 PFOFIdrive 报文行规和西门子通信的状态字及控制字定义。任务要求如下：

- 了解 PROFIBUS 通信；
- 了解 PROFINET 通信；
- 了解 PROFINET 和 PROFIBUS 的区别；
- 了解西门子变频器的 PFOFIdrive 报文行规；
- 掌握 G120 变频器通信的控制字与状态字。

【任务目标】

1. 知识目标

1）了解 PROFIBUS 和 PROFINET 通信，以及它们之间的区别；
2）掌握 G120 变频器的 PFOFIdrive 报文行规；
3）掌握 G120 变频器通信的控制字与状态字。

2. 能力目标

1）能够按照要求选择 G120 变频器的 PFOFIdrive 报文；
2）能够理解 G120 变频器通信的控制字与状态字，并能熟练应用。

3．素质目标

1）掌握基本的工业控制网络理论知识，了解 PROFINET 网络架构、通信协议的基本概念和原则。

2）具有不断学习更新知识的意识和能力，善于利用互联网资源和先进技术手段，不断提升自己的工业控制网络素质和专业能力。

4．素养目标

工业控制网络的发展可以分为以下几个阶段：

1）控制制造阶段（1960—1980 年）

这个阶段工业控制系统主要采用传统的电气和机械控制，工业控制网络的概念还没有出现。有限的通信方式主要是点对点的信号传输和电话拨号。

2）工业控制网络的发端阶段（1980—2000 年）

随着计算机技术的发展和进步，成本下降，工业控制网络得到了广泛应用。这个阶段，以 Modbus、PROFIBUS、CAN 等为代表的各种总线型工业控制网络应运而生。这些总线型网络的出现，标志着现代工业控制网络的开始。

3）工业以太网阶段（2000—2010 年）

以太网技术具有广泛可见性、高速可靠性、成本低廉等优点，在 2000 年代初逐渐应用到工业自动化领域。与传统以太网相比，工业以太网在时延、媒介等方面做了优化。同时也有一批以太网协议及相关标准出现，如 Ethernet/IP、PROFINET、Modbus/TCP 等。工业以太网阶段标志着工业控制网络从总线型向以太网方向的转换。

4）工业互联网阶段（2010 年至今）

工业互联网是工业 4.0 的核心概念之一，旨在将工业网络和互联网相结合，建立起公共的、安全的、高效的通信平台，实现工业信息化、数字化和智能化。此时工业控制网络架构逐渐发展为三层结构：感知层、传输层和应用层。感知层包括各种传感器、执行器、PLC 等；传输层主要是工业以太网、5G 等技术；应用层则将工业控制与信息处理相结合。工业互联网阶段标志着工业控制网络的智能化、开放化、集成化。

 【任务分析】

5.1.1　PROFIBUS 和 PROFINET 介绍

1．PROFIBUS 介绍

码 5-1
PROFIBUS 和
PROFINET
介绍

PROFIBUS（Process Fieldbus 的缩写）是由以西门子为首的 13 家公司和 5 家科研机构在联合开发的项目中制定的标准化规范，是一种国际化的、开放的、不依赖于设备生产商的现场总线标准。它广泛应用于制造业自动化、流程工业自动化和楼宇、交通、电力等自动化领域。

PROFIBUS 有 PROFIBU-SDP、PROFIBUS-FMS 和 PROFIBUS-PA 三种通信协议类型。

PROFIBUS 中最早提出的是 PROFIBUS-FMS（FMS 代表 Field bus Message Specification），是一个复杂的通信协议，为要求严苛的通信任务所设计，适用于车间级通用性通信任务。后来在 1993 年提出了架构较简单、速度也提升许多的 PROFIBUS-DP（DP 代表 Decentralized Peripherals）。PROFIBUS-FMS 是用在 PROFIBUS 主站之间的非确定性通信。PROFIBUS DP 主要是用在 PROFIBUS 主站和其远程从站之间的确定性通信，但仍允许主站及主站之间的通信。而 PA 则是用于过程自动化的总线类型，它遵从 IEC1158-2 标准。该项技术是由西门子公司为主的十几家德国公司、研究所共同推出的。

（1）PROFIBUS-DP

用于传感器和执行器级的高速数据传输，它以 DIN19245 的第一部分为基础，根据其所需要达到的目标对通信功能加以扩充，DP 的传输速率可达 12Mbit/s，一般构成单主站系统，主站、从站间采用循环数据传输方式工作。它的设计旨在用于设备一级的高速数据传输。在这一级，中央控制器（如 PLC/PC）通过高速串行线同分散的现场设备（如 1/O、驱动器、阀门等）进行通信，同这些分散的设备进行数据交换多数是周期性的。

（2）PROFIBUS-PA

PROFIBUS-PA 协议适用于安全性要求较高的场合，PA 具有本质安全特性，它实现了 IEC1158-2 规定的通信规程。本质安全特性（本征安全特性）主要体现在不需要防护措施，限制电火花和热效应。

PROFIBUS-PA 是 PROFIBUS 的过程自动化解决方案，PA 将自动化系统和过程控制系统与现场设备，如压力、温度和液位变送器等连接起来，代替了 4~20mA 模拟信号传输技术，在现场设备的规划、敷设电缆、调试、投入运行和维修等方面可节约成本 40%以上，并大大提高了系统功能和安全可靠性。因此，PA 尤其适用于石油、化工、冶金等行业的过程自动化控制系统。

（3）PROFIBUS-FMS

PROFIBUS-FMS 解决车间一级通用性通信任务，FMS 提供大量的通信服务，用以完成以中等传输速率进行的循环和非循环的通信任务。由于它是完成控制器和智能现场设备之间的通信以及控制器之间的信息交换，因此它考虑的主要是系统的功能而不是系统响应时间，应用过程通常要求的是随机的信息交换（如改变设定参数等）。可用于大范围和复杂的通信系统。

（4）PROFIBUS-DP 的特性

1）网络特性

网络介质：RS-485 双绞线、双线电缆或光缆；

传输速率：从 9.6kbit/s 到 12Mbit/s。可选择的范围比较宽，传输速率高，同一网络上的所有设备需选用同一传输速率。

传输距离：无中继的一个网络段最长可以有 1.2km。具体传输距离与传输速率有关。

拓扑结构：总线型、树形拓扑。

2）站（节点）特性

PROFIBUS-DP 允许构成单主站或多主站系统，在一个总线上，最多可连接 126 个站点，其系统配置的描述包括：站数、站地址、输入/输出地址、输入/输出格式、诊断信息格式及所使用的总线参数。每个系统可包括 3 种不同类型设备：

一类 DP 主站（DPM1）：一级 DP 主站是中央可编程控制器，如 PLC 或者 PC，通过主站再根据定义好的算法来控制 DP 从站。

二类 DP 主站（DPM2）：可组态、可编程、可诊断的装置。在组态时，可以用来完成系统操作和监视。

DP从站：是一种外围设备，可对输入/输出数据信息进行采集和发送，包括二进制或者模拟输入/输出的阀门、驱动器等。

总线存取：采用令牌方式在主站之间进行传递，而主站与从站之间采用的是主从方式传送，可以支持单主和多主系统。

3）功能

DP主站与从站之间用户的循环数据传送。从站的组态和检查、诊断功能强大，输入/输出同步，具有三级诊断功能。可以用主站给从站赋地址。主站的配置通过布线实现，从站的最大输入/输出数据为246B。

诊断功能：扩展的诊断功能对故障能进行更加快速的定位，在主站上对诊断信息进行传输和采集。分为三类诊断信息：本站诊断操作、模块诊断操作、通过诊断操作。其中本站诊断操作是一般的操作状态，像温度过高、压力过低等。模块诊断操作是指某一站点的具体I/O模块故障。通过诊断操作是指一个单独输入/输出位的故障。

4）其他特性

通信：①点对点（用户数据传送）或广播（控制指令）；②循环主-从用户数据传送和非循环主-主数据传送。

运行模式：①运行，输入/输出数据的循环传送；②清除，主站读取从站的输入信息并使输出信息保持为故障-安全状态；③停止，只能进行主-主数据传送，主-从站之间没有数据传送。

同步：①控制指令允许输入或输出同步；②用户模式即输出同步；③锁定模式即输入同步。

可靠性和保护机制：①所有信息的传输按海明距离HD=4进行；②DP从站带看门狗定时器；③对DP从站的输入/输出进行存取保护；④DP主站上可变定时器的用户数据传送监视。

DP扩展功能不仅能够对非循环数据进行读写，而且还能对循环数据传输进行应答。此外，在某些诊断以及操作员控制站，还可以对从站的参数值进行非循环存取。由于这些扩展功能的存在，使PROFIBUS-DP更能满足一些复杂设备的要求。比如过程自动化的现场设备、智能化操作设备和变频器等，这些设备的特点是它们的参数一般是在运行期间才能确定的，而相比于循环测量的数据值很少有变化。这样与高速周期性用户数据的传送性相比之下，这些参数传送的优先权低。可以通过DP扩展功能选择，采用非周期性通信。

2. PROFINET介绍

基于传统的以太网底层标准协议IEEE802.3的工业以太网PROFINET，是一种新一代工业自动化通信标准，主要是面向工业现场自动化领域，是由PROFIBUS国际组织（PROFIBUS International，PI）推出的新一代基于工业以太网技术的自动化总线标准。PROFINET为自动化通信领域提供了一个完整的网络解决方案，包括了诸如实时以太网、运动控制、分布式自动化、故障安全以及网络安全等当前自动化领域的热点话题，并且，作为跨供应商的技术，可以完全兼容工业以太网和现有的现场总线（如PROFIBUS）技术，保护现有投资。

（1）PROFINET的特点

1）PROFINET的基础是组件技术，组件对象模型（COM）是一种面向对象的设计技术，允许基于预制组件的应用开发。同类设备具有相同的内置组件，外部都有统一的COM口，这就是实现了良好的互换性和互操作性，满足了不同对象以及级别的任务要求。还可以通过 DCOM，实现对 COM 对象之间的互联和通信。

2）采用了 TCP/IP、标准以太网、DCOM 完成节点之间的网络寻址和通信。

3）PROFINET 通过代理设备实现与传统的 PROFIBUS 系统或者其他总线系统的无缝集成。

4）网络布局自由灵活，拓扑形式可以为总线型、星形、树形或环形多种形式。其电接插件等的定义满足了现场对电磁干扰的要求，同时还考虑了工业控制现场的高低温环境。

5）PROFINET 采用的是 100Mbit/s 以太网交换技术，使用标准网络设备，允许主-从站点在任何时刻发送数据，甚至还可以双向同时发送数据。

6）支持生产者用户通信方式，用于控制器和现场 I/O 交换信息，生产者直接发送数据给用户，无须用户提出要求。生产者在系统组态时定义。这种结构能够使用户很容易地由 Internet 通过企业办公管理网络向下接入到各个现场设备，实现了直接监控。

7）借助于简单的网络管理协议，可以实现在线调试和维护现场设备，以及支持统一诊断，可以高效定位故障点。

（2）PROFINET 通信

根据响应时间的不同，PROFINET 通信分为标准通信、实时通信和同步实时通信三种通信方式。

1）标准通信

PROFINET 基于工业以太网技术，使用 TCP/IP 和 IT 标准。TCP/IP 是 IT 领域关于通信协议方面事实上的标准，尽管其响应时间大概在 100ms 的量级，不过，对于工厂控制级的应用来说，这个响应时间就足够了。

2）实时通信

对于传感器和执行器设备之间的数据交换，系统对响应时间的要求更为严格，大概需要 5~10ms 的响应时间。目前，可以使用现场总线技术达到这个响应时间，如 PROFIBUS-DP。

对于基于 TCP/IP 的工业以太网技术来说，使用标准通信栈来处理过程数据包，需要很可观的时间，因此，PROFINET 提供了一个优化的、基于以太网第二层（Layer 2）的实时通信通道，通过该实时通道，极大地减少了数据在通信栈中的处理时间，因此，PROFINET 获得了等同甚至超过传统现场总线系统的实时性能。

3）同步实时通信

在现场通信中，对通信实时性要求最高的是运动控制（motion control），PROFINET 的同步实时（isochronous real-time，IRT）技术可以满足运动控制的高速通信需求，在 100 个节点下，其响应时间要小于 1ms，抖动误差要小于 1μs，以此来保证及时的、确定的响应。

（3）分布式现场设备

通过集成 PROFINET 接口，分布式现场设备可以直接连接到 PROFINET 上。对于现有的现场总线通信系统，可以通过代理服务器实现与 PROFINET 的透明连接。例如，通过 IE/PB Link（PROFINET 和 PROFIBUS 之间的代理服务器）可以将一个 PROFIBUS 网络透明地集成到 PROFINET 当中，PROFIBUS 各种丰富的设备诊断功能同样也适用于 PROFINET。对于其他类型的现场总线，可以通过同样的方式，使用一个代理服务器将现场总线网络接入到 PROFINET 当中。

（4）运动控制

通过 PROFINET 的同步实时（IRT）功能，可以轻松实现对伺服运动控制系统的控制。在 PROFINET 同步实时通信中，每个通信周期被分成两个不同的部分，一个是循环的、确定的部分，称之为实时通道;另外一个是标准通道，标准的 TCP/IP 数据通过这个通道传输。在实时通道中，为实时数据预留了固定循环间隔的时间窗，而实时数据总是按固定的次序插入，因此，实时数据就在固定的间隔被传送，循环周期中剩余的时间用来传递标准的 TCP/IP 数据。两种不同类型的数据就可以同时在 PROFINET 上传递，而且不会互相干扰。通过独立的实时数据通道，保证对伺服运动系统的可靠控制。

（5）分布式自动化

随着现场设备智能程度的不断提高，自动化控制系统的分散程度也越来越高。工业控制系统正由分散式自动化向分布式自动化演进，因此，基于组件的自动化（component based automation，CBA）成为新兴的趋势。工厂中相关的机械部件、电气/电子部件和应用软件等具有独立工作能力的工艺模块抽象成为一个个封装好的组件，各组件间使用 PROFINET 连接。通过 SIMATIC iMap 软件，即可用图形化组态的方式实现各组件间的通信配置，不需要另外编程，大大简化了系统的配置及调试过程。

通过模块化这一成功理念，可以显著降低机器和工厂建设中的组态与上线调试时间。在使用分布式智能系统或可编程现场设备、驱动系统和 I/O 时，还可以扩展使用模块化理念，从机械应用扩展到自动化解决方案。另外，也可以将一条生产线的单个机器作为生产线或过程中的一个"标准模块"进行定义。作为设备与工厂设计者，工艺模块化能够更容易、更好地对您的设备与系统进行标准化和再利用，使您能够针对不同客户的要求更快、更具灵活性地做出反应。您可以对各台设备和厂区提前进行预先测试——极大地缩短了系统上线调试阶段。作为系统操作者，从现场设备到管理层，您都可以从 IT 标准的通用通信中获得好处，对现有系统进行扩展也很容易。

（6）网络安装和网络安全

PROFINET 支持星形、总线型和环形拓扑结构。为了减少布线费用，并保证高度的可用性和灵活性，PROFINET 提供了大量的工具帮助用户方便地实现 PROFINET 的安装。特别设计的工业电缆和耐用连接器满足 EMC（electromagnetic compatibility，电磁兼容）和温度要求，并且在 PROFINET 框架内形成标准化，保证了不同制造商设备之间的兼容性。

PROFINET 的一个重要特征就是可以同时传递实时数据和标准的 TCP/IP 数据。在其传递 TCP/IP 数据的公共通道中，各行业已验证的 IT 技术都可以使用（如 HTTP、HTML、SNMP、DHCP 和 XML 等）。在使用 PROFINET 的时候，我们可以使用这些 IT 标准服务加强对整个网络的管理和维护，这意味着调试和维护中的成本的节省。

PROFINET 实现了从现场级到管理层的纵向通信集成，一方面，方便管理层获取现场级的数据，另一方面，原本在管理层存在的数据安全性问题也延伸到了现场级。为了保证现场级控制数据的安全，PROFINET 提供了特有的安全机制，通过使用专用的安全模块，可以保护自动化控制系统，使自动化通信网络的安全风险最小化。

（7）故障安全

在过程自动化领域中，故障安全是相当重要的一个概念。所谓故障安全，即指当系统发生故障或出现致命错误时，系统能够恢复到安全状态（即"零"态），在这里，安全有两个方面的含义，一方面是指操作人员的安全，另一方面是指整个系统的安全，因为在过程自动化领域，系统出现故障或致命错误时很可能会导致整个系统的爆炸或毁坏。故障安全机制就是用来保证系统在故障后可以自动恢复到安全状态，不会对操作人员和过程控制系统造成损害。

PROFINET 集成了 PROFISafe 行规，实现了 IEC61508 中规定的 SIL3 等级的故障安全，很好地保证了整个系统的安全。

（8）过程自动化

PROFINET 不仅可以用于工厂自动化场合，也同时面对过程自动化的应用，它作为国际标准 IEC61158 的重要组成部分，是完全开放的协议。工业界针对工业以太网总线供电及以太网应用在本质安全区域的问题的讨论正在形成标准或解决方案。

因此，通过代理服务器技术，PROFINET 可以无缝集成现场总线 PROFIBUS 和其他总线标准。今天，PROFIBUS 是世界范围内唯一可覆盖从工厂自动化场合到过程自动化应用的现场总线标准。集成 PROFIBUS 现场总线解决方案的 PROFINET 是过程自动化领域应用的完美体验。

5.1.2　PROFINET 和 PROFIBUS 的区别

PROFINET 和 PROFIBUS 是 PROFIBUS 国际组织推出的两种现场总线。两者本身没有可比性。PROFINET 基于工业以太网，而 PROFIBUS 基于 RS-485 串行总线。两者协议上与介质完全不同，没有任何关联。

两者相似的地方是都具有很好的实时性，原因在于都使用了精简的堆栈结构。基于标准以太网的任何开发都可以直接应用在 PROFINET 网络中，世界上基于以太网的解决方案的开发者远远多于 PROFIBUS 开发者。所以，有更多的可用资源去创新技术。

1. 数据传输的带宽

PROFIBUS 数据传输的带宽最大为 12Mbit/s，PROFINET 数据传输的带宽为 100Mbit/s。

2. 数据传输的方式

PROFIBUS 数据传输的方式为半双工，PROFINET 数据传输的方式为全双工。

3. 数据最大长度

PROFIBUS 一致性数据最大长度为 32B，PROFINET 一致性数据最大长度为 254B。

4. 用户数据最大长度

PROFIBUS 用户数据的最大长度为 244B，PROFINET 用户数据的最大长度为 1400B。

5. 总线最大长度

PROFIBUS 数据传输变为 12Mbit/s 时的总线最大长度为 100m，PROFINET 设备之间的总线最大长度为 100m。

6. 引导轴

PROFIBUS 引导轴必须在 DP 主站中运行，PROFINET 引导轴可以运行在任意 SIMOTION 中。

7. 组态和诊断

PROFIBUS 组态和诊断需要专门的接口模板（例如 CP5512），PROFINET 可以使用标准的以太网网卡。

8. 抗干扰性能

PROFIBUS 中，如果一个 PG 接入可能引起通信问题；PROFINET RT 中，一个 PG 接入可能产生极小的反应，而对于 PROFINET IRT 接入不会引起任何问题。

9. 网络诊断

PROFIBUS 需要特殊的工具进行网络诊断，PROFINET 使用 IT 相关的工具即可。

10. 主站数

PROFIBUS 总线上一般只有一个主站，多主站系统会导致 DP 的循环周期过长；PROFINET 任意数量的控制器可以在网络中运行，多个控制器不会影响 I/O 的响应时间。

11. 终端电阻

PROFIBUS 总线上的主要故障来源于总线终端电阻不匹配或者较差的接地，PROFINET 不需要总线终端电阻。

12. 通信介质

PROFIBUS 使用铜和光纤作为通信介质，PROFINET 无线 WLAN 可使用其他介质。

13. 站点类型

PROFIBUS 一个接口只能做主站或从站，PROFINET 所有数据类型可以并行使用，PROFINET 一个接口可以既做控制器又做 I/O 设备。

14. 设备位置

PROFIBUS 不能确定设备的网络位置，PROFINET 可以通过拓扑信息确定设备的网络位置。

从上述内容可以看出，与 PROFIBUS 相比，PROFINET 具有功能更加完善、传输速率更高、抗干扰能力更强、使用更方便等诸多优点。

5.1.3 西门子 PROFIdrive 规范

PROFIdrive 是在 PROFIBUS 和 PROFINET 的基础上开发的一种驱动技术和应用规范，它为驱动器产品提供了一致的规范，通过认证后，产品可以方便地接入 PROFIBUS 和 PROFINET 网络。

码 5-2
PROFIdrive
行规

PROFIdrive 是变频器制造厂商为优化周期通信而开发的用户数据框架，目的是提供变频器 PROFIBUS 接口的制造厂商标准，使集成、调试时间最小化。PROFIdrive 协议既支持集中式，又支持分布式运动控制方案。

每一个典型应用，PROFIdrive 协议都定义了特定的报文并分配有固定的 PROFIdrive 报文号。报文号后面附有确定的信号汇总表。因此，每一个报文号都能清晰地说明循环数据交换。

PROFIBUS 和 PROFINET 的报文是一样的。

可用报文的有效数据如图 5-1 所示。

报文1：16位的转速控制

PZD01	PZD02
STW1	NSOLL_A
ZSW1	NIST_A

接收数据

发送数据

报文20：16位的转速控制VIK-NAMUR

PZD01	PZD02	PZD03	PZD04	PZD05	PZD06
STW1	NSOLL_A				
ZSW1	NIST_A_GLATT	IAIST_GLATT	MIST_GLATT	PIST_GLATT	MELD_NAMUR

报文350：带转矩限制的16位转速控制

PZD01	PZD02	PZD03	PZD04
STW1	NSOLL_A	M_LIM	STW3
ZSW1	NIST_A_GLATT	IAIST_GLATT	ZSW3

报文352：用于PCS7的16位转速控制

PZD01	PZD02	PZD03	PZD04	PZD05	PZD06
STW1	NSOLL_A	PCS7的过程数据			
ZSW1	NIST_A_GLATT	IAIST_GLATT	MIST_GLATT	WARN_CODE	FAULT_CODE

报文353：带参数读写的16位转速控制

	PZD01	PZD02
PKW	STW1	NSOLL_A
	ZSW1	NIST_A

报文354：用于PCS7，带参数读写的16位转速控制

	PZD01	PZD02	PZD03	PZD04	PZD05	PZD06
PKW	STW1	NSOLL_A	PCS7的过程数据			
	ZSW1	NIST_A_GLATT	IAIST_GLATT	MIST_GLATT	WARN_CODE	FAULT_CODE

报文999：自由互联

PZD01	PZD02	PZD03	PZD04	PZD05	PZD06	PZD01	PZD02	PZD03	PZD04	PZD05	PZD06	PZD13..PZD17
STW1	接收数据的报文长度											
ZSW1	发送数据的报文长度											

图 5-1　G120 PROFIdrive 报文结构

在图 5-1 所示的 PROFIdrive 报文结构中，PZD 数据缩写的含义见表 5-1。

表 5-1　PZD 数据缩写的含义

过程值缩写	说明	过程值缩写	说明
PZD	过程数据	PKW	参数通道
STW1/3	控制字 1/3	ZSW1/3	状态字 1/3
NSOLL_A	转速设定值	NIST_A	转速实际值
NIST_A_GLATT	经过滤波的转速实际值	IAIST_GLATT	经过滤波的电流实际值
MIST_GLATT	当前经过平滑的转矩	PIST_GLATT	当前有功功率
MELD_NAMUR	故障字，依据：VIK-NAMUR 定义	M_LIM	转矩极限值
FAULT_CODE	故障编号	WARN_CODE	报警编号

5.1.4　通信的控制字和状态字

1. 控制字

控制字就是对变频器的工作运行进行控制的一个字。一个十六进制的字可以分为 16 个位，每个控制位都对应不同的含义，例如：启动控制位、停止控制位、OFF2 停车控制位、变频器使能控制位、故障复位控制位等。可以通过端子控制的方式或者通信控制的方式控制控制字的各个控制位，从而达到控制变频器的目的。

G120 变频器通过通信接收到的控制字中每一位都有其特定的功能，在参数手册的 r0054 中有对每一位含义的说明。

（1）控制字 1（STW1）

G120 PROFIdrive 控制字 1 各位含义见表 5-2。

表 5-2　G120 PROFIdrive 控制字 1 各位含义

位	含义 报文 20	含义 其他报文	说明	变频器中的信号互联
0	0 = OFF1		电动机按斜坡函数发生器的减速时间 p1121 制动。达到静态后变频器会关闭电动机	P0840=r2090.0
	0 → 1 = ON		变频器进入"运行就绪"状态。另外位 3 = 1 时，变频器接通电动机	
1	0 = OFF2		电动机立即关闭，惯性停车	P0844=r2090.1
	1 = OFF2 不生效		可以接通电动机（ON 指令）	
2	0 = 快速停机		快速停机：电动机按 OFF3 减速时间 p1135 制动，直到达到静态	P0848=r2090.2
	1 = 快速停机无效（OFF3）		可以接通电动机（ON 指令）	
3	0 = 禁止运行		立即关闭电动机（脉冲封锁）	P0852=r2090.3
	1 = 使能运行		接通电动机（脉冲使能）	
4	0 = 封锁斜坡函数发生器		变频器将斜坡函数发生器的输出设为 0	p1140=r2090.4
	1=不封锁斜坡函数发生器		允许斜坡函数发生器使能	
5	0 = 停止斜坡函数发生器		斜坡函数发生器的输出保持在当前值	p1141=r2090.5
	1=使能斜坡函数发生器		斜坡函数发生器的输出跟踪设定值	
6	0 = 封锁设定值		电动机按斜坡函数发生器减速时间 p1121 制动	p1142=r2090.6
	1 = 使能设定值		电动机按加速时间 p1120 升高到速度设定值	
7	0 → 1 = 应答故障		应答故障。如果仍存在 ON 指令，变频器进入"接通禁止"状态	p2103=r2090.7

（续）

位	含义		说明	变频器中的信号互联
	报文 20	其他报文		
8, 9	未使用			
10	0 = 不由 PLC 控制		变频器忽略来自现场总线的过程数据	p0854=r2090.10
	1 = 由 PLC 控制		由现场总线控制，变频器会采用来自现场总线的过程数据	
11	1 = 换向		取反变频器内的设定值	p1113=r2090.11
12	未使用			
13	--	1 = 电动电位器升高	提高保存在电动电位器中的设定值	p1035=r2090.13
14	--	1 = 电动电位器降低	降低保存在电动电位器中的设定值	p1036=r2090.14
15	CDS 位 0	预留	在不同的操作接口设置（指令数据组）之间切换	p0810=r2090.15

（2）控制字 3（STW3）

G120 PROFIdrive 控制字 3 各位含义见表 5-3。

表 5-3　G120 PROFIdrive 控制字 3 各位含义

位	含义	说明	变频器中的信号互联
	报文 350		
0	1 = 固定设定值位 0		P1020[0]=2093.0
1	1 = 固定设定值位 1	在最多 16 个不同的固定设定值之间选择	P1021[0]=2093.1
2	1 = 固定设定值位 2		P1022[0]=2093.2
3	1 = 固定设定值位 3		P1023[0]=2093.3
4	1 = DDS 选择位 0	在不同的电动机设置（变频器数据组）之间切换	P821=2093.4
5	1 = DDS 选择位 1		P820=2093.5
6	未使用		
7	未使用		
8	1 = 工艺控制器使能	—	P2200[0]=2093.8
9	1 = 直流制动使能		P1230[0]=2093.9
10	未使用		
11	1= 软化功能使能	使能或禁用转速控制器的软化功能	P1492[0]=2093.11
12	1 = 转矩控制激活 0 = 转速控制激活	在矢量控制中切换控制方式	P1501[0]=2093.12
13	1 = 非外部故障 0 = 有外部故障（F07860）	—	P2106[0]=2093.13
14	未使用		
15	1 = CDS 位 1	在不同的操作接口设置（指令数据组）之间切换	P811[0]=2093.15

2. 状态字

变频器的状态字表示的是变频器目前的状态，是运行还是停机，是报警还是故障等。一个十六进制的字可以分为 16 个位，每个控制位都对应不同的含义。通过硬件连接端子的方式或者通信的方式来读取状态字的各个状态位，就可以知道变频器目前的状态。

G120 变频器发送的状态字中每一位都代表了变频器不同的状态，在参数手册的 r0052 中有对每一位含义的说明，也可参考表 5-4 和表 5-5。

（1）状态字 1（ZSW1）

G120 PROFIdrive 状态字 1 各位含义见表 5-4。

表 5-4　G120 PROFIdrive 状态字 1 各位含义

位	含义		说明	变频器中的信号互联
	报文 20	其他报文		
0	1 = 接通就绪		电源已接通，电子部件已经初始化，脉冲禁止	P2080[0]=r899.0
1	1 = 运行准备		电动机已经接通（ON/OFF1 = 1），当前没有故障。收到"运行使能"指令（STW1.3），变频器会接通电动机	P2080[1]=r899.1
2	1 = 运行已使能		电动机跟踪设定值。见"控制字 1 位 3"	P2080[2]=r899.2
3	1 = 出现故障		在变频器中存在故障。通过 STW1.7 应答故障	P2080[3]=r2139.3
4	1 = OFF2 未激活		惯性停车功能未激活	P2080[4]=r899.4
5	1 = OFF3 未激活		快速停止未激活	P2080[5]=r0899.5
6	1 = 接通禁止有效		只有在给出 OFF1 指令并重新给出 ON 指令后，才能接通电动机	P2080[6]=r899.6
7	1 = 出现报警		电动机保持接通状态，无须应答	P2080[7]=r2139.7
8	1 = 转速差在公差范围内		"设定 / 实际值"差在公差范围内	P2080[8]=r2197.7
9	1 = 已请求控制		请求自动化系统控制变频器	P2080[9]=r899.9
10	1 = 达到或超出比较转速		转速大于或等于最大转速	P2080[10]=r2199.1
11	1 = 达到电流或转矩限值	1 = 达到转矩限值	达到或超出电流或转矩的比较值	P2080[11]=r0056.13/r1407.7
12	—	1=将电动机抱闸打开	用于打开、闭合电动机抱闸的信号	p2080[12]=r0899.12
13	0 = 报警"电动机过热"		—	P2080[13]=r2135.14
14	1 = 电动机正转		变频器内部实际值>0	P2080[14]=r2197.3
	0 = 电动机反转		变频器内部实际值<0	
15	1=显示 CDS	0 = 报警"变频器热过载"		P2080[15]=r0836.0/r2135.15

（2）状态字 3（ZSW3）

G120 PROFIdrive 状态字 3 各位含义见表 5-5。

表 5-5　G120 PROFIdrive 状态字 3 各位含义

位	含义	说明	变频器中的信号互联
0	1 = 直流制动激活		
1	1 = |转速实际值|>p1226	当前转速绝对值> 静态检测转速	
2	1 = |转速实际值|>p1080	当前转速绝对值> 最大转速	
3	1 = 电流实际值≥p2170	当前电流≥电流阈值	
4	1 = |转速实际值|>p2155	当前转速绝对值> 转速阈值 2	
5	1 = |转速实际值| ≤ p2155	当前转速绝对值< 转速阈值 2	p2051[3] =r0053
6	1 = |转速实际值| ≥ r1119	达到转速设定值	
7	1 = 直流母线电压 ≤ p2172	当前直流母线电压 ≤ 阈值	
8	1 = 直流母线电压>p2172	当前直流母线电压> 阈值	
9	1 = 加速 / 减速已结束	斜坡功能发生器未生效	
10	1 = 工艺控制器输出达到下限	工艺控制器输出 ≤ p2292	

（续）

位	含义	说明	变频器中的信号互联
11	1= 软化功能使能	使能或禁用转速控制器的软化功能	
12	1 = 工艺控制器输出达到上限	工艺控制器输出> p2291	
13	未使用		
14	未使用		
15	未使用		

5.1.5　G120 变频器扩展报文

选择一个报文后，变频器会将现场总线接口和相应的信号互联在一起。但是在选择固定报文后，该互联无法修改。

如果要修改互联，则需要选择自由报文 999，即通过扩展报文来实现通信参数的自由互联。通过修改通信参数，不但可以实现报文的扩展，而且可以真正实现报文的自由互联，使调试人员调试通信参数时更加灵活。

1. 报文扩展的操作步骤

1）设置 p0922 = 999。

2）将 p2079 设为相应报文的值。这时，报文中包含的互联被禁用，互联不能修改。

3）通过附加额外的信号实现报文扩展。

通过参数 r2050 和 p2051 将其他的 PZD 发送字和 PZD 接收字与用户选择的信号互联在一起。这样就扩展了报文。

2. 实现自由互联的操作步骤

1）设置 p0922 = 999。

2）设置 p2079 = 999。此时报文中包含的互联已使能。

通过参数 r2050 和 p2051 将其他的 PZD 发送字和 PZD 接收字与用户选择的信号互联在一起。

这样就自由互联了报文中传送的信号。

5.1.6　任务检测及评价

一、单选题

1. PROFIBUS DP 的通信速率最大为（　　　）。
   A．9.6kbit/s　　　　B．1.5Mbit/s　　　　C．387.5kbit/s　　D．12Mbit/s

2. PROFIBUS DP 允许构成单主站或多主站系统，在一个总线上，最多可连接（　　　）个站点。
   A．8　　　　　　　B．16　　　　　　　C．126　　　　　　D．128

3. PROFIBUS DP 的通信无中继的一个网络段最长可以有（　　　）。
   A．200m　　　　　B．0.5km　　　　　C．1km　　　　　　D．1.2km

4. PROFINET 的通信速率最大为（　　　）。

    A. 1.5kbit/s   B. 12Mbit/s   C.387.5kbit/s   D. 100Mbit/s

5. G120 变频器的 PROFIdrive 报文中（　　）是自由报文。

    A. 报文 1   B. 报文 20   C. 报文 352   D. 报文 999

6. G120 变频器 PROFIdrive 报文 PZD 表示（　　　）。

    A. 参数通道   B. 过程数据   C. 控制字   D. 状态字

7. G120 变频器 PROFIdrive 报文 PKW 表示（　　　）。

    A. 参数通道   B. 过程数据   C. 控制字   D. 状态字

8. 控制字 1 的第（　　　）位可以切换指令组数据 CDS0。

    A. 0   B. 7   C. 10   D. 15

二、多选题

1. PROFIBUS 有（　　　）通信协议类型。

    A. PROFIBUS DP   B. PROFIBUS FMS

    C. PROFIBUS PA   D. PROFINET

2. PROFINET 网络布局自由灵活，拓扑形式可以为（　　　）多种形式。

    A. 总线型   B. 星形   C. 树形   D. 环形

三、简答题

1. PROFIBUS 和 PROFINET 的区别是什么？

2. G120 变频器的 PROFIdrive 报文都有哪些？

任务 5.2　G120 变频器与 S7-300 PLC 的 PROFINET 通信装调

【任务引入】

在实际应用当中，尤其是多电动机调速的控制系统中，多采用网络通信控制的控制方式，主要是因为：

● 网络通信可以实现分布式控制，每个电动机都可以通过网络通信控制器进行独立控制，从而提高系统的可靠性和灵活性。

● 网络通信可以大幅减少控制线缆数量。采用传统的单点控制方式，需要大量的控制线缆连接每个电动机和控制器，而网络通信控制可以通过一条通信线就能实现所有电动机的控制。

● 网络通信可以实现远程监控和故障诊断，通过网络通信可以实时获取各电动机状态信息和运行数据，对设备的运行状态进行监控和调试。

● 网络通信可以方便地进行软件升级和参数设置，只需要在控制中心进行一次操作即可完成对整个系统的升级和设置，避免了传统方式需要逐个调整的烦琐过程。

因此，在多电动机调速的控制系统中，往往采用网络通信的控制方式。

本任务采用 S7-300 PLC 通过 PROFINET 通信实现对 G120 变频器的控制。完成 G120 变频器与 S7-300 PLC 的网络连接和通信配置，配置 G120 变频器和 S7-300 PLC 的 PROFIdrive 通信报文，在 PLC 中编写程序，通过 PLC 的 I/O 点实现对电动机的起动、停止、速度给定的控制。

1. 所需设备

G120 变频器、G120 控制单元（带有 PN 通信接口）、CPU 带有 PROFINET 通信接口的 S7-300 PLC、安装有 STARTER 软件和 STEP7 软件的计算机、PROFINET 网线、USB 编程电缆、开关、三相异步电动机、与 S7-300 PLC I/O 连接的按钮和指示灯、操作箱（带有开关、按钮、指示灯、电动电位器和指针表）。

2. 所需工具和材料

万用表、螺丝刀、剥线钳、扳手、电线。

3. 任务要求

1）完成变频器主回路接线；
2）完成变频器和 S7-300 PLC 的网络连接；
3）完成电动机的正向点动和反向点动；
4）完成按钮、指示灯与 S7-300 PLC I/O 的连接；
5）完成 G120 变频器与 S7-300 PLC 的通信配置；
6）完成 G120 变频器和 S7-300 PLC 的 PROFIdrive 通信报文的配置；
7）实现使用 S7-300 PLC I/O 通过通信控制 G120 变频器的启停和转速调节。

4. 安全要求

1）送电前检查变频器输入侧无对地短路现象；
2）送电前检查变频器输出侧无对地短路现象；
3）检查电动机无短路、断路、接地现象且三相电阻平衡；
4）检查 PLC 输入侧无对地短路现象；
5）检测网线和控制回路是否按照控制要求接线且准确无误；
6）保证接线正确牢固；
7）送电后检查面板显示是否正常；
8）主回路接线时要在变频器停电 5min 后进行，防止触电事故。

【任务目标】

1. 知识目标

1）熟悉 PROFIBUS 和 PROFINET 的通信协议；
2）学会使用 STEP7 软件；
3）学会 S7-300 PLC 与 G120 变频器通信硬件配置；
4）学会 G120 变频器通信设置；
5）学会 S7-300 PLC 编程，实现利用 PLC I/O 端子控制 G120 变频器启停和转速给定。

2. 能力目标

1）能够为变频器主回路接线；
2）会使用万用表对变频器主回路及电动机进行检查；

3）熟悉 S7-300 变频器的 I/O，并能按照原理图接线；

4）能够配置 PLC 硬件，将 PLC 与变频器连接；

5）能够设置变频器通信参数；

6）能够使用 STEP7 软件编程控制变频器。

3. 素质目标

1）培养良好的逻辑思维能力；

2）培养 PLC 编程能力；

3）具备实际应用能力，能够开发各种控制系统，并解决实际工作中遇到的问题。

4. 素养目标

变频器通信的发展：

1）通信协议的不断更新和完善，使得变频器与其他设备之间的通信更加简单、快速、可靠。

2）硬件技术的不断提高，使得变频器内部的处理能力和存储能力得到了大幅提升，从而为更高效的通信和数据处理提供了支持。

3）无线通信技术的出现和发展，如 Wi-Fi、蓝牙等，使得变频器可以通过无线网络与其他设备进行连接和通信，避免了布线的烦琐和限制。

4）云计算和物联网的兴起，将变频器与其他设备、系统连接起来，实现了全球范围内对设备和数据的远程监控和管理，进一步提高了生产效率和产品质量。

5）西门子变频器的通信现在也由 PROFINET 逐渐替换 PROFIBUS，通信更加简单、快速、可靠。

 【任务分析】

5.2.1 PLC 与变频器通信的建立

要完成任务，首先要建立变频器和控制器之间的 PROFINET 通信。在建立通信前，首先要完成网络的连接，如图 5-2 所示。

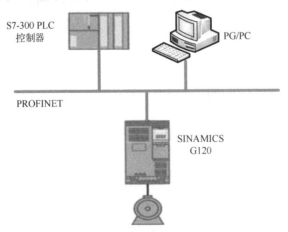

图 5-2　G120 变频器与 PLC 的 PROFINET 连接

之后，通过以下步骤建立通信，并完成调试：
- 在 STEP7 中配置 G120 变频器；
- STEP7 硬件组态；
- G120 变频器参数设置；
- 通过 STEP7 编程控制变频器。

 【任务实施】

5.2.2　变频器与 PLC PROFINET 通信电路的装调

1. 变频器的接线

（1）主回路的接线

G120 变频器的基本运行的主回路接线图与 BOP-2 面板硬件接线相同，如图 3-4 所示。

（2）控制回路的接线

由于是网络控制，因此变频器只是通过 PROFINET 网与 PLC 连接到同一个网络当中即可。

（3）通信的连接

使用网络电缆将装有 STARTER 软件的编程 PC 与 G120 变频器及 S7-300 PLC 进行连接，并确保通信正常。

2. 通信调试

（1）建立 G120 和 S7-300 PLC 之间的 PN 通信

1）设置编程器 PC 的通信接口

在完成硬件通信线路的连接后，首先要进行编程器 PC 的通信接口设置，见表 5-6。

码 5-3　S7-300 与 G120 的 PROFINET 通信（1）

码 5-4　S7-300 与 G120 的 PROFINET 通信（2）

码 5-5　S7-300 与 G120 的 PROFINET 通信（3）

码 5-6　S7-300 与 G120 的 PROFINET 通信（4）

表 5-6　编程器 PC 的通信接口设置

序号	说明	图示
1	打开编程器 PC 的网络连接，选择本地网卡的以太网连接，单击"属性"选项	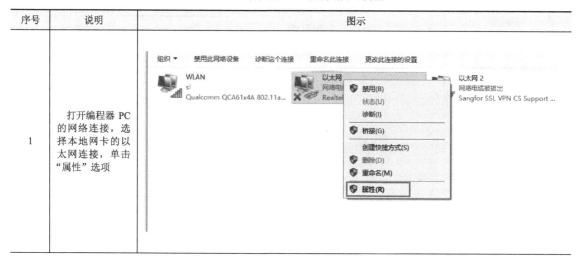

（续）

序号	说明	图示
2	选择"Internet 协议版本（TCP/IPv4）"，单击"属性"按钮	
3	为 PC 分配网络地址	

2）打开 STEP7 软件，新建一个 S7-300 PLC 项目

完成通信设置后，打开 STEP7 软件，新建一个 S7-300 PLC 项目，设置方法见表 5-7。

表 5-7　新建一个 S7-300 PLC 项目

序号	说明	图示
1	打开 STEP7 软件，单击"文件"菜单，选择"新建"选项	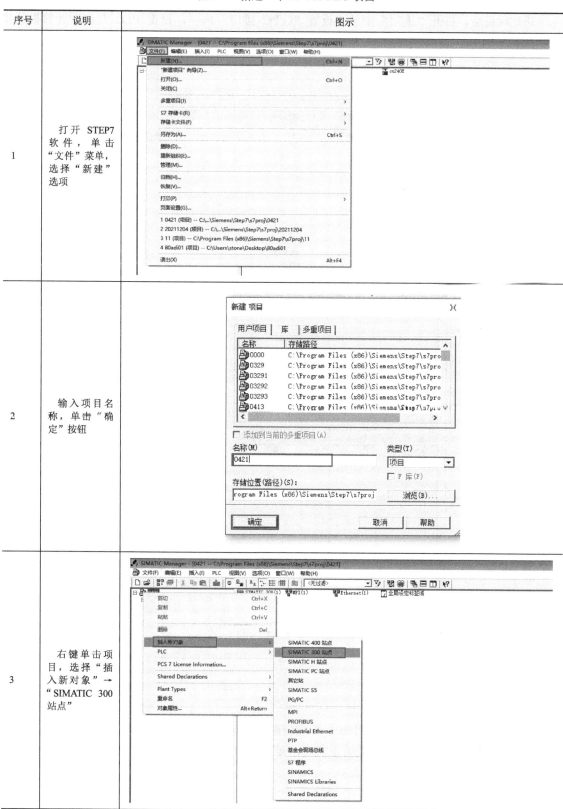
2	输入项目名称，单击"确定"按钮	
3	右键单击项目，选择"插入新对象"→"SIMATIC 300 站点"	

3）设置 PG/PC

新建项目后，打开"选项"中的"设置 PG/PC 接口"选项，设置 PLC 与编程计算机的接口，见表 5-8。

表 5-8　设置 PLC 的 PG/PC 接口

序号	说明	图示
1	打开 STEP7 软件，单击选项菜单，选择"设置 PG/PC 接口"选项	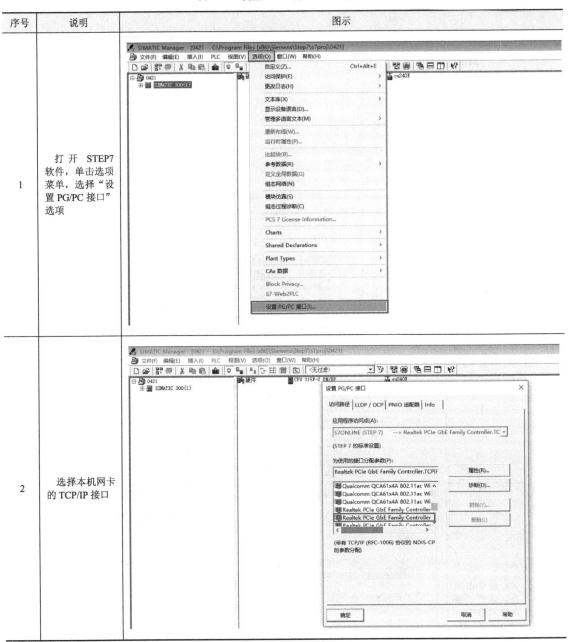
2	选择本机网卡的 TCP/IP 接口	

4）分别对 CPU 和驱动装置 G120 分配相应的网络地址

PLC 的通信接口设置完成且通信正常后，要分别为 PLC 的 CPU 和 G120 变频器分配相应的网络地址，见表 5-9。

表 5-9　为 PLC 的 CPU 和驱动装置 G120 分配相应的网络地址

序号	说明	图示
1	打开 STEP7 软件，新建一个项目，单击"PLC"菜单，选择"编辑 Ethernet 节点"选项	
2	选择本机网卡的 TCP/IP 接口	

（续）

序号	说明	图示
3	找到设备后，选择 CU240E 所在行，单击"确定"按钮。 G120 的 IP 地址须由控制器来分配，在变频器内部可以通过参数 r61001 来读取	 
4	输入 G120 变频器的名称，为它分配名称	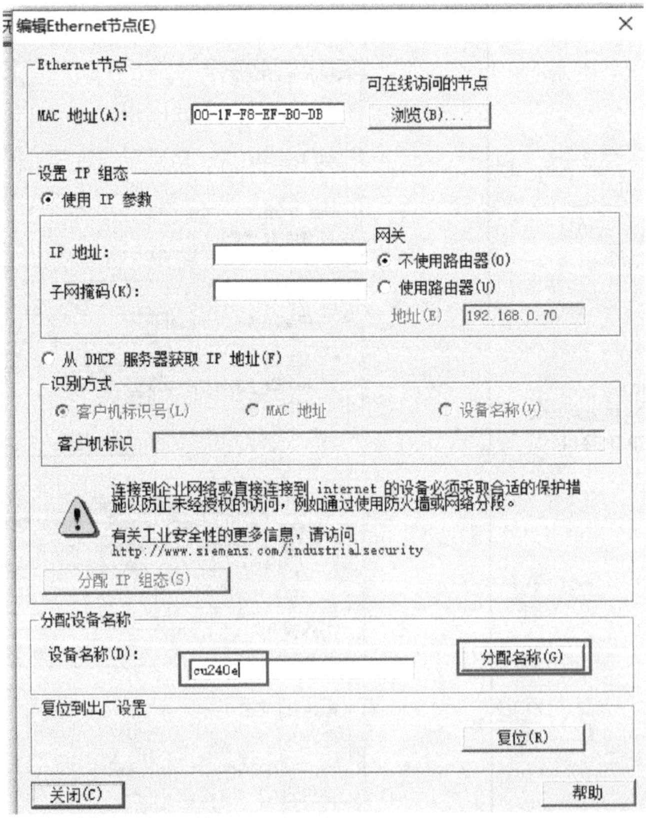

（续）

序号	说明	图示
5	输入 G120 变频器的 IP 地址，为它分配 IP 地址	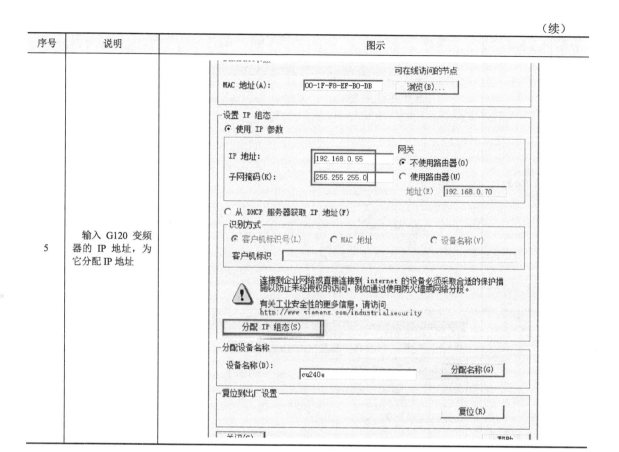

5）PLC 项目硬件组态

分配完地址后，为 PLC 进行硬件组态，并把组态好的硬件下载到 PLC 中，步骤见表 5-10。

表 5-10　PLC 项目硬件组态

序号	说明	图示
1	双击"硬件"打开硬件配置界面	SIMATIC Manager - [0421 -- C:\Users\stone\Desktop\11\0421] 文件(F) 编辑(E) 插入(I) PLC 视图(V) 选项(O) 窗口(W) 帮助(H) 〈无过滤〉 0421 SIMATIC 300(1)　硬件

（续）

序号	说明	图示
2	插入一个 S7-300 PLC 机架	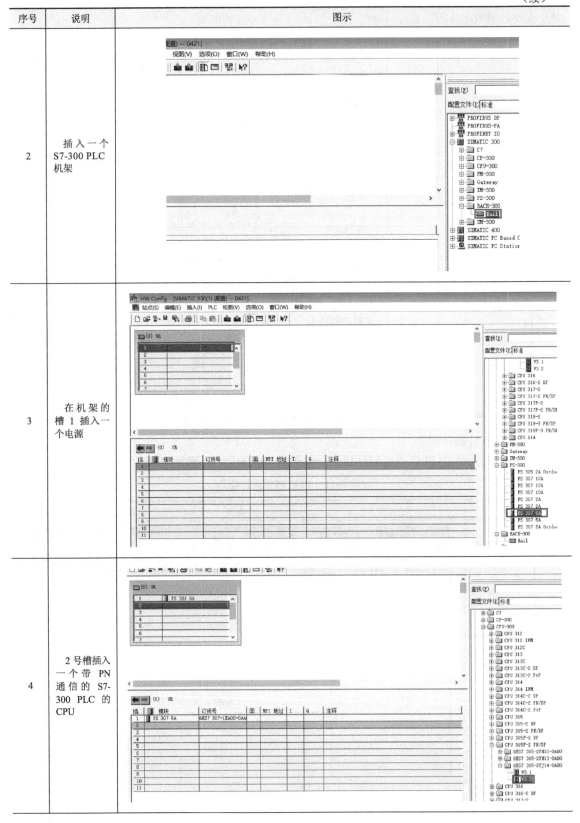
3	在机架的槽 1 插入一个电源	
4	2 号槽插入一个带 PN 通信的 S7-300 PLC 的 CPU	

（续）

序号	说明	图示
5	为 CPU315F-2 PN/DP 分配 IP 地址，单击"新建"按钮	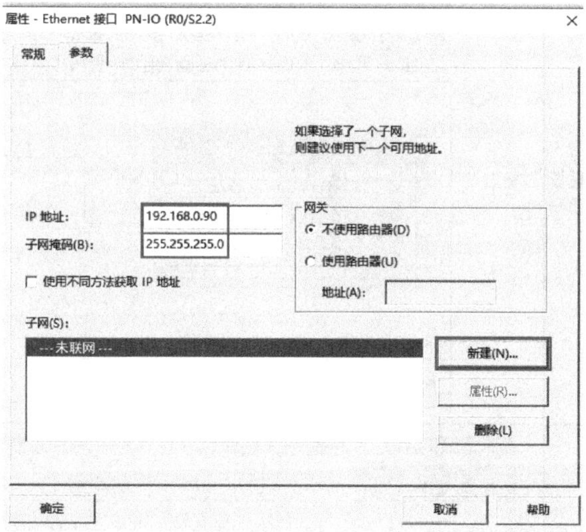
6	创建 PROFINET 网络，单击"确定"按钮	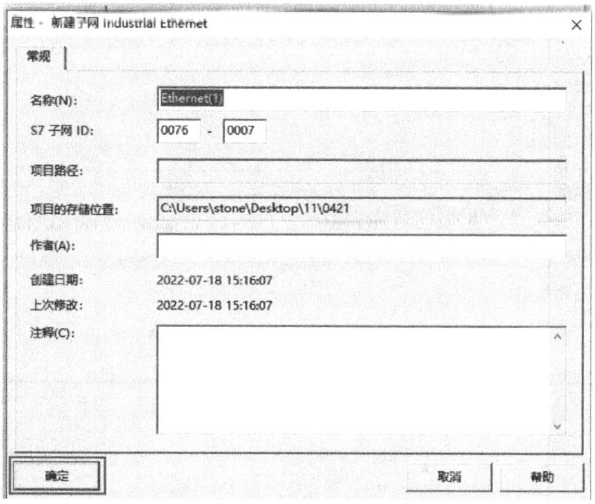
7	建好网络后，单击"确定"按钮	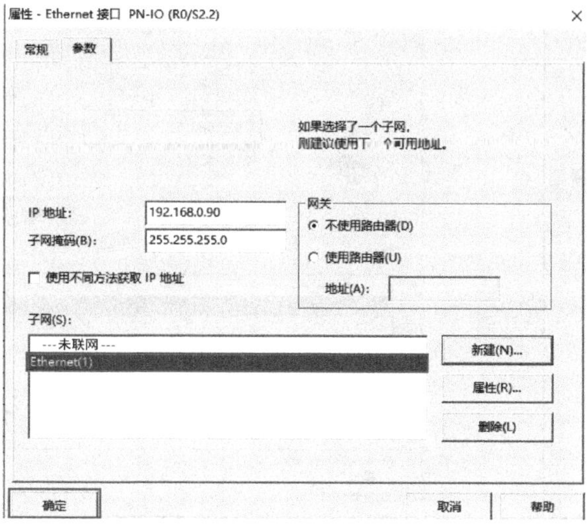

（续）

序号	说明	图示
8	在硬件配置图上会显示一条网络线	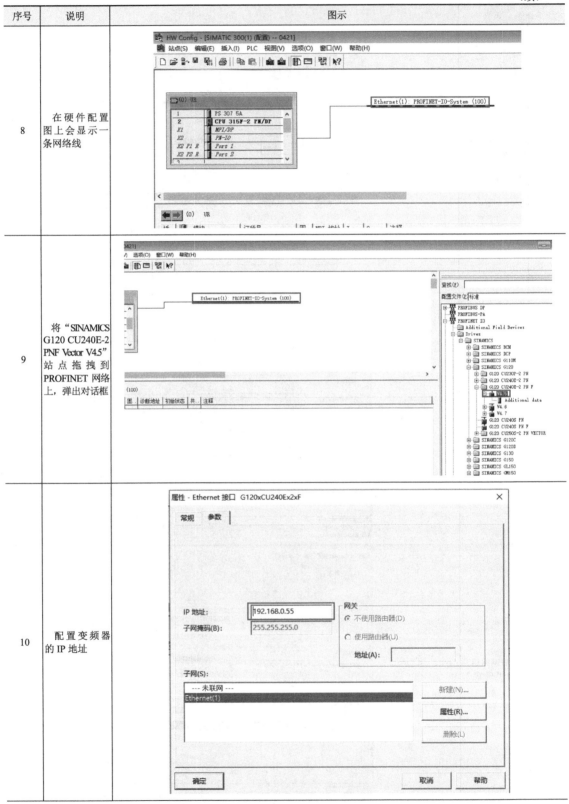
9	将"SINAMICS G120 CU240E-2 PNF Vector V4.5"站点拖拽到PROFINET网络上，弹出对话框	
10	配置变频器的IP地址	

（续）

序号	说明	图示
11	双击变频器图标，进入属性对话框	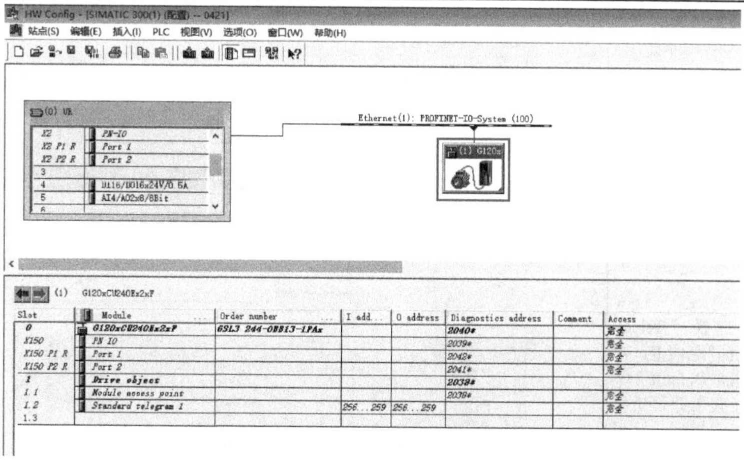
12	在弹出的对话框中设置 CU240E-2 PNF 的设备名，本实例使用设备名"cu240E"。（和前面分配的名称必须一致）	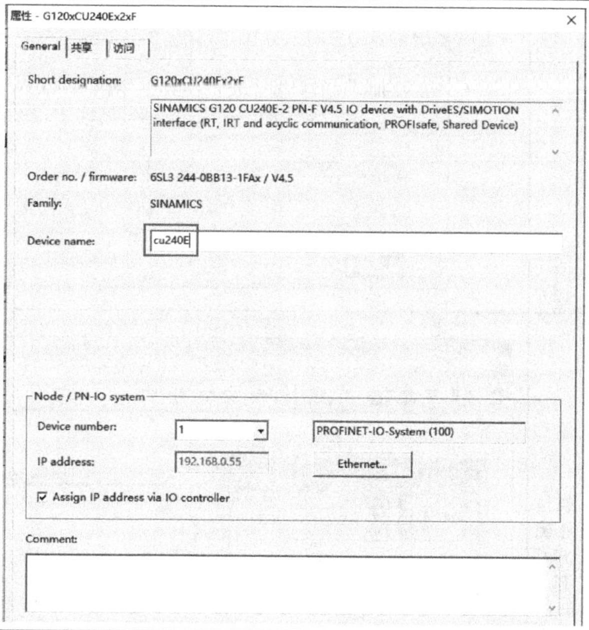
13	组态报文，双击 CU240E-2 PNF I/O 列表的 1.2 插槽选择报文	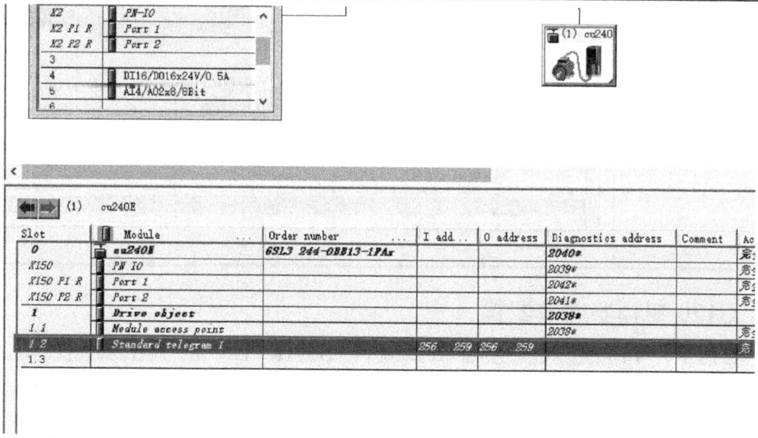

（续）

序号	说明	图示
14	选择"Telegrams"选项卡，单击"Default"下拉菜单即可选择报文类型，这里选择了报文1	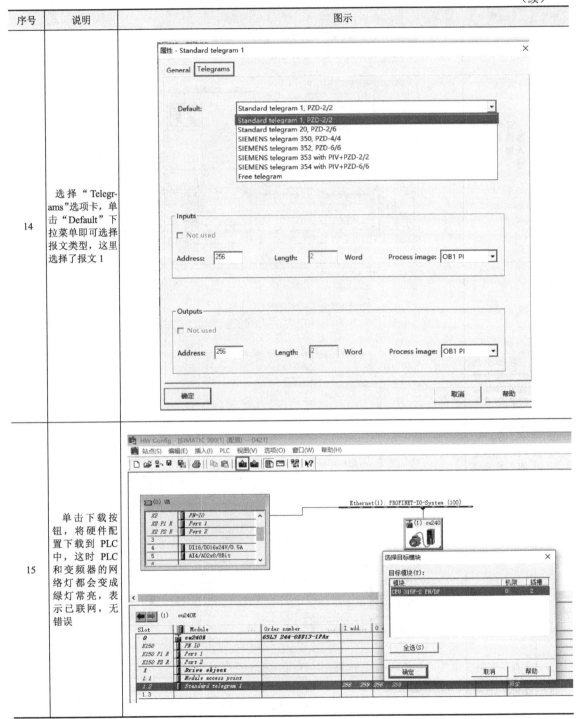
15	单击下载按钮，将硬件配置下载到 PLC 中，这时 PLC 和变频器的网络灯都会变成绿灯常亮，表示已联网，无错误	

6）G120 变频器通信配置

从 STEP7 界面进入变频器调试软件 STARTER 的调试界面，对 G120 变频器进行通信配置，见表 5-11。

表 5-11　G120 变频器通信配置

序号	说明	图示
1	回到 STEP7 软件界面，选择 cu240E 变频器的小图标，打开下拉菜单，双击"Commissioning"打开 STARTER 软件	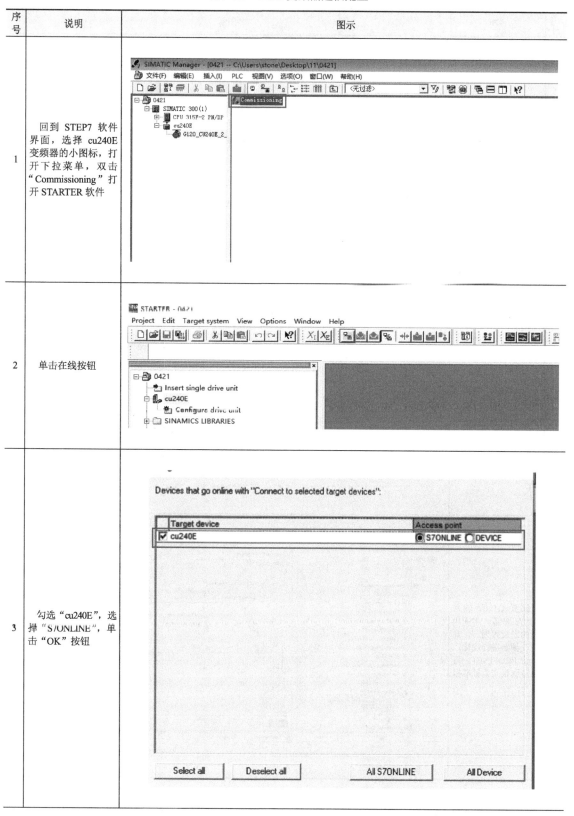
2	单击在线按钮	
3	勾选"cu240E"，选择"S7ONLINE"，单击"OK"按钮	

（续）

序号	说明	图示
4	进入在线离线比较画面，选择"Load HW configuration to PG"	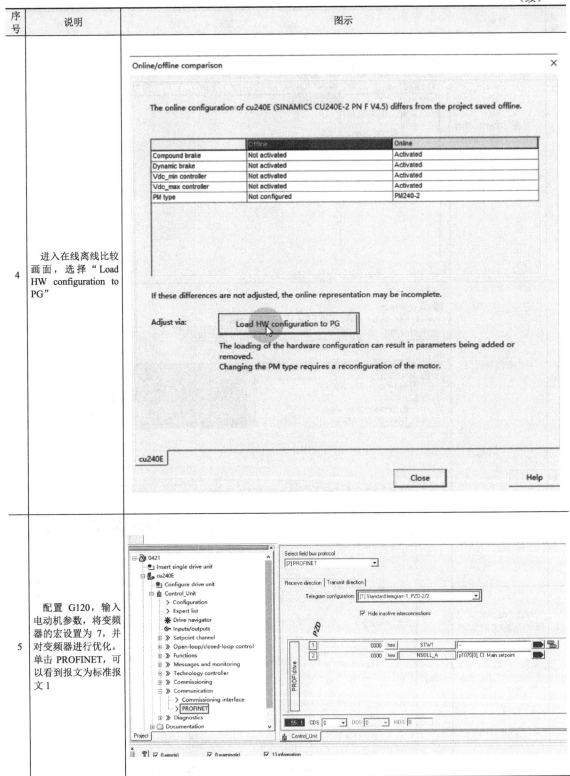
5	配置 G120，输入电动机参数，将变频器的宏设置为 7，并对变频器进行优化。单击 PROFINET，可以看到报文为标准报文 1	

（2）PLC 编程控制变频器

S7-300 PLC 通过 PROFINET PZD 通信方式将控制字 1（STW1）和主设定值（NSOLL_A）周期性地发送至变频器，变频器将状态字 1（ZSW1）和实际转速（NIST_A）发送到 S7-300 PLC。

控制字：常用控制字如下，有关控制字 1（STW1）详细定义请参考"5.1.4 通信的控制字和状态字"一节。

047E（十六进制）——OFF1 停车 / 运行准备就绪（上电时首次发送）

047F（十六进制）——正转启动

主设定值：速度设定值要经过标准化，变频器接收十进制有符号整数，16384（4000H 十六进制）对应于 100% 的速度，接收的最大速度为 32767（200%）。参数 P2000 中设置 100% 对应的参考转速。

反馈状态字详细定义请参考"5.1.4 通信的控制字和状态字"一节。

反馈实际转速同样需要经过标准化，方法同主设定值。

使用 S7-300 PLC I1.0 控制变频器的停止，同时给定为 0Hz，即发出的数停止命令为 O47E，给定为 0H。PLC I1.1 控制变频器的启动，同时给定为 25Hz，即发出的数启动命令为 047F，给定为 4000H 的一半，即 2000H。

第一种编程方法如图 5-3 所示。

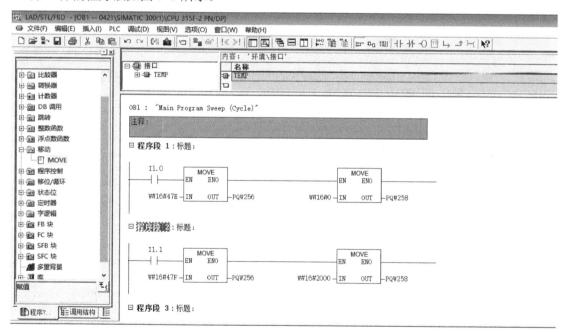

图 5-3　第一种编程方法

第二种编程方法使用 SFC14/15，通过 SFC14/15 来读取和修改变频器的参数。新建一个数据块 DB1，使用 SFC14 读取变频器的数据，使用 SFC15 把命令发给变频器，实现控制。具体的编程方法如图 5-4 和图 5-5 所示，读写的地址还是从 PQW256 和 PIW256 开始。

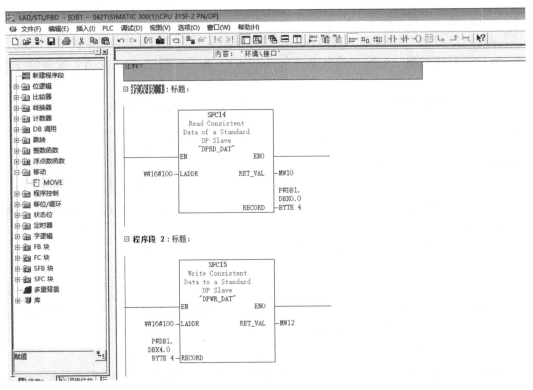

图 5-4　使用 SFC14/15 来读取变频器的数据

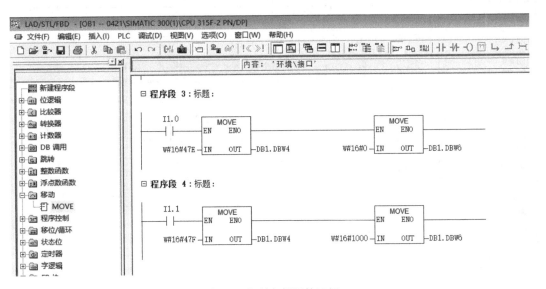

图 5-5　控制变频器的运行

　　使用上述两种方法编程后，对变频器进行控制，使用 PLC 上 I1.1 对应的按钮启动变频器，并发出给定值。使用 PLC 上 I1.0 对应的按钮停止变频器，同时将给定值复位成 0。将给定修改成不同的十六进制的数，观察电动机的运行情况，观察电流表和速度表及运行、故障指示灯的状态。并按表 5-12 记录变频器的运行数据。

表 5-12　变频器通信运行记录

序号	给定设定值	输出频率/Hz	输出电流	速度表转速	电流表电流	运行指示灯	故障指示灯
1	0H						
2	500H						
3	1000H						
4	2000H						
5	3000H						
6	4000H						

5.2.3　任务检测及评价

1. 预期成果

1）电源、变频器和电动机接线正确；

2）通信接线正确；

3）通信调试完成后，变频器和 PLC 状态正确，连接正常；

4）使用第一种编程方法编程，变频器运行正常，能按照要求的转速运行；

5）使用第二种编程方法编程，变频器运行正常，能按照要求的转速运行。

2. 检测要素

1）电源、变频器与电动机主回路及通信硬件接线的正确性；

2）实现变频器和 PLC 的通信，状态显示正常；

3）实现第一种编程方法编程，变频器运行正常，能按照要求的转速运行；

4）实现第二种编程方法编程，变频器运行正常，能按照要求的转速运行；

5）文明施工、纪律安全、团队合作、设备工具管理等。

3. 评价

（1）小组互评

小组互评表见表 5-13。

表 5-13　G120 变频器与 PLC 通信的装调小组互评表

项目名称	G120 变频器与 PLC 通信的装调		小组名称		
序号	完成项目	验收记录	整改措施	完成时间	分数
1	控制线路的接线				
2	PLC 通信的建立				
3	变频器通信设置				
4	PLC 编程				
5	PLC 控制电动机的运行				
总得分					

验收结论：

签字：　　　　　　　　时间：

（2）展示评价

G120 变频器与 PLC 的通信装调评价表见表 5-14。

表 5-14　G120 变频器与 PLC 的通信装调评价表

序号	评价项目	评价内容	权重（%）	分数	学习情况记录
1	职业素养（15%）	分工合理，团队意识强，无旷课迟到	5		
		爱岗敬业，安全意识，责任意识	5		
		遵守安全规程，行业规范，现场 5s 标准	5		
2	专业能力（75%）	正确连接电源、变频器与电动机主回路及通信线路的硬件接线	15		
		实现变频器和 PLC 的通信，状态显示正常	25		
		实现第一种编程方法编程，变频器运行正常，能按照要求的转速运行	10		
		实现第二种编程方法编程，变频器运行正常，能按照要求的转速运行	10		
		施工合理、操作规范，在规定时间内正确完成任务	5		
		安全施工、质量、文明、团队意识强（工具保管、使用、收回情况；设备摆放、场地整理情况），无旷课、迟到现象	10		
3	创新意识（10%）	创新性思维和行动	10		
		总得分			

4. 思考与练习

一、单选题

1. 组态 G120 的报文类型是 PZD2/2，输入地址为 256～259，则控制字是（　　）。

    A. IW256　　　　　　B. QW256　　　　　C. QW259　　　　　D. IM259

2. 组态 G120 的报文类型是 PZD2/2，输出地址为 256～259，则状态字是（　　）。

    A. IW256　　　　　　B. QW256　　　　　C. QW259　　　　　D. IM259

3. PROFINET 通信中，PLC 控制 G120 变频器正转控制字和停止控制字是（　　）。

    A. 047E 和 047F　　　　　　　　　　B. 0C7F 和 047E

    C. 047F 和 047E　　　　　　　　　　D. 047E 和 0C7F

4. PROFINET 通信中，PLC 控制 G120 变频器 OFF2 停车，应发送（　　）。

    A. 047B　　　　　　B. 047C　　　　　　C. 047D　　　　　　D. 047E

5. PROFINET 通信中，PLC 控制 G120 变频器 OFF3 停车，应发送（　　）。

    A. 047B　　　　　　B. 047C　　　　　　C. 047D　　　　　　D. 047E

6. PROFINET 通信中，PLC 控制 G120 变频器时，变频器接收十进制有符号整数最大值是（　　）。

    A. 4000　　　　　　B. 256　　　　　　　C. 32767　　　　　　D. 16384

7. PROFINET 通信中，PLC 控制 G120 变频器时，变频器的速度为参考速度的一半时，应发送（　　）。

    A. 4000H　　　　　　B. 2000H　　　　　C. 8000H　　　　　D. 1000H

8. S7-300 PLC 与 G120 的 PROFINET 通信中，组态 G120 变频器时，必须为 G120 添加（　　）。

    A. RS-232 通信　　　　B. 通信报文　　　　C. RS-485 通信　　　　D. USS 通信协议

9. S7-300 PLC 与 G120 的 PROFINET 通信时，如 PLC 地址是 192.168.0.2，那么 G120 变频器的地址正确的是（　　）。

　　A. 192.168.0.4　　　　B. 192.168.2.4　　C. 192.168.2.2　　　　D. 192.178.2.4

10. G120 变频器的自由报文是（　　）。

　　A. 2　　　　　　　　B. 350　　　　　　C. 352　　　　　　　D. 999

二、多选题

1. S7-300 PLC 与 G120 的 PROFINET 通信中，组态 G120 变频器时，必须为 G120 分配（　　）。

　　A. 设备名　　　　　　B. 设备　　　　　　C. IP 地址　　　　　　D. 用户名

2. G120 变频器报文类型是 PZD2/2，变频器收到的两个字分别是（　　）。

　　A. 控制字 1　　　　　B. 状态字 1　　　　C. 速度设定值　　　　D. 速度实际值

3. G120 变频器报文类型是 PZD2/2，变频器发出的两个字分别是（　　）。

　　A. 控制字 1　　　　　B. 状态字 1　　　　C. 速度设定值　　　　D. 速度实际值

4. STEP7 编程中用来读写变频器数据的系统功能块是（　　）。

　　A. SFC12　　　　　　B. SFC13　　　　　C. SFC14　　　　　　D. SFC15

三、简答题

在多电动机调速的控制系统中，为什么多采用网络通信控制的控制方式？

学习情境 6　G120 变频器的维护

目前变频器越来越多地应用在各种工业场合。它是一种精密的电子装置，虽然在制造过程中，厂家已经进行了可靠性设计，但是如果使用不当或没有进行规范的点检维护，变频器仍然会发生故障。所以日常的维护检查和点检设备、如何备份变频器参数、如何判断和处理故障尤为重要。本学习情境就从这几个方面来进行描述。

任务 6.1　变频器的维护点检

随着我国工业制造实力的不断提高，变频器在不同的场合应用越来越普遍，由于变频器在使用的过程中需要适应复杂的工况，因此保障变频器的安全性与稳定性是非常重要的。在变频器运行过程中需要对变频器进行点检，在变频器停止使用时需要对变频器进行系统的维护，通过日常点检和检修可以及时发现变频器隐藏的故障，从而尽早进行处理，保障变频器达到设计使用的寿命。

【任务引入】

由于变频器在工业生产中的重要性，因此其维护点检也至关重要。变频器的点检和保养可以有效地延长设备的寿命，降低设备维修和更换成本，提高设备的运行效率和可靠性。在工业生产中，定期进行变频器的点检和保养，有利于保障设备的正常运行，提高生产效率。

该任务要求了解使用变频器的安全注意事项及检测标准，了解变频器的日常点检。

【任务目标】

1. 知识目标

1）了解使用变频器的安全注意事项及检测标准；
2）了解变频器点检维护的技术要求；
3）了解变频器的日常点检。

2. 能力目标

1）能够掌握使用变频器的安全注意事项；
2）熟悉变频器的点检维护内容，能够完成变频器的日常点检。

3. 素质目标

1）培养点检电气设备的能力，采用多种方法，保证点检到位；
2）养成按照设备的检查周期定期检查设备的习惯，发现隐患及时记录处理；
3）养成定期保养设备的习惯，保证设备的正常运行。

4．素养目标

电气故障的判断：我们都知道中医看病的四种诊断方式，那就是：望、闻、问、切。其实电气设备检测和故障的判断也是同样，可以通过四种方式进行：望、闻、问、切。

望：通过观察电气设备的主要部件，如开关、插头、电缆、插座等，看是否有明显的异常情况，如破损、变形、烧焦等。

闻：通过嗅觉根据电气设备发出的异味，如烧焦、烟味等，来判断是否存在电气故障。

问：通过询问用户或维修人员关于设备故障的具体情况和表现，来确定故障点和解决方法。

切：通过使用测试仪器和工具，如电压表、电流表、绝缘测试仪等，对电气设备进行测量和检查，来确定故障点和解决方法。

需要注意的是，在对电气设备进行检查和修理时，一定要切断电源，确保自身安全并避免二次事故的发生。

6.1.1　安全注意事项及检测标准

1．安全注意事项

1）在安装、电路连接（配线）、运行、维护检查变频器前，必须熟悉产品说明书内容，以保证正确使用。

2）变频器的安放应符合标准要求（温度、湿度、振动、尘埃）的场所。

3）变频器和电动机接地端（PE）必须可靠接地。

4）变频器必须安装好外盖后，才能接通电源。接通电源后，不能取去外盖。

5）变频器接通电源后，即使处于停止状态，端子上仍带电，不能触摸。

6）不能采用接通和断开主电路电源的方法操作变频器的运行和停止。

7）不能让纱头、纸、木片、尘土、金属屑等异物掉入变频器，更不能让这些物质附着于散热片上。

8）变频器的散热板、制动电阻等有时温度很高，不要触摸。

9）变频器较长时间不使用时，必须切断电源。

10）接通电源后因变频器内电路板及其他装置有高电压，不能用手触摸。

2．检测标准

1）外观、构造检查。检查变频器的型号正确无误、安装环境无问题、装置无脱落或破损、电缆直径和种类合适、电气连接无松动、接线无错误、接地可靠等。

2）绝缘电阻的检查。测量变频器主电路绝缘电阻时，必须将所有输入端（R、S、T）、直流母线（DC+、DC-）端和输出端（U、V、W）都连接起来后，再用 500V 兆欧表测量绝缘电阻，其值应在 5MΩ以上。

而控制电路的绝缘电阻应用万用表的高阻档测量，测量时断开所有控制电路端子对外的连接，在控制电路端子和接地端之间进行连续测试，测量值大于或等于 1MΩ为合格，不能用兆欧表或其他有高电压的仪表测量。

3）电源电压检查。检查主电路电源电压是否在允许电源电压值以内。

6.1.2 影响变频器的因素

变频器的适用场合会长期受到温度、湿度、振动、尘上等环境因素的影响，如果点检维护得当，就能延长使用寿命，减少由于突发故障造成的生产损失。变频器应该安装在控制柜内部，控制柜在设计时要注意以下问题。

码 6-1 影响变频器的因素

1．物理环境

（1）散热问题

变频器的发热是由内部的损耗产生的。在变频器各部分损耗中，主要以主电路为主，约占 98%，控制电路占 2%。为了保证变频器正常可靠运行，必须对变频器进行散热，通常采用风扇散热；变频器的内装风扇可将变频器的箱体内部散热带走，若风扇不能正常工作，应立即停止变频器运行；大功率的变频器还需要在控制柜上加风扇，控制柜的风道要设计合理，所有进风口要设置防尘网，排风通畅，避免在柜中形成涡流，在固定的位置形成灰尘堆积；根据变频器说明书的通风量来选择匹配的风扇，风扇安装要注意防振问题。

（2）湿度问题

湿度问题就是要解决防水和防结露问题。如果变频器放在现场，需要注意变频器柜上方不能有管道法兰或其他漏点，在变频器附近不能有喷溅水流。总之现场柜体防护等级要在 IP43 以上。

（3）腐蚀性气体

在化工行业这种情况比较多见，由于腐蚀性气体对变频器内部 PCB、塑料制品外壳等的电气绝缘性能有极大的破坏作用，故在此种环境下使用变频器应按要求采用符合安全规程要求的密封外壳。因此可以将变频柜放在控制室中，远离现场。

（4）振动和冲击

变频器安装在移动的设备上时，经常会出现这样的问题。振动和冲击会使变频器发生电气接触不良、元器件开焊的物理现象，对变频器的正常使用同样影响较大，为此加强日常保养和检修工作不容大意。

（5）防尘

所有进风口要设置防尘网，阻隔絮状杂物进入。防尘网应该设计为可拆卸式，以方便清理、维护。防尘网的网格根据现场的具体情况确定，防尘网四周与控制柜的结合处要处理严密。

2．电气环境

（1）电磁干扰问题

变频器在工作中由于整流和变频，产生了很多干扰电磁波和高次谐波。高频电磁波对附近的仪表、仪器有一定的干扰，而高次谐波通过供电回路进入整个供电网络，从而影响其他仪表。如果变频器的功率很大（占整个系统的 25%以上），需要考虑控制电源的抗干扰措施。

当系统中有高频冲击负载如电焊机、电镀电源时，变频器本身会因为干扰而出现保护，则考虑整个系统的电源质量问题。

（2）输入端过电压

虽然大多数变频器电源输入端具有过电压保护功能，可如果变频器输入端高电压作用时间较长，则往往会使变频器内部相关元器件（如压敏电阻、整流器件等）发生损坏。对于电压波动频繁且变化幅度较大的电源，要考虑使用稳压设备。

3．接地

变频器正确接地是提高系统灵敏度、抑制噪声干扰的重要手段。变频器接地端子 G（也有标注为 E）接地电阻越小越好，接地导线截面积不应低于 2mm^2，且长度应控制在 20m 以内。此外需要指出的是，变频器信号输入线的屏蔽层应接至 G（或 E）接线端子上，其另一端绝不能接于地端，否则会引起信号变化波动，造成系统发生振荡。

4．防雷

在变频器中一般都设有雷电吸收、泄放回路，用以防止瞬间的雷电侵入造成变频器损坏。但在实际运行过程中，尤其是变频器电源线为架空引入的情况下，单纯依赖变频器内部防雷回路是远远不够的。为此在雷电活跃区，并且变频器电源为架空线引入方式的话，应在进线处装配变频器专用的避雷器（厂家选配件），或按规范要求在距离变频器 20m 的地方预坩镀锌钢管座，专门用于接地防雷保护。

6.1.3 变频器的点检

1．变频器点检的主要内容

从以上内容要求可以看出，变频器所在的环境、接地问题和防雷问题是变频器点检维护需要注意的重要问题，因此在点检运行中的变频器时要注意变频器的温度、变频器的干扰、变频器的防护等。

1）检查变频器电气柜内（特别是现场安装的变频器柜）是否有结露或漏水现象；

2）检查变频器电气柜内及变频器本体是否积尘过多，防尘网、过滤网是否已经堵塞，柜内冷却风机是否运行良好；

3）检查变频器自带冷却风扇是否运行良好，是否有停转现象；

4）检查变频器在运行中是否有振动现象；

5）检查变频器接线端子及主回路接线端子是否有发热变色现象；

6）检查变频柜内是否有异味；

7）检查变频器运行时是否产生干扰影响其他设备的运行。

2．变频器运行当中的日常点检

变频器在正常运行过程中不拆卸其盖板，检查有无异常现象，以便及时发现问题，及时处理。通常检查的内容和相应的处理方法如下。

1）检查操作面板是否正常。用眼睛观察面板显示是否缺损、变浅或闪烁。如有异常应更换面板或检修。

2）检查电源电压、输出电压、直流电压是否正常。用整流型电压表分别测量三相电源电压，正常情况下应该平衡，电压值在正常范围内，单相电源电压也在正常范围内。若三相不平衡或输出电压偏高或偏低，说明变频器有潜在故障，必须停机检修。直流电压值过低也要检查修理。

3）检查电源导线、输出导线是否发热、变形、烧坏。如果有此情况，通常是接线端松动，必须扭紧；或停机更换导线，拧紧接线端。

4）观察冷却风机运转是否正常，如不正常应停机后清洗或更换新冷却风机。

5）使用红外测温枪检查散热器温度是否正常（可用红外线测温仪测量），如不正常，若是环境温度过高，应该采取措施降低环境温度；若是冷却风机使用年限已到或堆积尘埃、油污致使散热器温度升高，则应清洗或更换冷却风机。

6）检查变频器是否有振动现象（最好用振动测量仪测试）。振动较严重时，直接用手触摸变频器外壳即可感知；而用长柄螺丝刀一头接触变频器，耳朵贴紧螺丝刀柄，可以发现轻微的振动现象。这种振动通常是电动机振动引起的共鸣，它可以造成电子元器件的机械损伤。采用增加橡胶垫的方法可减少或消除这种振动，另外也可以利用变频器频率跳跃的功能避开机械共振点。这种做法应在确保控制精度的前提下进行。

7）检查变频器在运行过程中有无异味。

3．变频器精密点检

1）变频器断电后，不能马上检查，因平波电容上仍然有高压电，在 DC+ 与 DC- 两端的直流电压低于 30V 后方可检查。

2）注意鼠患（定期检查变频器配线）。

3）要定期检查变频器内部风扇且按时更换。

4）散热：定期清理灰尘；灰尘与潮湿是变频器的最致命杀手，特别是当停机几天后，粘在电路板上的尘埃返潮，这时送电后变频器电路板最容易打火而损坏。最好能将变频器安装在空调房间里，或装在有滤尘网的电柜里。要定时清扫电路板及散热器上的灰尘；停机一段时间的变频器在通电前最好用电吹风吹一下电路板。

5）用数字万用表测量变频器输出电压有 1000 多伏（输入 380V），这是由于变频器输出电压是高频载波，普通无防干扰功能的数字表在这里测量是很不准的。建议使用指针式万用表测量。

6）出现故障时，不要马上复位。首先要排除故障，故障排除后再复位变频器。

7）定期紧固变频器及变频柜内元器件的接线。

8）定期检查变频器接地是否良好、屏蔽是否接地良好，以免变频器运行时干扰到其他电气设备。

9）不能在变频器主回路输出端子上使用绝缘电阻表测量变频器或电动机的绝缘。

10）更换放置一年以上的变频器备件时，首先要对变频器进行充电。

11）保持变频器周围环境清洁、干燥以及不能有腐蚀性气体存在。严禁在变频器附近放置杂物（如备品备件等）。

12）每次维护变频器后，要认真检查有无遗漏的螺钉及导线等，防止小金属物品造成变频器短路事故。

4．某炼钢厂点检维护标准

以某炼钢厂炉钢车变频控制柜为例，点检标准见表 6-1。

表 6-1　变频器点检标准

设备	点检部位	点检内容	点检标准
炉钢车变频控制柜	变频器	外观检查	无异味，电缆无破损
		电抗器	接线紧固，无放电
	断路器	外观检查	无异味，电缆无破损
		接线紧固、清灰检查	接线无松动、无灰尘
	接触器	动作状态是否正常	动作灵活
		外观检查	无异味，电缆无破损
		接线紧固、清灰检查	接线无松动、无灰尘
	继电器	动作状态是否正常	动作灵活
		接线紧固、清灰检查	接线无松动、无灰尘
	制动电阻	接线紧固、清灰检查	接线无松动、无灰尘
		外观有无形变及损伤	无形变及损伤
	冷却风扇	转动是否灵活	功率控制单元通风好

6.1.4　变频器的维护保养

变频器日常维护保养的具体内容可以分为以下几项：

1. 运行数据记录并记录故障

每天要记录变频器及电动机的运行数据，包括变频器输出频率、输出电流、输出电压、变频器内部直流电压，散热器温度等参数，与合理数据对照比较，以利于早日发现故障隐患。 变频器如发生故障跳闸，务必记录故障代码和跳闸时变频器的运行工况，以便具体分析故障原因。

2. 变频器日常检查

每两周进行一次检查，检查记录运行中的变频器输出三相电压，并注意比较它们之间的平衡度；检查记录变频器的三相输出电流，并注意比较它们之间的平衡度；检查记录环境温度、散热器温度；察看变频器有无异常振动、声响，风扇是否运转正常。

3. 变频器保养

每台变频器每季度要清灰保养一次。保养时要清除变频器内部和风路内的积灰、脏物，将变频器表面擦拭干净；变频器的表面要保持清洁光亮；在保养的同时要仔细检查变频器，查看变频器内有无发热变色部位，水泥电阻有无开裂现象，电解电容有无膨胀、漏液、防爆孔突出等现象，PCB 是否有异常，有没有发热烧焦部位。保养结束后，要恢复变频器的参数和接线，送电，带电动机工作在 3Hz 的低频约 1min，以确保变频器工作正常。

4. 变频器大修

变频器具体大修项目主要依据变频器使用年限以及日常检查的结果决定。主要包括：

（1）风扇

器件状况判别：风扇是变频器的常用备件，风扇损坏分为电气损坏和轴承损坏。如果是电气损坏，风扇会不运转，这在日常检查中就可以发现，发现后要立即更换。如果是轴承损坏，可以发现风扇在运转时的噪声和振动明显增大，这时要尽快予以更换。也可以根据相应变频器说明书的建议，在风扇使用到达一定年限后（一般 3 年左右），统一予以更换。

更换办法：推荐使用原装的风扇备件，但有时原装的备件很难买到，或订货周期很长，则可以考虑使用替代品。替代品必须保证外形与安装尺寸与原装的完全一致，电源相同，功耗、风量和质量与原装的相近。

更换以后的检验：更换以后要试运行，观察风扇的风量、运行噪声和振动状况，连续运转约半小时，再观察整机的温升，如果一切正常，则可以判定更换（或替换）成功。

（2）主滤波电解电容

器件状况判别：主滤波电解电容是变频器的常用备件。如果电容发生漏液或膨胀或防爆孔破裂的现象，要立即更换。日常检查时要注意检查电容的容量，当电容容量低于标称值 15%时，要尽快予以更换。也可以根据相关变频器的说明书，在使用达到一定年限后，统一予以更换。主回路滤波电解电容的使用寿命与变频器的环境温度有较大关联，如果平时使用较注意，变频器安装环境良好，则可以大大延长电解电容的使用寿命。

更换办法：推荐使用原装的电容备件，但有时原装的备件很难买到，或订货周期很长，则可以考虑使用替代品。替代品必须保证安装尺寸与原装的完全一致，长度小于或等于原装的，耐压和标称工作温度大于或等于原装的，总电容量与原装的相近。

更换以后的检验：更换以后要试运行，满载运行 2h，如果电容本体没有严重发热，则可以确认更换成功。

（3）大功率电阻

器件状况判别：观察大功率电阻的表面颜色，如果是水泥电阻的话要观察电阻表面是否有裂缝，如果电阻老化现象明显（颜色变黑、严重开裂），则应该更换。

更换办法：推荐使用原装的电阻备件，但也可以用替代品。替代品首先功率和电阻值要与原装电阻相近，其次要求安装方式和安装尺寸也要与原来的一致。

更换以后的检验：更换以后要试运行，断电、送电重复 3 次，注意断电再送电之间的时间间隔，再带满载运行半小时，如果一切正常则可以确认更换成功。

（4）接触器或继电器

器件状况判别：接触器或继电器一般有累计动作次数寿命，超过了的话就要更换。日常检查中如果发现触点接触不良，要立即更换。

更换办法：推荐使用原装的备件，但也可以用替代品。替代品的触点容量和线圈要与原装的一致，安装方式和安装尺寸也要与原来的相同，质量也要相当。

更换以后的检验：更换以后要试运行，使接触器反复动作多次，再带满载运行半小时，如果一切正常则可以确认更换成功。

（5）结构件

器件状况判别：变频器的塑料外壳有可能被碰坏，视具体情况决定是否更换。变频器内部安装螺钉如有打滑或生锈的情况，应当予以更换。

更换办法：外壳更换一定要用原装备件，螺钉等结构件则可以用相同规格、相同质量的替代产品。

更换以后的检验：螺钉更换以后一定要拧紧，并带满载试验，确保不会因为接触电阻太大而引起发热。

（6）操作显示

器件状况判别：变频器的操作显示单元如果有显示缺失或按键失效的现象，则要予以更换。

更换办法：更换要用原装的产品或兼容的升级替代产品。

更换以后的检验：更换后要上电检查显示和动作是否完全正常。

（7）电路板

器件状况判别：印制电路板原则上不更换，但如在日常检查中发现有严重发热烧黑的现象，则可以考虑予以更换。

更换办法：更换一定要用原装备件。

更换以后的检验：更换后要做满载试验约 1h，运行正常才能确认更换成功。

5．转炉倾动变频器维护实例

（1）传动系统组成

某炼钢厂倾动系统单台电动机为 75kW，传动系统使用 SINAMICS S120 变频器，机架型，功率模块 160kW，选型为：6SL3310-1TE33-1AA3，I_n=310A，控制单元 CU320-2 DP，组件有：进线刀熔开关、主接触器、进出线电抗器、编码器接口模块 SMC30 通过 DRIVE-CLIQ 线和 CIB 板连接、制动单元、制动电阻，变频器控制柜如图 6-1 所示。

图 6-1　炼钢二厂南区转炉倾动变频控制柜

（2）实际运行情况

变频器风机随着变频器的运行不断地启动和停止，风机负责冷却功率部分的 IGBT，其作用是非常重要的。但变频器风机的控制在出厂时就将其安装在变频器内部左下角处，且控制继电器触点小，每次变频器的启停均会引起风机的转动，时间一长就会导致继电器触点烧损，无法起动风机。使变频器内部产生的热量不能及时散出，可能导致变频器电路板烧损，进而引起转炉无法摇炉，后果不堪设想。不仅需耗费大量资金更换电路板，也可能导致长时间的热停工。且由于该控制继电器在变频器内部，拆卸面板更换时极不方便，耗费大量时间，不利于故障的及时解决。

（3）采取对应措施

利用检修或中修充足的时间将变频器面板打开，将风机控制系统由变频器内部改装到变频柜内，使得更换继电器在几秒内即可完成。此外，将继电器改为通用的多触点 IDEC 型继电器，同时并联使用其两对常开触点，在一对触点不合适时，另一对触点仍可继续使用，保证了风机的可靠运行，也确保了该类继电器备件的充足。在日常检查时通过直接短接也便于测试风机的好坏。控制回路改善以后如图 6-2 所示。

变频器柜内冷却风扇控制继电器

图 6-2 炼钢二厂南区转炉倾动变频控制柜冷却风扇控制回路改善

6.1.5 通用型变频器点检故障处理案例

1. 参数设置类故障

通用型变频器在使用中，是否能满足传动系统的要求，变频器的参数设置非常重要，如果参数设置不正确，会导致变频器不能正常工作。

（1）参数设置

变频器在出厂时，其每一个参数都有一个默认值，这些参数称为工厂值。变频器在出厂设置时，不需要设置参数就能对变频器进行简单的操作，大多数变频器是使用面板操作方式运行。但出厂设置并不满足大多数传动系统的要求。所以，用户在正确使用变频器之前，要对变频器参数从以下几个方面进行设置：

1）确认电动机参数，变频器在参数中设定电动机的功率、电流、电压、转速、最大频率，这些参数可以从电动机铭牌中直接得到。

2）变频器采取的控制方式，即速度控制、转矩控制、PID 控制或其他方式。采取控制方式后，一般要根据控制精度，进行静态或动态辨识。

3）设定变频器的启动方式，一般变频器在出厂时设定从面板启动，用户可以根据实际情况选择启动方式，可以采用面板、外部端子、通信方式等几种。

4）给定信号的选择，一般变频器的频率给定也可以有多种方式，如面板给定、外部给定、外部电压或电流给定、通信方式给定，当然对于变频器的频率给定也可以是这几种方式的一种或几种方式之和。正确设置以上参数之后，变频器基本上能正常工作，但如要获得更好的控制效果则只能根据实际情况修改相关参数。

（2）参数设置类故障的处理

一旦发生了参数设置类故障后，变频器都不能正常运行，一般可根据说明书进行参数修改。如果以上不行，最好是能够把所有参数恢复出厂值，然后按上述步骤重新设置。不同品牌的变频器其参数恢复方式也不相同。

2. 过电压类故障

变频器的过电压故障是指变频器的电压超过了变频器电压的限幅值，集中表现在直流母线的直流电压上。正常情况下，变频器直流电为三相全波整流后的平均值。若以 380V 线电压计算，则平均直流电压 U_d=1.35 $U_{线}$=513V。在过电压发生时，直流母线的储能电容将被充电，当电压上升至 760V 左右时，变频器过电压保护动作。因此，对变频器来说，都有一个正常的工作电压范围，当电压超过这个范围时很可能损坏变频器。常见的过电压有两类。

（1）来自电源输入侧的过电压

电源输入侧过电压分为输入电压超过正常范围和电源侧冲击过电压两种。通常情况下的电源电压为380V，允许误差为-5%～+10%，经三相桥式全波整流后中间直流的峰值为591V，个别情况下电源线电压达到450V，其峰值电压也只有636V，并不算很高，一般电源电压不会使变频器因过电压跳闸。电源输入侧的过电压主要是指电源侧的冲击过电压，如雷电引起的过电压、补偿电容在合闸或断开时形成的过电压等，主要特点是电压变化率 du/dt 和幅值都很大。

（2）来自负载侧的过电压

主要是指由于某种原因使电动机处于再生发电状态时，即电动机处于实际转速比变频频率决定的同步转速高的状态，负载的传动系统中所储存的机械能经电动机转换为电能，回馈到变频器的中间直流回路中。如果变频器中没有采取消耗这些能量的措施，这些能量将会导致中间直流回路的电容的电压上升，达到限值即行跳闸。

1）当变频器拖动大惯性负载时，其减速时间设得比较短，在减速过程中，变频器输出的速度比较快，而负载靠本身阻力减速比较慢，使负载拖动电动机的转速比变频器输出的频率所对应的转速还要高，电动机处于发电状态，而变频器没有能量回馈单元，因而变频器直流回路电压升高，超出保护值，出现故障。处理这种故障可以增加再生制动单元，或者修改变频器参数，把变频器减速时间设得长一些。增加再生制动单元功能包括能量消耗型、并联直流母线吸收型、能量回馈型。能量消耗型是在变频器直流回路中并联一个制动电阻，通过检测直流母线电压来控制功率管的通断。并联直流母线吸收型使用在多电机传动系统，这种系统往往有一台或几台电机经常工作于发电状态，产生再生能量，这些能量通过并联母线被处于电动状态的电机吸收。能量回馈型的变频器电网侧变流器是可逆的，当有再生能量产生时可逆变流器就将再生能量回馈给电网。

2）多个电动机拖动同一个负载时，也可能出现这一故障，主要是由于没有负荷分配引起的。以两台电动机拖动一个负载为例，当一台电动机的实际转速大于另一台电动机的同步转速时，则转速高的电动机相当于原动机，转速低的处于发电状态，引起故障。处理时需加负荷分配控制，可以把拖动电动机的变频器特性调节软一些，这样随动性更好。

3. 过电流故障

过电流故障可分为加速、减速、恒速过电流。其可能是由于变频器的加减速时间太短、负载发生突变、负荷分配不均、输出短路等原因引起的。这时一般可通过延长加减速时间、减少负载的突变、外加能耗制动元件、进行负荷分配设计、对线路进行检查等来解决。如果断开负载变频器还是过电流故障，说明变频器逆变电路已坏，需要更换变频器。根据变频器显示，可从以下几方面寻找原因：

（1）工作中过电流

变频器工作中过电流即拖动系统在工作过程中出现过电流。其原因大致有以下几方面：

1）电动机遇到冲击负载或传动机构出现"卡住"现象，引起电动机电流的突然增加。

2）变频器输出侧发生短路，如输出端到电动机之间的连接线发生相互短路，或电动机内部发生短路等、接地（电动机烧毁、绝缘劣化、电缆破损而引起的接触、接地等）。

3）变频器自身工作不正常，如逆变桥中相同桥臂的两个逆变器件在不断交替的工作过程中出现异常。如环境温度过高，或逆变器元器件本身老化等原因，使逆变器的参数发生变化，导致在交替过程中，一个器件已经导通、而另一个器件却还未来得及关断，引起同一个桥臂的上、下两个器件的"直通"，使直流电压的正、负极间处于短路状态。

（2）升速、降速时过电流

当负载的惯性较大，而升速时间或降速时间又设定得太短时，也会引起过电流。在升速过程中，变频器工作频率上升太快，电动机的同步转速迅速上升，而电动机转子的转速因负载惯性较大而跟不上去，结果是升速电流太大；在降速过程中，降速时间太短，同步转速迅速下降，而电动机转子因负载的惯性大，仍维持较高的转速，这时同样可以因转子绕组切割磁力线的速度太大而产生过电流。

（3）处理方法

1）起动时一升速就跳闸，这是过电流十分严重的现象，主要检查：

● 工作机械有没有卡住；

● 负载侧有没有短路，用兆欧表检查对地有没有短路；

● 变频器功率模块有没有损坏；

● 电动机的起动转矩过小，拖动系统转不起来。

2）起动时不马上跳闸，而在运行过程中跳闸，主要检查：

● 加速时间设定太短，加长加速时间；

● 减速时间设定太短，加长减速时间；

● 转矩补偿（U/f比）设定太大，引起低频时空载电流过大；

● 电子热继电器整定不当，动作电流设定得太小，引起变频器误动作。

4. 过载故障

变频器过载故障包括变频器过载和电动机过载。其可能是加速时间太短，直流制动量过大、电网电压太低、负载过重等原因引起的。一般可通过延长加速时间、延长制动时间、检查电网电压等解决。负载过重，所选的电动机和变频器不能拖动该负载，也可能是由于机械润滑不好引起。如前者则必须更换大功率的电动机和变频器；如后者则要对生产机械进行检修。

（1）过载主要原因

1）机械负荷过重，导致电动机发热，可从显示屏上读取运行电流来发现。

2）三相电压不平衡，引起某一相的运行电流过大，导致过载跳闸，从显示屏上读取运行电流不一定能发现（因为显示屏只显示某一相电流）。

3）变频器内部的电流检测部分发生故障，检测出的电流信号偏大，导致跳闸。

（2）解决方法

1）检查电动机是否发热。如果电动机的温升不高，则应检查变频器的电子热保护功能预置是否合理，如变频器尚有余量，则应放宽电子热保护功能的预置值；如果电动机的温升过高，而所出现的过载又属于正常过载，则说明电动机的负荷过重。应考虑能否适当加大电动机的传动比或加大电动机的容量。

2）检查电动机的三相电压是否平衡。如不平衡，则问题在变频器内部；如变频器输出端的三相电压平衡，则应检查从变频器到电动机之间的线路，所有接线端的螺栓是否都已拧紧。如果在变频器和电动机之间有接触器或其他电器，则还应检查有关电器的接线端是否都已拧紧，以及触头的接触状况是否良好等。另外，还应了解跳闸时的工作频率：如工作频率较低，又未用矢量控制（或无矢量控制），则应首先降低 U/f 比；如果降低后仍能带动负载，则说明原来预置的 U/f 比过高，励磁电流的峰值偏大，可通过降低 U/f 的比值来减小电流；如果变频器有矢量控制功能，则应采用矢量控制方式。

3）检查是否误动作。经过以上检查，均未找到原因时，应检查是不是误动作。判断的方法是在轻载或空载的情况下，用电流表测量变频器的输出电流与显示屏上显示的运行电流值进行比较。如果显示屏显示的电流读数比实际测量的电流大得较多，则说明变频器内部的电流测量部分误差较大，"过载"跳闸有可能是误动作。

5. 其他故障

（1）欠电压

说明变频器电源输入部分有问题，需检查后才可以运行。

（2）温度过高

如电动机有温度检测装置，应检查电动机的散热情况；变频器温度过高，应检查变频器的通风情况。

（3）其他情况

如电动机堵转、电动机接地、功率组件故障等。

6. 现场案例

1）某焦化厂煤调湿风机变频器，在风机减速和停车时变频器经常报过电压故障。

变频器内部有母线电压检查机构，当母线电压测量值高于某个阈值后，变频器会报过电压故障。直流母线过电压可能的原因主要有电源过电压和再生过电压。电源过电压是指因电源电压过高而使直流母线电压超过额定值。而现在大部分变频器的输入电压最高可达 460V，因此，电源引起的过电压极为少见。再生过电压是在电机制动（即减速）时，电机和负载的动能转化为电能，处于发电状态，发出来的电在直流母线上累积，造成母线电压越来越高。如果电机的机械系统惯性大，而制动时间短，那么制动功率很大，产生的电能在变频器内不断累积，来不及释放，很容易造成直流母线过电压。

此案例采用排除法，首先排除了电源过电压，再来看再生过电压产生的原因。由于风机是大惯量负载，在减速停车时很容易引起过电压故障。

检查变频器未接制动单元和制动电阻，停车时间已经设到了 180s，但是由于负载惯性太大，故障仍然时常出现，说明停车时间还是太短，能量释放不了。根据工艺要求，停车时间不做要求，因此将停车方式改为自由停车（OFF2）后，正常。

2）某炼铁的原料厂堆取料机在一场大雪后，走行变频器启动后报过电压故障。

此案例的过电压与上一案例所讨论的过电压产生的原因不同。故障发生后，对变频器可能造成过电压的原因进行了检查，电源正常，制动单元和制动电阻正常，对电源过电压和再生过电压进行了排除。

进一步查找故障，发现变频器采用了一拖多的控制方式，一台变频器同时拖动六台电机运行，由于电机裸露在室外且雪水刚刚融化，因此对每一台电机进行了检查，发现一台电机绕组接地，更换电机后正常。

3）某焦化厂 7.63m 焦炉装煤车走行变频器行走减速时报过电压故障。

此案例处理比较简单，通过排除法进行检查，发现制动电阻损毁，更换后正常。

4）某石灰窑竖窑上料小车变频器在小车下降时报过电压故障。

此案例处理同样采用排除法。先排除电源原因，由于没有制动单元和制动电阻，因此为了保证快速制动采用了整流回馈单元，对整流回馈单元进行检查，发现整流部分工作良好，回馈部分不能实现能量回馈，更换整流回馈单元后正常。

5）某炼铁厂高炉上料主传送带变频器报过电流故障。

过电流可能是由于变频器的加减速时间太短、负载发生突变、负荷分配不均、输出短路等原因引起的。

此故障同样通过排除法解决，首先检查变频器、电机，均正常；到现场检查负载情况，发现传送带下料口处堆料，由于电机负荷过大导致变频器报过电流故障。处理堆料，启动变频器正常。

6）某焦化厂煤备作业区下料小车变频器报过电流故障。

此故障同样通过排除法解决。首先检查变频器、电机，经检查电机正常，使用万用表检测变频器输出侧发现相间短路，这是由于变频器积尘太多，导致相间短路，处理积尘后，变频器运行正常。

7）某焦化厂焦炉作业区装煤车变频器在带螺旋给料机装煤时，报过电流故障。

此故障同样通过排除法解决。焦化厂装煤车走行和装煤这两个动作不会同时进行，因此为了节省变频器，装煤车的变频器在装煤车走行时拖动走行电动机使装煤车走行，到装煤口后装煤时切换成螺旋给料机装煤。询问故障情况后，发现带装煤车走行时运行正常，故障只是在装煤时出现。经检查螺旋给料机电机烧损，相间短路导致过电流故障，更换电机后，变频器运行正常。

6.1.6 任务检测及评价

一、单选题

1. 变频器控制电路的绝缘电阻应用（　　）测量。
   A. 万用表二极管档　　　　　　　　B. 兆欧表
   C. 万用表高阻档　　　　　　　　　D. 绝缘电阻表

2. 如果变频器的功率很大，占整个系统（　　）以上，则需要考虑控制电源的抗干扰措施。
   A. 15%　　　　　B. 25%　　　　　C. 50%　　　　　D. 75%

3. 变频器断电后，不能马上检查，因平波电容上仍然有高压电，在 DC+ 与 DC- 两端的直流电压低于（　　）后方可检查。
   A. 10V　　　　　B. 20V　　　　　C. 30V　　　　　D. 50V

4. 更换放置（　　）以上的变频器备件时，首先要对变频器进行充电。

　　　A. 三个月　　　　B. 半年　　　　C. 一年　　　　D. 两年

5. 要使用（　　）测量变频器的输出电压。

　　　A. 数字万用表　　B. 绝缘电阻表　　C. 钳形万用表　　D. 指针式万用表

6. 每台变频器（　　）要清灰保养 1 次。

　　　A. 三个月　　　　B. 半年　　　　C. 一年　　　　D. 两年

7. 风扇使用到达一定年限后，一般（　　）年，应统一予以更换。

　　　A. 一　　　　　　B. 两　　　　　　C. 三　　　　　　D. 四

8. 变频器在出厂时，其每一个参数都有一个默认值，这些参数叫（　　）。

　　　A. 设定值　　　　B. 工厂值　　　　C. 用户参数　　　D. 系统参数

二、多选题

1. 测量变频器主电路绝缘电阻时，必须将（　　）都连接起来后，再用 500V 兆欧表测量绝缘电阻。

　　　A. 输入端（R、S、T）　　　　　　B. 输出端（U、V、W）

　　　C. 接地端　　　　　　　　　　　　D. 直流母线（DC+、DC−）端

2. 变频器的（　　）是变频器点检维护需要注意的重要问题。

　　　A. 散热问题　　　　　　　　　　　B. 电磁干扰问题

　　　C. 防护问题　　　　　　　　　　　D. 电源问题

三、简答题

1. 变频器点检的要点有哪些？

2. 变频器精密点检的点检要点有哪些？

3. 哪些因素会引起变频器过电压故障？

4. 哪些因素会引起变频器过电流故障？

任务 6.2　G120 变频器的维护

【任务引入】

　　本任务要求了解 G120 变频器的维护，掌握 G120 变频器的参数备份及 G120 变频器的故障、报警及系统信息。

【任务目标】

1. 知识目标

1）掌握 G120 变频器的参数备份；

2）掌握 G120 变频器的故障、报警及系统信息。

2. 能力目标

1）能够对 G120 变频器进行参数备份；

2）熟悉变频器的故障、报警信息，判断处理故障。

3．素质目标

1）养成调试前和调试完成后进行参数备份的习惯；

2）养成处理故障的正确顺序，故障发生后，处理完故障再确认故障原因，避免故障重复出现造成设备损坏。

4．素养目标

电气设备维护的重要性：

1）保障安全：电气设备的维护能够及时发现并处理电气设备的隐患和问题，防止电气事故的发生，保障人员和设备的安全。

2）延长使用寿命：电气设备的维护能够及时识别和处理潜在的故障和损坏，修复和更换损坏的零部件，有效地延长设备的使用寿命。

3）提高效率：电气设备的维护能够保证设备的正常运转，避免因设备故障引起的生产停工，提高设备的运转效率。

4）节省成本：电气设备的维护能够在设备损坏前及时进行预防性维护，避免突发事件的发生和不必要的维修费用。

总之，电气设备维护是非常重要的，可以保障设备的安全、提高设备的效率、延长使用寿命并节省成本。

6.2.1　G120 变频器的参数备份

G120 变频器在调试结束后，虽然所设置的参数在掉电时会长久地保存在变频器中，但是仍然存在设备损坏或变频器出现故障时造成参数丢失的可能。因此建议在每次调试完成之后，将这些设置数据备份到变频器外部的一个存储介质上。

码6-2　G120 变频器参数的备份

1．将变频器的数据备份到 PG/PC 上

在变频器通电状态下，可以将变频器的设置上传到 PG 或 PC 中，也可以将 PG/PC 的数据下载到变频器中。前提是 PG/PC 上已装有调试工具 STARTER。PG 与变频器的连接如图 6-3 所示。

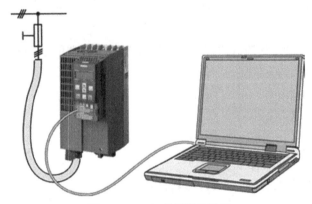

图 6-3　PG 与变频器的连接

（1）将变频器数据上传到 PG/PC 上的操作步骤

1）打开 STARTER 软件，将变频器与编程计算机连接，建立一个新项目，寻找并接收后，

单击 ![按钮] 按钮，进入 STARTER 在线模式。

2）单击"Load project to PG"按钮 ![图标]，开始上传参数。

3）单击 ![按钮] 按钮，将数据保存在编程器所建项目中。

4）单击 ![按钮] 按钮，进入 STARTER 离线模式。

这样就将变频器的参数备份到了 PG/PC 当中。

（2）将 PG/PC 上文件中的参数下载到变频器中的操作步骤

1）打开 STARTER 软件，将变频器与编程计算机连接，打开已有的要下载的项目，单击 ![按钮]
按钮，进入 STARTER 在线模式。

2）单击"Load project to target system"按钮 ![图标]，开始下载参数。

3）单击"Copy RAM to ROM"按钮 ![图标]，将数据保存到变频器中。

4）单击 ![按钮] 按钮，进入 STARTER 离线模式。

这样就将 PG/PC 项目中的参数下载到了变频器当中。

2. 通过存储卡备份和传送设置

G120 存储卡可将参数设置写入变频器，也可将变频器参数备份至存储卡，最多可保存 100
个参数组，存储卡可用于批量调试。

（1）将设备参数备份到存储卡上

1）自动备份步骤

● 断开变频器的电源。

● 将空的存储卡插到变频器上。

● 然后重新接通变频器的电源。

通电后变频器会将它的设置复制到存储卡上。

2）使用 BOP-2 的操作步骤

● 单击菜单"EXTRAS"→"TO CRD"，准备传送数据。

● 设置数据备份的编号。可以在存储卡上备份 99 项不同的设置。

● 按下"OK"键，启动数据传输。

● 等待片刻，直到变频器将设置备份到存储卡上。

这样就成功地将变频器设置备份到了存储卡上。

（2）将设备参数从存储卡传送到变频器中

1）自动传送步骤

● 断开变频器的电源。

● 将存储卡插到变频器上。

● 然后重新接通变频器的电源。

如果存储卡上的数据有效，变频器会采用存储卡上的数据。

2）使用 BOP-2 的操作步骤

● 在菜单中选择"OPTIONS"→"FROM CARD"，准备传送数据。

● 设置所需要传输数据备份的编号。可以在存储卡上选择 99 项不同的设置。

● 按下"OK"键，启动数据传输。

● 等待片刻，直到变频器完成存储卡上的设置传输。

● 切断变频器的电源。

- 等待片刻，直到变频器上所有的 LED 都熄灭。
- 重新接通变频器的电源，只有在重新上电后，所作设置才会生效。

这样就成功地将存储卡上的参数传送到了变频器上。

3．通过 IOP 面板备份参数

从 IOP 屏幕底部的三个菜单选项中选择"菜单"选项，选中"菜单"选项后，显示以下功能：

- 诊断。
- 参数。
- 向导（这是一个向导主菜单的快捷方式）。
- 上传 / 下载。
- 其他。

旋转滚轮可突出显示所需的功能。确认选择后，显示子菜单。按"ESC"键一次，返回 IOP 上一个屏幕，长按将返回显示"状态"屏幕。

上传和下载选项允许用户在系统可用的各种存储器中保存参数设置。用户可使用下列选项选择各种传输路径或方式：

- 下载：面板至驱动。
- 上传：驱动至面板。
- 删除面板参数设置。
- 驱动至记忆卡。
- 记忆卡至驱动。

注意：

1）变频器的数据传输过程不得中断。如果该进程被中断，数据可能被损坏，系统的运行状况可能出现异常。如果传输过程发生中断，强烈建议在进行任何参数化或对应用程序进行变频器控制之前对变频器恢复出厂设置。

2）如果在上传 / 下载过程中出现故障并显示故障屏幕，按"ESC"键继续上传 / 下载。按"OK"键将取消上传 / 下载过程。

3）如果要下载安全参数，必须执行安全功能测试。

6.2.2　G120 变频器的故障、报警

西门子 G120 变频器提供了多种故障诊断方式。可以根据以下各种方式的信息显示来诊断变频器的状态。

码 6-3　用 LED 来判断 G120 变频器的状态

（1）LED

变频器正面的 LED 会提供最重要的变频器状态信息。

（2）系统运行时间

系统运行时间是变频器自通电开始初次调试起的总时间。

（3）报警和故障

每个报警和每个故障都有一个唯一的编号。

变频器通过以下接口报告报警和故障：

- 现场总线。
- 进行了相应设置的端子排。

- 操作面板 BOP-2 或 IOP-2 接口。
- STARTER 或 Startdrive 接口。

1. 通过 LED 指示灯来判断变频器状态

G120 的每种 CPU 上都带有 LED 指示灯，在点检设备时，可以通过 G120 变频器 CPU 上指示灯的颜色及闪烁状态，实时判断设备的运行状态，见表 6-2。

表 6-2 G120 变频器 CPU 上指示灯状态及含义

LED 指示灯	颜色	状态	原因	解决办法
RDY（READY）	—	关闭	没有上电	—
	黄色	连续的	启动后的暂时状态	
	绿色	连续的	准备好运行	—
		闪烁（2Hz）	正在调试或恢复出厂设置	
	红色	闪烁（0.5Hz）	装置至少存在一个故障	清除故障
		连续的	固件升级生效	—
		闪烁（2Hz）	固件升级后，变频器等待重新上电	
SAFE	—	关闭	没有上电	—
	黄色	连续的	使能了一个或多个安全功能，但是安全功能不在执行中	
		闪烁（0.5Hz）	一个或多个安全功能生效、无故障	—
		闪烁（2Hz）	变频器发现一处安全功能异常，触发了停止响应	清除故障
LNK（PROFINET）	—	关闭	没有上电或无 PROFINET 通信	
	绿色	连续的	正在进行周期性通信，通信无故障	—
		闪烁（0.5Hz）	设备正在建立通信	
BF（现场总线通信）	—	关闭	没有上电或变频器与控制器之间的数据交换激活	—
	红色	闪烁（2Hz）	现场总线激活，但变频器未接收到任何过程数据。如果 LED RDY 同时闪烁时：固件升级后，变频器等待重新上电	—
		闪烁（0.5Hz）	无现场总线连接，如果 LED RDY 同时闪烁时：表示存储卡错误	—
		连续的	固件升级失败	—
	黄色	闪烁（2Hz 与 0.5Hz 之间）	固件升级生效	—
BF（PROFINET 或 PROFIBUS）	—	关闭	未使用现场总线接口	
	绿色	连续的	变频器与控制器之间的数据交换激活	
	红色	闪烁（2Hz）	现场总线配置错误。如果与同时闪烁的 LED RDY 组合使用：固件升级后，变频器等待重新上电	—
		闪烁（0.5Hz）	无现场总线连接，如果 LED RDY 同时闪烁时：表示存储卡错误	
		连续的	固件升级失败	
	黄色	闪烁（2Hz 与 0.5Hz 之间）	固件升级生效	

2. 系统运行时间

通过读取变频器的系统运行时间，可以确定是否需要更换易损部件，例如：风扇、电机和齿轮箱等。

每次变频器上电，便开始计算系统运行时间。断电即停止计时。系统运行时间由 r2114[0]（毫秒数）和 r2114[1]（天数）组成，计算公式如下：

$$系统运行时间 ＝r2114[1]×天数 ＋r2114[0]×毫秒数$$

式中，r2114[0] 的值达到 86400000ms，也就是 24h，变频器会将 r2114[0] 设为 0，r2114[1] 加 1。

依据系统运行时间，可以确定故障、报警的时间顺序。在出现一条信息时，变频器会将 r2114 的值传送到报警/故障缓冲器中的对应参数。

系统运行时间不能归零。

3. 报警和故障

（1）报警

如果 G120 变频器出现了报警信息，通常表明变频器可能将来无法继续保持电机运行。为方便用户进一步诊断，变频器会将之前出现的报警都保存在一个报警缓冲器和一份报警日志中。

G120 变频器的报警不会在变频器内产生直接影响，不会影响变频器的正常运行。报警无须应答，在报警原因排除后，便会自动消失。变频器在通信状态可以通过状态字 1（r0052）的第 7 位显示，也可以在操作面板上以 A×××××的形式出现，或者在 STARTER 软件界面中显示。报警代码和报警值有对应的报警原因，可以查看手册了解原因。

1）报警缓冲器

变频器将出现的报警保存在报警缓冲器中。报警中包含报警代码、报警值和两个报警时间。报警缓冲器最多可以保存 8 个报警，见表 6-3。

表 6-3 G120 变频器报警缓冲器

报警代码	报警值		出现报警的时间		报警缓冲器	排除报警的时间	
	I32	float	天	ms		天	ms
r2122[0]	r2124[0]	r2134[0]	r2145[0]	r2123[0]	旧	r2146[0]	r2125[0]
r2122[1]	r2124[1]	r2134[1]	r2145[1]	r2123[1]	↓	r2146[1]	r2125[1]
r2122[2]	r2124[2]	r2134[2]	r2145[2]	r2123[2]		r2146[2]	r2125[2]
r2122[3]	r2124[3]	r2134[3]	r2145[3]	r2123[3]		r2146[3]	r2125[3]
r2122[4]	r2124[4]	r2134[4]	r2145[4]	r2123[4]		r2146[4]	r2125[4]
r2122[5]	r2124[5]	r2134[5]	r2145[5]	r2123[5]		r2146[5]	r2125[5]
r2122[6]	r2124[6]	r2134[6]	r2145[6]	r2123[6]	↓	r2146[6]	r2125[6]
r2122[7]	r2124[7]	r2134[7]	r2145[7]	r2123[7]	新	r2146[7]	r2125[7]

在报警缓冲器中，报警按"出现报警的时间"排序。如果报警缓冲器存满，而又出现了一条报警，变频器会覆写含索引[7]的值。

2）报警日志

如果报警缓冲器存满，而又出现了一条报警，变频器会将已排除的报警转移到报警日志中。报警日志从参数[8]开始到[63]，最多可以存储 56 条报警。

个别情形下会出现以下情况：

● 为了到达报警日志中自位置[8]起的位置，变频器会将已保存在报警日志中的报警"向下"移动一个或多个位置。如果报警日志存满，变频器会删除最老的报警。

● 变频器将已排除的报警从报警缓冲器中转移到报警日志中目前尚未占用的位置上。未排除的报警保留在报警缓冲器中。

● 变频器通过"向上"转移未排除的报警填补报警缓冲器中因将排除的报警转移到报警日志中而出现的空当。

● 变频器将出现的报警以最新的报警保存在报警缓冲器中。

在报警日志中，报警按"出现报警的时间"排序。最新的报警的索引为[8]。

3）报警的高级设置

G120 变频器可以将认为严重的报警修改为故障，这样出现报警变频器就会报故障停机，也可以将不重要的报警设为不报告，这样出现报警变频器无显示无动作。G120 变频器最多将 20 条报警设为故障信息，或者设为隐藏状态，见表 6-4。

表 6-4 G120 变频器报警的高级设置

参数	描述
p2118[0…19]	选择需要修改类型的信息号
p2119[0…19]	设置信息类型 所选报警的信息需要修改成以下类型： 1：故障 2：警告 3：不报告

（2）故障

如果 G120 变频器报出故障，通常表明变频器无法继续保持电机运行。为了方便用户进一步诊断，变频器会将之前出现的报警都保存在一个故障缓冲器和一份故障日志中。

G120 变频器的故障会直接导致变频器停机。故障必须应答，在故障原因排除后，必须应答后才能消除故障。变频器在通信状态可以通过状态字 1（r0052）的第 3 位显示，也可以通过变频器 CU 上的"RDY"指示灯显示，还可以在操作面板上以 F××××的形式出现；或者在 STARTER 软件界面中显示。故障代码和故障值有对应的故障原因，可以查看手册了解，并排除故障。

1）故障缓冲器

变频器将出现的故障保存在故障缓冲器中。故障中包含故障代码、故障值和两个故障时间。故障缓冲器最多可以保存 8 个故障，见表 6-5。

表 6-5 G120 变频器故障缓冲器

故障代码	故障值		出现故障的时间		故障缓冲器	排除故障的时间	
	I32	float	天	ms		天	ms
r0945[0]	r0949[0]	r2133[0]	r2130[0]	r0948[0]	旧	r2136[0]	r2109[0]
r0945[1]	r0949[1]	r2133[1]	r2130[1]	r0948[1]		r2136[1]	r2109[1]
r0945[2]	r0949[2]	r2133[2]	r2130[2]	r0948[2]		r2136[2]	r2109[2]
r0945[3]	r0949[3]	r2133[3]	r2130[3]	r0948[3]		r2136[3]	r2109[3]
r0945[4]	r0949[4]	r2133[4]	r2130[4]	r0948[4]		r2136[4]	r2109[4]
r0945[5]	r0949[5]	r2133[5]	r2130[5]	r0948[5]		r2136[5]	r2109[5]
r0945[6]	r0949[6]	r2133[6]	r2130[6]	r0948[6]	↓	r2136[6]	r2109[6]
r0945[7]	r0949[7]	r2133[7]	r2130[7]	r0948[7]	新	r2136[7]	r2109[7]

在故障缓冲器中，故障按"出现故障的时间"排序。如果故障缓冲器存满，而又出现了一条故障，变频器会覆写含索引[7]的值。

2）故障应答

若 G120 变频器出现故障，处理完故障后，可以通过 PROFIdrive 控制字 1，位 7（r2090.7）应答来消除故障，也可以通过数字量输入应答来消除故障，还可以通过操作面板应答来消除故障；或者重新给变频器上电来消除故障。对于变频器内部的硬件监控、固件监控功能报告的故障，只能通过重新上电法应答故障信息。但是如果不处理故障，故障仍然存在，即使进行了应答也不能消除故障。

3）故障日志

G120 变频器不仅有故障缓冲器，还有故障日志，故障日志最多可以存储 56 条故障。在排除了不止一个故障后，应答了故障信息：

● 变频器会将日志保存的数值向后分别移动 8 个下标，应答前下标[56 … 63]中原有的故障信息被删除。

● 变频器将故障缓冲器的内容复制到故障日志的存储空间[8 … 15]中。

● 变频器删除缓冲器中已经排除的故障。未排除的故障同时出现在故障缓冲器和故障日志中。

● 变频器将排除的故障的应答时间点写入"故障排除时间"中。未排除的故障的"故障排除时间"的值为 0。

4）删除故障日志

将参数 p0952 设为零，从故障日志中删除所有信息。

5）故障的高级设置

G120 变频器可以修改 20 个故障的响应。同时也可将认为不严重的故障修改为报警，这样出现故障变频器不会停机。也可以将认为无关紧要的故障设为不报告，这样出现故障变频器无显示无动作。还可以根据故障的重要程度及工业要求修改应答方式是重新上电还是排除故障后立即应答。G120 变频器最多能修改 20 条故障，见表 6-6。

表 6-6　G120 变频器故障的高级设置

参数	描述
p2100[0…19]	选择故障号，修改响应。选择一个需要修改响应的故障。最多可以修改 20 个故障代码的电机响应
p2101[0…19]	设置所选故障的响应
p2118[0…19]	选择需要修改类型的故障号，最多可以将 20 条故障改为报警，或者隐藏故障
p2119[0…19]	设置信息类型 所选报警的信息需要修改成以下类型： 1：故障 2：警告 3：不报告
p2126[0…19]	选择故障号，修改应答方式 选择需要修改应答方式的故障，最多可以修改 20 个故障代码的应答方式
p2127[0…19]	设置所选故障信息的应答方式 1：仅通过上电 2：排除故障后立即应答

做满载试验约 1h 后，运行正常才能确认更换成功。

6.2.3　任务检测及评价

一、单选题

1．将变频器的设置上传到 PG 或 PC 中，前提是 PG/PC 上已装有调试工具（　　）。

　　A．SIZER　　　　　B．STARTER　　　　　C．STEP7　　　　　D．TIA

2．G120 存储卡可将参数设置写入变频器，也可将变频器参数备份至存储卡，最多可保存（　　）个参数组。

　　　　A．1　　　　　　　B．10　　　　　　　C．100　　　　　　D．1000

3．变频器断电后，不能立即检查，因平波电容上仍然有高压电，在 DC+与 DC-两端的直流电压低于（　　）后方可检查。

　　　　A．10V　　　　　　B．20V　　　　　　C．30V　　　　　　D．50V

4．通过 IOP 面板备份参数的子菜单是（　　）。

　　　　A．诊断　　　　　　B．参数　　　　　　C．向导　　　　　　D．上传/下载

5．G120 的每种 CPU 上都带有 LED 指示灯，RDY 灯绿色连续表示（　　）。

　　　　A．启动后的暂时状态　　　　　　　　　B．准备好运行

　　　　C．存在故障　　　　　　　　　　　　　D．固件升级中

6．G120 的每种 CPU 上都带有 LED 指示灯，RDY 灯红色快速闪烁表示（　　）。

　　　　A．启动后的暂时状态　　　　　　　　　B．准备好运行

　　　　C．存在故障　　　　　　　　　　　　　D．固件升级中

7．r2114[0] 的值是 43200000ms，r2114[1]值是 300，变频器运行了（　　）天。

　　　　A．300　　　　　　B．300.5　　　　　　C．301　　　　　　D．301.5

8．G120 变频器报警时，会在操作面板上以（　　）的形式出现。

　　　　A．P×××××　　　B．r×××××　　　　C．A×××××　　　D．F×××××

9．G120 变频器报出故障时，会在操作面板上以（　　）的形式出现。

　　　　A．P×××××　　　B．r×××××　　　　C．A×××××　　　D．F×××××

10．变频器将出现的报警保存在报警缓冲器中，报警缓冲器最多可以保存（　　）个报警。

　　　　A．1　　　　　　　B．4　　　　　　　C．8　　　　　　　D．16

二、多选题

1．每次变频器上电，便开始计算系统运行时间。断电即停止计时。计时的参数是（　　）。

　　　　A．r2114[0]　　　B．r2114[1]　　　　C．r2114[2]　　　D．r2114[3]

2．G120 变频器出现了报警信息，通常表明变频器可能（　　）。

　　　　A．将来无法继续保持电机运行　　　　　B．不会影响变频器的正常运行

　　　　C．变频器停机　　　　　　　　　　　　D．直接影响到变频器的正常运行

3．G120 变频器出现了故障信息，通常表明变频器可能（　　）。

　　　　A．将来无法继续保持电机运行　　　　　B．不会影响变频器的正常运行

　　　　C．变频器停机　　　　　　　　　　　　D．直接影响到变频器的正常运行

4．G120 变频器可以将认为严重的报警通过参数（　　）修改为故障。

    A．p2100   B．p2101   C．p2118   D．p2119

三、简答题

1．如何将变频器的数据备份到 PG/PC 上？

2．若 G120 变频器出现故障，处理完故障后，通过何种方式消除故障？

3．IOP 面板如何备份参数？

参 考 文 献

[1] 韩安荣. 通用变频器及其应用[M]. 2 版. 北京：机械工业出版社，2000.

[2] 吴忠智，吴加林. 变频器应用手册 [M]. 2 版. 北京：机械工业出版社，2002.

[3] 宋爽，周乐挺. 变频器技术及应用[M]. 2 版. 北京：高等教育出版社，2014.

[4] 李志平，刘维林. 西门子变频器技术及应用[M]. 北京：中国电力出版社，2016.

[5] 李方园. 图解变频器控制及应用[M]. 北京：中国电力出版社，2012.

[6] 向晓汉. 西门子 SINAMICS G120/S120 变频器技术与应用[M]. 北京：机械工业出版社，2020.

[7] 刘长青. 西门子变频器技术入门及实践[M]. 北京：机械工业出版社，2020.

[8] 张娟. 变频器应用与维护项目教程[M]. 北京：化学工业出版社，2014.

[9] 周奎，王玲，吴会琴. 变频器技术及综合应用[M]. 北京：机械工业出版社，2021.

[10] SIEMENS AG. SINAMICS G120 低压变频器配备控制单元 CU240B-2 和 CU240E-2 的内置模块操作说明:
     FW V4.7 SP10[Z]. 2018.

[11] SIEMENS AG. SINAMICS 智能型操作面板（OP）操作说明（FW V1.5.1）[Z]. 2015.

[12] SIEMENS AG. SINAMICS 基本操作面板 2（BOP-2）操作说明[Z]. 2010.